10 電気・電子工学基礎シリーズ

フォトニクス基礎

伊藤弘昌 [編著]

枝松圭一・横山弘之・四方潤一・松浦祐司
山田博仁・中沢正隆・廣岡俊彦・佐藤　学 [著]

朝倉書店

電気・電子工学基礎シリーズ　編集委員

編集委員長	宮城　光信	東北大学名誉教授
編集幹事	濱島高太郎	東北大学教授
	安達　文幸	東北大学教授
	吉澤　　誠	東北大学教授
	佐橋　政司	東北大学教授
	金井　　浩	東北大学教授
	羽生　貴弘	東北大学教授

序

　光学は人類が最も身近に感じてきた科学技術であり，その歴史も古く量子力学を始めとする近代学問の創出・発展の基礎になった．1960年に登場した「レーザ」は人類が生み出したコヒーレントな光源であり，近代的な光学の歩みはここから始まった．その後レーザを用いた科学・技術は飛躍的な進展を示し，その展開は基礎科学の解明から，工学，医学，生物学，そしてエネルギー問題の核融合の研究まで，大変幅広くまさに無限の可能性を持っていることが示されてきた．中でも光通信をはじめとした情報通信などの工学的応用分野の進展は著しく，これらの分野はフォトニクスあるいはオプトエレクトロニクスと呼ばれる．

　コヒーレントな光波が本質的に持つ高い周波数とそれを実現する各種レーザ，さらには光ファイバや変調器などの周辺機器の開発により，その優れた伝搬特性を利用した多くの分野への展開には枚挙にいとまがない．レーザの応用分野は極めて広く，逆にレーザ技術が使われていない現代技術は無いといっても過言ではないように思われる．大学，大学院の授業では，フォトニクスを専門として学ぶ人もいると思うが，多くの諸君は基礎的な学問，知識として学習することにより，将来各自が担当する分野で関連するフォトニクス技術に遭遇した折に柔軟に理解できるようにすることが大切である．

　執筆にあたっては，各章の内容を熟知した複数の執筆者により，内容が日進月歩の技術の中で陳腐化しないようにフォトニクスの基礎的事項に重点を置き，その基本的な考え方や物理的なイメージを丁寧に説明するように配慮した．幅広いフォトニクスの内容を，基礎的な事項から重要な展開まで最適な執筆陣でまとめることにより，オムニバス形式ともいえる教科書となっていることから，読者が必要とする章のみを取り上げての学習や利用ができるように配慮している．また章間の重複をできるだけ避けるように編著者が全体を調整しており，章の構成と執筆者は次のとおりである．

　　　序　章　フォトニクスの歩み　　　　　（伊藤弘昌）
　　　第1章　光の基本的性質　　　　　　　（枝松圭一）

第2章　レーザの基礎　　　　　　　　　（横山弘之）
第3章　非線形光学の基礎　　　　　　　（四方潤一）
第4章　光導波路・光ファイバの基礎　　（松浦祐司）
第5章　光デバイス　　　　　　　　　　（山田博仁）
第6章　光通信システム　　　　　　　　（中沢正隆・廣岡俊彦）
第7章　高機能光計測　　　　　　　　　（佐藤　学・四方潤一）

　わが国のフォトニクスの研究・技術レベルは極めて高く，世界を牽引する有力な一員である．本書が若い学生や研究者にとり，学習に役に立つ書となることを願っている．

　執筆に関しては，内外の多くの著書や論文を参照させていただいた．謝意を表したい．最後に，本書の出版にあたり多くの御苦労をいただいた朝倉書店編集部はじめ関係各位に厚く御礼を申し上げる．

　2009年9月

伊藤弘昌

目 次

序章　フォトニクスの歩み………………………………［伊藤弘昌］…1
　レーザ誕生………………………………………………………… 1
　フォトニクスへ…………………………………………………… 2

1. 光の基本的性質……………………………………………［枝松圭一］…4
　1.1　光のスケール……………………………………………… 4
　1.2　マクスウェルの方程式…………………………………… 7
　1.3　一様な媒質中の電磁波…………………………………… 8
　1.4　偏　　光…………………………………………………… 11
　1.5　反射と屈折………………………………………………… 14
　1.6　回折と散乱………………………………………………… 20
　1.7　干渉とコヒーレンス……………………………………… 23
　1.8　物質の光学応答と光学スペクトル……………………… 29
　1.9　光の量子性………………………………………………… 36

2. レーザの基礎……………………………………………［横山弘之］…40
　2.1　レーザの基本原理………………………………………… 40
　2.2　光の吸収と放出…………………………………………… 42
　2.3　レーザ増幅………………………………………………… 44
　2.4　光共振器…………………………………………………… 45
　2.5　レーザの基本的な動作特性……………………………… 47
　2.6　レーザの制御技術………………………………………… 53
　2.7　レーザの最前線…………………………………………… 57

3. 非線形光学の基礎………………………………………［四方潤一］…59
　3.1　はじめに…………………………………………………… 59
　3.2　分極と線形光学現象……………………………………… 59

3.3 非線形分極と非線形光学効果 …………………………………61
3.4 2次の非線形光学効果 ……………………………………………63
3.5 3次の非線形光学効果 ……………………………………………68

4. 光導波路・光ファイバの基礎 ………………………[松浦祐司]…79
4.1 光ファイバの構造と伝搬モード …………………………………79
4.2 各種ファイバ材料 …………………………………………………82
4.3 石英ガラスファイバの製造方法 …………………………………84
4.4 石英ガラスファイバの損失 ………………………………………85
4.5 石英ガラスファイバの分散 ………………………………………86
4.6 スラブ導波路の導波理論 …………………………………………88
4.7 ステップインデックス型光ファイバの導波理論 ………………93

5. 光デバイス ……………………………………………[山田博仁]…98
5.1 半導体レーザ ………………………………………………………98
5.2 フォトダイオード ……………………………………………… 120

6. 光通信システム …………………………[中沢正隆・廣岡俊彦]… 130
6.1 はじめに ………………………………………………………… 130
6.2 光ファイバ ……………………………………………………… 131
6.3 光　源 …………………………………………………………… 138
6.4 光変調器 ………………………………………………………… 139
6.5 光増幅器 ………………………………………………………… 143
6.6 光 DEMUX（多重分離）………………………………………… 147
6.7 光検出器 ………………………………………………………… 149
6.8 光ファイバ中の信号伝搬 ……………………………………… 150
6.9 光伝送方式 ……………………………………………………… 158
6.10 まとめ …………………………………………………………… 166

7. 高機能光計測
7.1 はじめに ………………………………[佐藤　学・四方潤一]… 171
7.2 光波断層画像計測 …………………………………[佐藤　学]… 172

7.3　顕微鏡光計測技術 ……………………………………［四方潤一］…184

演習問題の解答 …………………………………………………………… 201

索　　引 ………………………………………………………………… 209

序章 フォトニクスの歩み

レーザ誕生

20世紀の重要な科学的発明であるレーザは，基礎科学から工学までを大きく進展させ，「光の世紀」としての21世紀において人類生活に不可欠なものとなっている．一方振り返ってみると，20世紀は電磁周波数の高周波化の世紀であったといえる．1901年のマルコーニの大西洋横断電磁波伝搬実験以来，電磁波により多くの情報をのせるために常により高い周波数の開拓が続けられてきた．光周波数はその意味では究極のキャリヤである．図は周波数開拓の歩みをプロットしたもので，約10年で2桁の高周波数化により，20世紀において長波の 10^3 Hz から軟X線レーザの 10^{18} Hz まで，15桁以上の高周波化が100年の間になされたことが一目でわかる．

レーザの発明も他の大きな技術革新同様，それまでの科学や技術の母胎の上

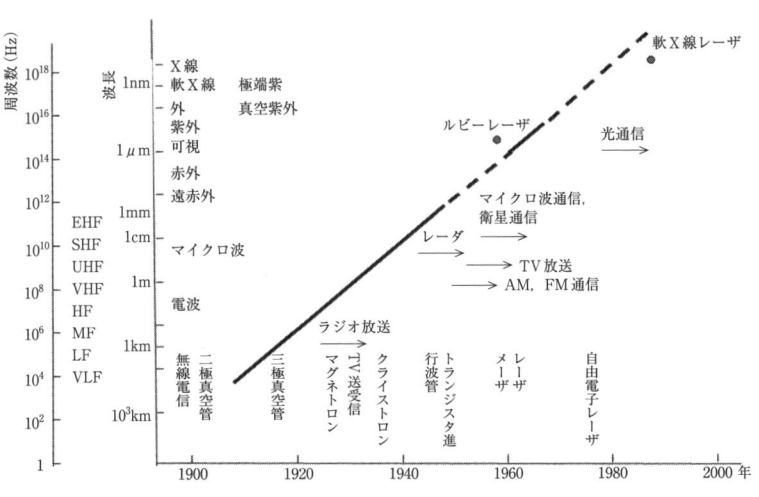

図　コヒーレント電磁波開拓の歩み

で実現してきた．それは1954年にタウンズらにより実現した27.87 GHzのマイクロ波域で動作するアンモニア分子メーザ（MASER）であった．原子・分子の持つ量子力学的ポテンシャルエネルギーによって直接電磁波と相互作用させ，誘導放出（stimulated emission）によって増幅させるもので，これまでのエレクトロニクスにおける自由電子の運動制御によるものとは全く異なるものであった．この誘導放出という概念は，さらにさかのぼって1917年のアインシュタインの論文で初めて与えられている．

この新しい動作原理に基づくメーザは，マイクロ波の増幅器や発振器としての優れた低雑音性から，衛星通信用の初段増幅器に用いられたが，それよりも重要なことは，原理的に取り扱いうる周波数を光波領域まで高くすることができる点であった．このメーザ動作の光領域への拡張は，シャロウ，タウンズにより原理的に議論され，1960年にメイマンによるルビーを用いた固体レーザの成功をもたらし，1961年He-Neを用いた気体レーザ，1962年のGaAs半導体レーザの発振など，その後わずか数年間で大きく展開し，量子エレクトロニクスという新しい学問分野が誕生して，1960年代後半には体系化された．

レーザを中心に新しく光波を用いた科学技術が急速な発展を見たのは，レーザの実現から約20年後に，光通信が本格的に展開し始めた頃からである．この新たな技術分野を，"光エレクトロニクス"や"フォトニクス"と呼んでいる．

フォトニクスへ

レーザが放射する光は一般の自然光と異なる．自然光は，振動の振幅や位相がランダムに揺らいでいるノイズ状の電磁波である．一方，レーザ光は，エレクトロニクスの発振器から発生する正弦電磁波をそのまま光波の周波数まで高めたようなものである．光学では，このような電磁波の振幅や位相の揺らぎの程度をコヒーレンスという言葉で表す．つまり，レーザ光の特徴は高いコヒーレンスにある．

レーザが家庭にまで普及したことには，超小型で価格も安価な半導体レーザの実用化が大きい．初期の頃の半導体レーザは熱問題から冷却が不可欠であったが，ダブルヘテロ構造半導体レーザによる室温連続発振が実現したのは1970年であった．一方通信に重要な光ファイバも，同じ1970年に低損失石英光ファイバが実現した．その後の10年間は，光ファイバ通信のための光源や光ファイバの高性能化などの革新的な技術が確立されていった．石英ファイバ

の材料分散が小さく,遠方まで通信可能である 1.3 μm 帯の波長を発振可能な InGaAsP 半導体レーザを利用するシステムに関する研究開発がまず行われた.1980 年代に入ると,石英ファイバの損失が最も少ない 1.55 μm 帯の波長を利用するシステムの研究開発が行われた.高速動作時においても単一モードで発振する分布帰還型(DFB)レーザが開発され,1.55 μm 帯での高速光通信システムの開発が活発に行われるようになった.

1990 年代では石英ファイバのコア部分に Er(エルビウム)という原子を添加し,光パルス信号を直接増幅する光ファイバ増幅器が実用化されていった.光ファイバ増幅器の登場は,光通信システムの無中継伝送距離を大きく増大させた.また,光ファイバ増幅器は広帯域にわたって増幅が可能であるため,波長多重通信技術によりファイバあたりの大幅な通信量の増大を可能にした.これらの発展に支えられて,光通信は現在の通信基盤の根幹を支え続けている.

フォトニクスの多様な展開は,無限の広がりを持っている.前述の通信以外にも DVD などの光メモリや,青色や紫外光を発振する半導体レーザや発光ダイオード,医学,生命学,環境などへの計測やイメージングなど,これまでも,これからも,その展開が続く.固体レーザやファイバレーザの高出力化による産業分野への展開も活発であり,フォトニクスと全く関連しない分野はもはやほとんどないほどである.本書はこのフォトニクスについて,基礎的な事項と重要な展開について,それぞれの専門家が記述している入門書である.フォトニクスへの理解を深め,フォトニクスを有効に利用していただきたい.

表 1.1 主要なレーザと関連技術の歩み

1951 年	アンモニアメーザの着想(Townes)
1954 年	アンモニアメーザ発振(Townes)
1957 年	半導体レーザの着想(西澤)
1958 年	光メーザの理論(Shallow, Townes)
1960 年	ルビーを用いたレーザ発振(Maiman)
1961 年	He-Ne レーザ,ガラスレーザ
1962 年	ラマンレーザ,半導体ダイオードレーザ
1964 年	アルゴンレーザ,YAG レーザ,炭酸ガスレーザ
1968 年	低損失光ファイバの予見(Kao)
1970 年	ダブルヘテロ構造による半導体レーザの室温連続発振(林 Panish) 低損失光ファイバの実現(Corning 社)
1972 年	エキシマレーザ
1975 年	半導体量子井戸レーザ(van der Ziel)
1994 年	量子カスケードレーザ(Faist)
1996 年	GaN 青色量子井戸レーザ(中村)
2002 年	THz 波発振量子カスケードレーザ(Kohler)

1 光の基本的性質

1.1 光のスケール

　光はわれわれに最も身近な存在の一つであるが，光ははっきりとした大きさや重さを持った「物体」ではないために，光の持つさまざまな量を物差しや秤で直接測るわけにはいかない．後で述べるように，光は電場と磁場が振動しながら進む波動であり，粒子性を持った存在でもある．ここではまず，光を身近に考えてみるために，光の波動や粒子としての特徴的な量がどの程度のものであるのか，日常のスケールと比較しながら概観しよう．

a. 光の速さ，波長，振動数

　よく知られているように，光が波として伝搬する速さ c は，$c=3.0\times10^8$ m/s であり，秒速約 30 万 km，時速約 10 億 km である．アインシュタイン（A. Einstein）の特殊相対性理論によれば，光の速さは座標系によらず一定で，どんな物体も光の速さを超して移動することはできず，光の速さを超えて情報が伝わることはない．したがって，光は情報を最も速く伝える手段である．

　それでは，光の波としての波長 λ や振動数 ν はどの程度であろうか？　図1.1 は，さまざまな電磁波の領域を，波長の対数を横軸にして表したものである．肉眼で見える光（**可視光**）の波長は，$4\sim7\times10^{-7}$ m, すなわち 400〜700 nm であり，この中に，波長の長いほうから，赤，橙，黄，緑，青，藍，紫の虹の 7 色が並んでいる．可視光より長い波長を持つ電磁波は，波長の長いほうから，電波および赤外線と呼ばれる．また，波長が短い領域（およそ 1 m 以下）の電波は**マイクロ波**とも呼ばれ，後で述べるように，マイクロ波と赤外線にまたがる領域の電磁波は**テラヘルツ波**（THz 波）とも呼ばれる．また，可視光より短い波長の電磁波は，波長の長いほうから，紫外線，X 線，γ 線と呼

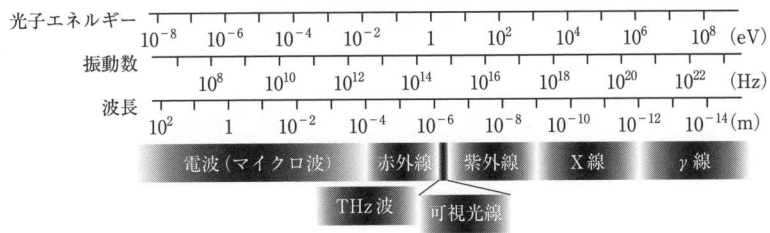

図 1.1 電磁波の波長,振動数と光子エネルギー

ばれる.

次に,光の波としての振動数 ν を求めよう.光の波長を $\lambda=500$ nm とすれば,その振動数は $\nu=c/\lambda=6.0\times10^{14}$ s^{-1},すなわち約 600 THz である.これは,FM ラジオやテレビ電波の振動数(数 10~数 100 MHz)に対して 100 万倍以上,携帯電話の振動数(数 100 MHz~数 GHz)に対しても 10 万倍以上も高い振動数である.そのため,可視光は通常の電波のようにアンテナで受信することはできない.また,振動数が 1 THz にあたる光の波長は,$\lambda=c/\nu=3.0\times10^{-4}$ m,すなわち約 0.3 mm にあたり,マイクロ波から赤外線の境界の領域にあたる.これが,この領域の電磁波がテラヘルツ波と呼ばれるゆえんである.本書では,このテラヘルツ波から可視光にわたる広い領域の電磁波を,「光」として扱うことにしよう.

b. 光のエネルギーと運動量

1.9 節で述べるように,光は波と粒子としての両方の性質を併せ持つ.ただし,ここでいう「粒子」は,通常の物質のように質量や形(大きさ)を持つ粒子ではなく,光と物質とがエネルギーや運動量を交換するときの最小単位という意味であり,**光子**と呼ばれる.それでは,光子のエネルギーや運動量のスケールはどの程度であろうか? 後述するように,光子 1 個あたりのエネルギーは,光の振動数を ν として,$h\nu$ である.ここで,h は**プランク定数**(Planck constant)と呼ばれ,$h\simeq6.6\times10^{-34}$ J·s である.上述したように,可視光の振動数は約 600 THz であるから,光子のエネルギーは $h\nu\sim4.0\times10^{-20}$ J である.これを電子ボルト(eV)で表すと[※],$h\nu\sim2.5$ eV となる.また,その運動量

[※] 光子のエネルギーは eV で表すのが通例である.1 eV は,電子を 1 V の電界で加速したときに与えられるエネルギーに等しい.

p は，$p=h/\lambda$ で表され，$\lambda=500$ nm の可視光では，$p\sim 1.3\times 10^{-27}$ kg·m/s である．これは，速さ 0.8 m/s で動いている水素原子（質量 $m\simeq 1.7\times 10^{-27}$ kg）の持つ運動量とほぼ等しい．実際に，光子の持つ運動量を利用して，原子などの運動を制御する技術が実用化されている．

c. 光の明るさと強さ

次に，われわれが通常目にする光の明るさと強さがどの程度であるかを考えよう．太陽光や電灯に照らされた面の明るさはしばしば照度（lx：ルクス）という単位で表されるが，1 lx はその面に到達する可視光の強度 I（単位時間，単位面積あたりに到達するエネルギー）に換算して約 $0.15\,\mu\text{W/cm}^2$ である．表1.1に示すように，真昼の太陽光の下での地表面の照度は約 10 万 lx であるから，可視光の強度 I はおよそ 15 mW/cm² である[※]（赤外線などまで含めた太陽光の全放射強度はそれより 10 倍ほど大きい）．可視光領域の光子エネルギー $h\nu$ は約 4.0×10^{-20} J であったから，地表面 1 cm² あたりに毎秒到達する可視光の光子の数は，$I/(h\nu)\sim 4\times 10^{17}/\text{cm}^2\cdot\text{s}$ もの数になる．一方，肉眼で見える最も暗い星である 6 等星による照度は約 10^{-8} lx であるから，太陽光に比べ 10^{13} 分の 1 ほどの弱い光である．その可視光の強度 I は約 1.5×10^{-15} W/cm²，光子数は約 $4\times 10^{4}/\text{cm}^2\cdot\text{s}$ となる．われわれの瞳は暗いところで直径約 7 mm 程度になるから，その面積の中に入る光子数は，6 等星 1 個につき 1 秒間に 1 万個程度であり，肉眼で見える最も暗い星を見ているときでも，まだかなりの数の光子がかかわっていることがわかる．

表1.1 可視光の照度と強度，光子数の関係

例	照度 (lx)	可視光強度 (×1.5 W/cm²)	光子数 (×4 個/cm²·s)
太陽光	10^5	10^{-2}	10^{17}
机上	10^3	10^{-4}	10^{15}
	1	10^{-7}	10^{12}
月夜	0.1	10^{-8}	10^{11}
1 等星	10^{-6}	10^{-13}	10^{6}
6 等星	10^{-8}	10^{-15}	10^{4}

このように，日常生活で用いられる明るさの光は，非常に多数の光子から成り立っており，通常は光子という最小単位の存在を認識する機会は少ない．さ

[※] SI 単位系では本来 W/m² を用いるべきであるが，光工学の分野では通常 W/cm² を用いる．

らに，レーザを用いることにより，日常の光よりも桁違いに強度の強い光を作り出してさまざまに利用することも可能になっている．その一方で，非常に高感度な光検出器を用いて，光子一つ一つを検出して数え上げていくようなごく微弱な光を利用することも可能であり，光の利用範囲は，その強度の面でも非常に幅の広いものといえる．

1.2 マクスウェルの方程式

前述したように，光は電磁波の一種である．電磁気学で学ぶように，電磁波は，マクスウェル（J. C. Maxwell）によってまとめられた電磁場を記述する基本方程式から導くことができる．媒質中の**マクスウェルの方程式**は

$$\mathrm{rot}\,\boldsymbol{E} = -\frac{\partial \boldsymbol{B}}{\partial t} \tag{1.1}$$

$$\mathrm{rot}\,\boldsymbol{H} = \frac{\partial \boldsymbol{D}}{\partial t} + \boldsymbol{j} \tag{1.2}$$

$$\mathrm{div}\,\boldsymbol{D} = \rho \tag{1.3}$$

$$\mathrm{div}\,\boldsymbol{B} = 0 \tag{1.4}$$

と書くことができる．ここで，$\boldsymbol{E}$は電場，$\boldsymbol{H}$は磁場である．$\boldsymbol{D}$，$\boldsymbol{B}$は電束密度および磁束密度で，媒質の誘電率εおよび透磁率μを用いておのおの

$$\boldsymbol{D} = \varepsilon \boldsymbol{E} \tag{1.5}$$

$$\boldsymbol{B} = \mu \boldsymbol{H} \tag{1.6}$$

で与えられる[※]．また，$\boldsymbol{j}$は電流密度，ρは電荷密度であり，今後しばらく，電流も電荷も存在しない一様な媒質を考えることにすれば，

$$\boldsymbol{j} = 0 \tag{1.7}$$

$$\rho = 0 \tag{1.8}$$

である．(1.5)～(1.8)式を用いてマクスウェルの方程式 (1.1)～(1.3)式を書き換えれば，

$$\mathrm{rot}\,\boldsymbol{E} = -\mu \frac{\partial \boldsymbol{H}}{\partial t} \tag{1.9}$$

$$\mathrm{rot}\,\boldsymbol{H} = \varepsilon \frac{\partial \boldsymbol{E}}{\partial t} \tag{1.10}$$

[※] 媒質中では，一般に誘電率および透磁率は方向に依存するテンソル量となるが，ここでは一様で等方的な媒質を考え，誘電率および透磁率をスカラー量として扱う．

$$\text{div}\,\boldsymbol{E}=0 \tag{1.11}$$

$$\text{div}\,\boldsymbol{H}=0 \tag{1.12}$$

となる.

この方程式を電場 $\boldsymbol{E}$ について解くために, (1.9)式の rot をとると,

$$\text{rot rot}\,\boldsymbol{E}=-\mu\frac{\partial}{\partial t}\text{rot}\,\boldsymbol{H} \tag{1.13}$$

を得る. (1.13)式の左辺は

$$\text{rot rot}\,\boldsymbol{E}=\text{grad div}\,\boldsymbol{E}-\nabla^2\boldsymbol{E}=-\nabla^2\boldsymbol{E} \tag{1.14}$$

となる[※1]. ここで, (1.11)式を用いた. また, (1.13)式の右辺に (1.10)式を代入することにより,

$$-\mu\frac{\partial}{\partial t}\text{rot}\,\boldsymbol{H}=-\mu\varepsilon\frac{\partial^2\boldsymbol{E}}{\partial t^2} \tag{1.15}$$

を得る. 結局, $\boldsymbol{E}$ に対する方程式として,

$$\nabla^2\boldsymbol{E}-\mu\varepsilon\frac{\partial^2\boldsymbol{E}}{\partial t^2}=0 \tag{1.16}$$

の形の**波動方程式**が得られた. 全く同様に, $\boldsymbol{H}$ についても,

$$\nabla^2\boldsymbol{H}-\mu\varepsilon\frac{\partial^2\boldsymbol{H}}{\partial t^2}=0 \tag{1.17}$$

が得られる.

1.3 一様な媒質中の電磁波

a. 波動方程式の解：平面波

電荷や電流の存在しない一様で等方的な媒質における, 電場や磁場についての波動方程式 (1.16), (1.17)式の基本解は, 複素数表示を用いて

$$\boldsymbol{E}=\boldsymbol{E}_0 e^{i(\boldsymbol{k}\cdot\boldsymbol{r}-\omega t)} \tag{1.18}$$

$$\boldsymbol{H}=\boldsymbol{H}_0 e^{i(\boldsymbol{k}\cdot\boldsymbol{r}-\omega t)} \tag{1.19}$$

と表すことができる. $\boldsymbol{E}_0$ および $\boldsymbol{H}_0$ は電場および磁場の振幅と位相を表す複素数を要素とするベクトルである. 実際の電場や磁場は, (1.18), (1.19)式の実部で与えられることに注意せよ.

これらの解は, ベクトル $\boldsymbol{k}$ の方向へ角振動数[※2] ω で振動しながら進む進行

※1) $\nabla^2\boldsymbol{E}$ は, $\boldsymbol{E}$ の成分ごとに $\nabla^2=\text{div grad}$ の演算を施して得られるベクトルである.
※2) 角振動数 ω と振動数 ν とは $\omega=2\pi\nu$ の関係にある.

波を表している．(1.18)，(1.19)式の形の進行波は，波面（波が同じ位相を持つ面）が $\boldsymbol{k}$ に垂直な平面になることから，**平面波**と呼ばれる．波動方程式 (1.16)，(1.17)式の一般解は，平面波 (1.18)，(1.19)式のさまざまな $\boldsymbol{k}$ についての線形結合で表される．$\boldsymbol{k}$ は**波数ベクトル**と呼ばれ，平面波の進行方向を向き，

$$k \equiv |\boldsymbol{k}| = \frac{2\pi}{\lambda} \tag{1.20}$$

の大きさを持つ．ここで λ は波長である．波数 k と角振動数 ω は，波動方程式を満足するために

$$\omega = vk \tag{1.21}$$

の関係を持つ．v は波が進む**位相速度**を表し，

$$v = \frac{1}{\sqrt{\varepsilon\mu}} \tag{1.22}$$

である．すなわち，媒質中の電磁波の位相速度は，誘電率および透磁率によって決まる．真空中の光の位相速度 c を真空誘電率 ε_0 および真空透磁率 μ_0 で表すと

$$c = \frac{1}{\sqrt{\varepsilon_0 \mu_0}} \tag{1.23}$$

である．c と v の比

$$n = \frac{c}{v} = \sqrt{\frac{\varepsilon\mu}{\varepsilon_0\mu_0}} = \sqrt{\bar{\varepsilon}\bar{\mu}} \tag{1.24}$$

を，媒質の**屈折率**という．また，$\bar{\varepsilon} = \varepsilon/\varepsilon_0, \bar{\mu} = \mu/\mu_0$ をおのおの比誘電率，比透磁率という．(1.21)式より，

$$k = \frac{n}{c}\omega \tag{1.25}$$

であるから，実数の ω に対して，屈折率が実のときには波数ベクトル k も実となり，平面波 (1.18)，(1.19)式は減衰せずに伝搬する．また，屈折率が虚部を持つ場合は，平面波は媒質中を減衰しながら伝搬することになる（1.8節参照）．

次に，電場と磁場および波数ベクトルの関係について考える．まず，以下に示すように，電場，磁場および波数ベクトルの方向は互いに垂直である．div $\boldsymbol{E}$ = div $\boldsymbol{H}$ = 0 であることから，

$$\boldsymbol{E}_0 \cdot \boldsymbol{k} = 0 \tag{1.26}$$

$$\boldsymbol{H}_0 \cdot \boldsymbol{k} = 0 \tag{1.27}$$

を得る．すなわち，電場および磁場の振動方向は波数ベクトルに垂直であって，これらが**横波**（transverse wave）であることがわかる．

さらに，(1.9)式に(1.18)，(1.19)式を代入することにより，

$$(\boldsymbol{k} \times \boldsymbol{E}_0) = \mu \omega \boldsymbol{H}_0 \tag{1.28}$$

したがって，$\boldsymbol{E}$ と $\boldsymbol{H}$ は互いに垂直であって，

$$kE_0 = \mu\omega H_0 \quad \Rightarrow \quad E_0 = \sqrt{\mu/\varepsilon}\, H_0 \tag{1.29}$$

の関係を持つことがわかる．特に，真空中では

$$E_0 = \sqrt{\mu_0/\varepsilon_0}\, H_0 = Z_0 H_0 \tag{1.30}$$

となる．$Z_0 = \sqrt{\mu_0/\varepsilon_0} \approx 377\,\Omega$ は，電気抵抗と同じ次元を持つ量で，真空の**波動インピーダンス**と呼ばれる．

このように，一様な媒質中を進む光は，電場および磁場ともに横波となり，光の進行方向（波数ベクトルの方向）には電場や磁場の成分を持たないことから，**TEM波**（transverse electromagnetic wave）と呼ばれる．図1.2は，このような平面波で表される電磁場の様子を模式的に表したものである．

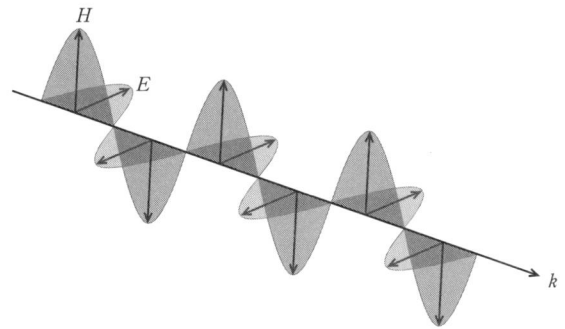

図1.2　一様な媒質中を進む光が作る電磁場（平面波）の模式図

平面波(1.18)，(1.19)式はマクスウェルの方程式(1.16)，(1.17)式の基本解であるから，一般解はさまざまな波数ベクトル $\boldsymbol{k}$ を持った平面波の線形結合で表される．そのような解の中には，空間上の1点から一様に球状に拡がる波である**球面波**なども含まれる．これに対し，光ファイバや光導波路など，一様ではない媒質中を進む光は，上に述べたような単純な横波平面波では表せず，媒質における境界条件を考慮した扱いが必要になる．

b. 電磁波の振幅とエネルギー

1.1節で見たように，光はエネルギーや運動量を運ぶ．ここでは，光が電磁波として運ぶエネルギーを考えよう．電磁場によるエネルギーの流れは，ポインティングベクトル

$$\boldsymbol{P} = \boldsymbol{E} \times \boldsymbol{H} \tag{1.31}$$

で表される[1]．電磁波では電場や磁場が振動しているから，単位時間，単位面積あたりに流れる平均のエネルギーは，ポインティングベクトルを振動の1周期 $T = 2\pi/\omega$ あたりについて平均することによって求められる．それを I をすれば，

$$\begin{aligned} I &= \overline{EH} \\ &= \frac{1}{T} \int_0^T \mathrm{Re}(E_0 e^{i(kz-\omega t)}) \mathrm{Re}(H_0 e^{i(kz-\omega t)}) dt \\ &= \frac{1}{2} \mathrm{Re}(E_0 H_0^*) \\ &= \frac{1}{2} \mathrm{Re}\sqrt{\varepsilon/\mu} |E_0|^2 \end{aligned} \tag{1.32}$$

となる．ここで，最後に (1.29)式を用いた．(1.32)式は，光の運ぶエネルギーと電場の振幅とを結ぶ式である．真空中では，

$$I = \frac{1}{2}\sqrt{\varepsilon_0/\mu_0}|E_0|^2 = \frac{|E_0|^2}{2Z_0} \tag{1.33}$$

と書くことができる．

[例題 1.1] 強度が $1\mathrm{W/cm^2}$ のレーザ光における，電場の振幅を求めよ．
(解) (1.33)式より，
$$|E_0| = \sqrt{2Z_0 I} = \sqrt{2 \times 377[\Omega] \times 1 \times 10^4 [\mathrm{W/m^2}]} \simeq 2.8 \times 10^3 \, \mathrm{V/m}$$

1.4 偏 光

上述したように，一様かつ等方的な媒質中での光は，電場の振動方向が波数ベクトル $\boldsymbol{k}$（光の進行方向）と垂直な横波になる．したがって，電場は $\boldsymbol{k}$ に垂直な2つの独立なベクトルの重ね合わせとして表すことができる．この2つのベクトルが作る2次元空間内での電場の振動方向の偏りを**偏光**という．いま

波数ベクトルの方向を z 軸にとり，それに垂直な x および y 軸方向への電場ベクトルの射影をおのおの E_x, E_y とすると，(1.18)式は

$$\begin{pmatrix} E_x \\ E_y \end{pmatrix} = |E_0| \begin{pmatrix} c_x \\ c_y \end{pmatrix} e^{i(kz-\omega t)} \quad (1.34)$$

と書くことができる．ここで，$|E_0|=\sqrt{|E_{0x}|^2+|E_{0y}|^2}$, c_x および c_y は $|c_x|^2+|c_y|^2=1$ を満たす複素数であって，

$$\begin{pmatrix} c_x \\ c_y \end{pmatrix} = \begin{pmatrix} a_x \\ a_y e^{i\delta} \end{pmatrix} e^{i\phi} \quad (1.35)$$

と書ける．ここで，$a_x=|c_x|$ および $a_y=|c_y|$ であり，δ は電場の x および y 成分の間の位相差である．光の偏光状態を表す単位ベクトル (1.35)式は，ジョーンズベクトル (Jones vector) と呼ばれる．

偏光には，重要な2つの特別な場合がある．1つは，電場が一定の方向を向いて振動する**直線偏光**と，電場の向きが円周上を回転する**円偏光**である．

a. 直線偏光

例えば，$a_y=0$ のときには，電場は常に x 軸に平行の向きをもって振動し，逆に，$a_x=0$ のときには，電場は常に y 軸に平行である．すなわち，このような場合の光は x または y 方向を向いた直線偏光である．もっと一般に，$\delta=0$, π のとき，(1.34)式は

$$\begin{pmatrix} E_x \\ E_y \end{pmatrix} = |E_0| \begin{pmatrix} a_x \\ \pm a_y \end{pmatrix} e^{i(kz-\omega t+\phi)} \quad (1.36)$$

となって，E_x と E_y とは同位相または逆位相で振動する．このとき，$\boldsymbol{E}$ の振動方向の xy 面への射影は直線となり a_x と a_y の比によってその方向が決まる．

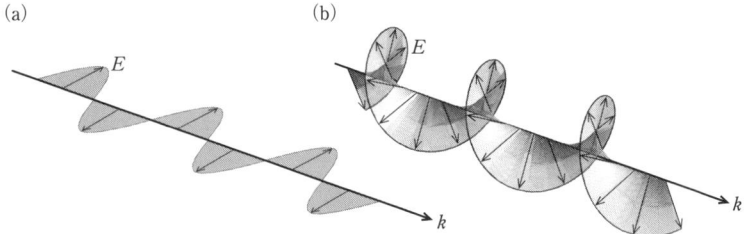

図1.3 直線偏光 (a) と円偏光 (b) の模式図．図には電場成分のみ記してあるが，電場と垂直な方向に磁場成分も存在する．

その振動方向と x 軸との角度を θ とすれば，

$$\tan\theta = \pm\frac{a_y}{a_x} \tag{1.37}$$

である．このように直線偏光では，電場ベクトルが波数ベクトル k に垂直な一定の方向を向いて振動する．その様子を（図 1.3(a)）に示す．

b. 円偏光

$a_x = a_y = 1/\sqrt{2}$，かつ $\delta = \pm\pi/2$ のとき，E_x と E_y とは同じ振幅で $\pm\pi/2$ だけ位相がずれて振動し，(1.34)式は

$$\begin{pmatrix}E_x\\E_y\end{pmatrix} = \frac{|E_0|}{\sqrt{2}}\begin{pmatrix}1\\\pm i\end{pmatrix}e^{i(kz-\omega t+\phi)} \tag{1.38}$$

となる．実際の電場を表すおのおのの実部をとると，

$$\mathrm{Re}\begin{pmatrix}E_x\\E_y\end{pmatrix} = \frac{|E_0|}{\sqrt{2}}\begin{pmatrix}\cos(kz-\omega t+\phi)\\\mp\sin(kz-\omega t+\phi)\end{pmatrix} \tag{1.39}$$

である．この式からわかるように，電場 E の xy 面への射影は円となり，任意の地点における電場は円周上を角振動数 ω で回転する．$\delta = +\pi/2$ のときには k の方向から見たときに電場が左回りに回転する**左回り円偏光**になり，$\delta = -\pi/2$ のときには逆の**右回り円偏光**になる（図 1.3(b)）．

上では直線偏光と円偏光の 2 つの特別な場合について考察した．両者の中間の場合には，電場の xy 面への射影が楕円となるので，**楕円偏光**と呼ばれる．また，例えば太陽光や電球などから放出される光は，ランダムな位相を持つさまざまな偏光方向の光の集まりであり，定常的な偏光状態を持たない．そのような場合は**無偏光**と呼ばれる．

c. 偏光の生成と変換

直線偏光を持つ光は，レーザなどを用いて直接生成することもできるが，無偏光の光を**偏光子**あるいは偏光フィルターと呼ばれる光学素子に通すことによって得ることもできる．偏光子は，特定の方向（例えば x 軸方向）の電場成分を持つ光のみを透過し，それに垂直な方向（y 軸方向）の電場成分を反射または吸収するよう設計された光学素子である．偏光子は，例えば液晶ディスプレイなどの工業製品に広く用いられているほか，ある種のサングラスなどにも応用されている．また，円偏光は，$E_x = E_y$ すなわち 45° 方向の直線偏光を持

つ光に対し，E_x と E_y との間に $\pi/2$ の位相差を加えることによって得ることができる[※1]．したがって，後に述べる複屈折性を持つ（x 方向の偏光と y 方向の偏光とで屈折率が異なる）物質を用いることで，直線偏光と円偏光との間の変換が可能である．

1.5 反射と屈折

空気中からガラスや水などの透明な物質に光を入射すると，表面では光の**反射**が起き，物質内部に進入した光は**屈折**を受けることはよく知られた現象である．これらの現象を説明するために，まず境界での電場または磁場が満たすべき境界条件から考えよう．

a. 物質界面における境界条件

以下では物質の表面の凹凸は光の波長に比べて十分小さく，光と物質の境界は平面と見なしてよい場合を考える．いま，光が物質1（屈折率 n_1，誘電率 ε_1，透磁率 μ_1）から物質2（屈折率 n_2，誘電率 ε_2，透磁率 μ_2）へ入射する場合を考える[※2]．おのおのの屈折率と誘電率，透磁率の関係は (1.24)式で与えられている．

いま，2つの物質中および界面に電荷や電流が存在しないとき[※3]，(1.3)，(1.4)式より

$$\operatorname{div} \boldsymbol{D} = 0 \tag{1.40}$$

$$\operatorname{div} \boldsymbol{B} = 0 \tag{1.41}$$

が成り立つ．いま，界面近傍に図1.4(a)のような微小な円柱を考え，(1.40)式にガウスの法則を適用することにより，

$$\int \operatorname{div} \boldsymbol{D}\, dV = \int \boldsymbol{D} \cdot d\boldsymbol{S} = 0 \tag{1.42}$$

が成り立つ．ここで，第2の積分は円柱の表面に垂直な成分について行う．円柱の高さを $h \to 0$ とすることにより

$$\int \boldsymbol{D} \cdot d\boldsymbol{S} = A(D_{1\perp} - D_{2\perp}) = 0 \tag{1.43}$$

[※1] このような機能を持つ光学素子は，**波長版**と呼ばれる．
[※2] ここでは，屈折率，誘電率，透磁率などの定数が等方的な場合を扱う．
[※3] 光によって生じた分極による効果は，電束密度 $\boldsymbol{D}$ の中に含まれている．

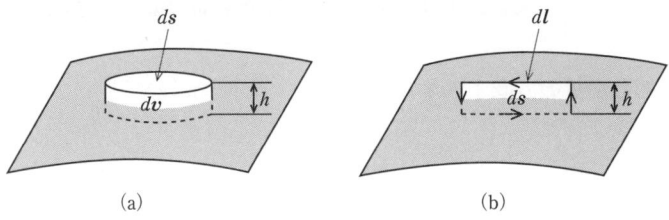

図1.4 法線方向 (a) および接線方向 (b) の境界条件を求めるための積分領域

となる．ここで，A は円柱の底面積，$D_{1\perp}$ および $D_{2\perp}$ はおのおの物質1および物質2における電束密度の法線方向の成分を意味する．磁束密度 B についても全く同様の議論が成り立ち，結局，法線方向の境界条件として

$$D_{1\perp} = D_{2\perp} \tag{1.44}$$

$$B_{1\perp} = B_{2\perp} \tag{1.45}$$

を得る．すなわち，**電束密度 D および磁束密度 B の法線方向の成分は連続である．**

同様に，接線方向（界面に平行な方向）に関しては，(1.1)，(1.2)式より

$$\mathrm{rot}\,\boldsymbol{E} = -\frac{\partial \boldsymbol{B}}{\partial t} \tag{1.46}$$

$$\mathrm{rot}\,\boldsymbol{H} = \frac{\partial \boldsymbol{D}}{\partial t} \tag{1.47}$$

が成り立つ．いま，界面近傍に図1.4(b)のような微小な矩形の積分路を考え，(1.46)式にストークスの法則を適用することにより，

$$\int \mathrm{rot}\,\boldsymbol{E} \cdot d\boldsymbol{S} = \int \boldsymbol{E} \cdot d\boldsymbol{l} = -\int \frac{\partial \boldsymbol{B}}{\partial t} \cdot d\boldsymbol{S} \tag{1.48}$$

が成り立つ．ここで，B が有限であれば，積分路の高さを $h \to 0$ とすることにより

$$\int \boldsymbol{E} \cdot d\boldsymbol{l} = L(E_{1\parallel} - E_{2\parallel}) = 0 \tag{1.49}$$

となる．ここで，L は積分路の1辺の長さ，$E_{1\parallel}$ および $E_{2\parallel}$ はおのおの物質1および物質2における電場の接線方向の成分を意味する．磁場 H についても全く同様の議論が成り立ち，結局，接線方向の境界条件として

$$E_{1\parallel} = E_{2\parallel} \tag{1.50}$$

$$H_{1\parallel} = H_{2\parallel} \tag{1.51}$$

を得る．すなわち，**電場 E および磁場 H の接線方向の成分は連続である．**

b． 反射と屈折の方向：スネルの法則

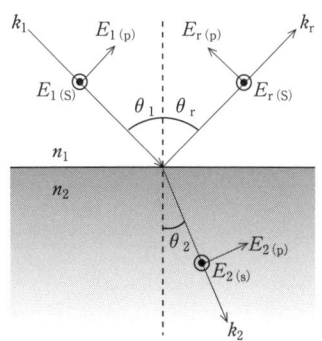

図 1.5 媒質 1（屈折率 n_1）と媒質 2（n_2）の界面への入射光，透過光（屈折光），および反射光の関係．紙面の平面が入射面かつ反射面である．p 偏光は紙面に平行，s 偏光は紙面に垂直な電場成分を持つ．

前節では，界面における D, B, E, H の境界条件について述べた．光は波であるので，光の反射，屈折を理解するには，界面における波の連続性も考えなければならない．図1.5に示すように，光が物質 1（屈折率 n_1）から物質 2（屈折率 n_2）へ入射する場合を考える．境界面の法線から入射波および反射波の進行方向への角度 θ_1 および θ_r をおのおの入射角および反射角という．また，境界面で屈折されて物質中を進行する光の進行方向と境界面の法線とのなす角 θ_2 を屈折角という．また，境界面の法線と入射波（反射波）の進行方向を含む平面を入射面（反射面）と呼ぶ．入射波，反射波，屈折波をおのおの平面波とし，その波数ベクトルをおのおの $\boldsymbol{k}_1$, $\boldsymbol{k}_r$, $\boldsymbol{k}_2$ とする．(1.25)式から，

$$k_1 = k_r = n_1 k_0 \tag{1.52}$$
$$k_2 = n_2 k_0 \tag{1.53}$$

である．ただし，$k_0 = \omega/c$ である．このとき，境界面において波面が連続となる条件から，境界面に沿った各波数ベクトルの大きさは等しくなければならず，

$$k_1 \sin\theta_1 = k_r \sin\theta_r = k_2 \sin\theta_2 \tag{1.54}$$

したがって，(1.52)式および (1.53)式より

$$\theta_1 = \theta_r \tag{1.55}$$
$$n_1 \sin\theta_1 = n_2 \sin\theta_2 \tag{1.56}$$

を得る．すなわち，反射角は入射角と絶対値が同じで法線を挟んで反対の方向になり，屈折角は入射角と (1.56)式の関係にある．これらが，よく知られた

反射, 屈折の法則, すなわち**スネルの法則**(Snell's law)である.

c. 反射率と透過率：フレネルの法則

図 1.5 において, 光の電場 E を入射面に対して平行な成分 (p 偏光) およびそれに垂直な成分 (s 偏光) に分けて考えよう. まず, p 偏光の場合, 電場の接線方向成分の連続性から,

$$E_{1(p)}\cos\theta_1 - E_{r(p)}\cos\theta_1 = E_{2(p)}\cos\theta_2 \tag{1.57}$$

が成り立つ. 同時に, p 偏光の磁場 (入射面に対して垂直) の接線方向成分の連続性

$$H_{1(p)} + H_{r(p)} = H_{2(p)} \tag{1.58}$$

と, 電場と磁場の関係 (1.28), (1.29) 式を用いると

$$\sqrt{\frac{\varepsilon_1}{\mu_1}}(E_{1(p)} + E_{r(p)}) = \sqrt{\frac{\varepsilon_2}{\mu_2}}E_{2(p)} \tag{1.59}$$

を得る. ここで, $\mu_1 = \mu_2 = \mu_0$ のときには, $n=\sqrt{\varepsilon\mu}$ を用いて

$$n_1(E_{1(p)} + E_{r(p)}) = n_2 E_{2(p)} \tag{1.60}$$

と書ける. (1.57) 式および (1.60) 式から,

$$r_p = \frac{E_{r(p)}}{E_{1(p)}} = \frac{n_2\cos\theta_1 - n_1\cos\theta_2}{n_2\cos\theta_1 + n_1\cos\theta_2} \tag{1.61}$$

$$t_p = \frac{E_{2(p)}}{E_{1(p)}} = \frac{2n_1\cos\theta_1}{n_2\cos\theta_1 + n_1\cos\theta_2} \tag{1.62}$$

が成り立つ. r_p および t_p はおのおの p 偏光に対する電場の振幅反射率, 振幅透過率である.

同様にして, s 偏光に対する振幅反射率 r_s および振幅透過率 t_s は,

$$r_s = \frac{n_1\cos\theta_1 - n_2\cos\theta_2}{n_1\cos\theta_1 + n_2\cos\theta_2} \tag{1.63}$$

$$t_s = \frac{2n_1\cos\theta_1}{n_1\cos\theta_1 + n_2\cos\theta_2} \tag{1.64}$$

と求められる. (1.61)～(1.64) 式を**フレネルの式**(Fresnel formulae) と呼ぶ. n_1, n_2 が与えられたとき, 入射角 θ_1 に対して屈折の法則 (1.56) 式から屈折角 θ_2 が求まり, これらの値とフレネルの式から振幅反射率, 振幅透過率を求めることができる.

[例題 1.2]　屈折率が n の媒質中の面 S を考え, S の法線から角度 θ の方向へ伝搬

する光を考える．このとき，S 上の単位面積を単位時間あたりに通過するエネルギー量 I は，(1.32)式より

$$I = \frac{1}{2}\sqrt{\varepsilon/\mu}|E|^2\cos\theta \qquad (1.65)$$

で与えられる．ここで，ε, μ は実数とした．図1.5において，p偏光（またはs偏光）の入射波，反射波，屈折波のおのおのについて，界面上の単位面積を単位時間あたりに通過するエネルギー量を I_1, I_r, I_2 とする．$\mu_1 = \mu_2 = \mu_0$ のとき，光の強度反射率 $R = I_r/I_1$ および強度透過率 $T = I_2/I_1$ を振幅反射率および振幅透過率を用いて表し，$R + T = 1$ となることを示せ．

(**解**) p偏光については，

$$R_\mathrm{p} = \frac{I_{r(\mathrm{p})}}{I_{1(\mathrm{p})}} = |r_\mathrm{p}|^2 \qquad (1.66)$$

$$T_\mathrm{p} = \frac{I_{2(\mathrm{p})}}{I_{1(\mathrm{p})}} = \frac{n_2\cos\theta_2}{n_1\cos\theta_1}|t_\mathrm{p}|^2 \qquad (1.67)$$

$$R_\mathrm{p} + T_\mathrm{p} = |r_\mathrm{p}|^2 + \frac{n_2\cos\theta_2}{n_1\cos\theta_1}|t_\mathrm{p}|^2 = 1 \qquad (1.68)$$

となる．s偏光についても同様に求められる．

垂直入射（$\theta_1 = \theta_2 = 0$）の場合には，解析が特に簡単になり，振幅反射率 r は

$$r = \frac{n_2 - n_1}{n_2 + n_1} \qquad (1.69)$$

として求められる[※]．したがって，光強度の**反射率** R は

$$R = |r|^2 = \left|\frac{n_2 - n_1}{n_2 + n_1}\right|^2 \qquad (1.70)$$

となる．特に，真空（$n_1 = 1$）と物質（$n_2 = n$）との界面の垂直反射率は

$$R = \left|\frac{n-1}{n+1}\right|^2 \qquad (1.71)$$

である．

図1.6は，$n_1 = 1.0$，$n_2 = 1.5$ としたとき（これらはおのおの空気および一般のガラスの屈折率に近い）のp偏光およびs偏光の振幅反射率 r_p および r_s と，強度反射率 $R_\mathrm{p} = |r_\mathrm{p}|^2$ および $R_\mathrm{s} = |r_\mathrm{s}|^2$ を，入射角 θ_1 の関数としてプロットしたものである．θ_1 の増加に対して，R_s が単調に増加しているのに対し，R_p はいったん0になり，そこから増加に転ずる．R_p が0となる入射角 θ_B は，

[※] 垂直入射での r_p と r_s の符号の違いは，p偏光とs偏光の電場の向きの定義の違いに由来する．(1.69)式および r_p は入射波の電場と逆向きが正，これに対し r_s は入射波の電場と同じ向きが正になるよう定義されている．

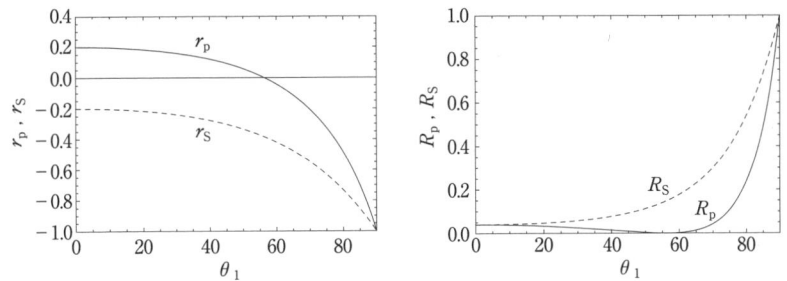

図1.6 p偏光およびs偏光の振幅反射率 r_p および r_s（左）と，強度反射率 R_p および R_s（右）の入射角 θ_1 依存性（$n_1=1$, $n_2=1.5$）

(1.61)式の分子を0とおき，(1.56)式と連立することで求められ，

$$\tan\theta_B = \frac{n_2}{n_1} \tag{1.72}$$

である．θ_B を**ブルースター角**（Brewster angle）という．ブルースター角は，界面での反射を極力避けたい用途（例えばレーザ共振器の中の光学素子など）に利用される．

また，$n_1 > n_2$ のときには，

$$\theta_c = \sin^{-1}\frac{n_2}{n_1} \tag{1.73}$$

とおくとき，$\theta_1 > \theta_c$ では (1.56)式より $\sin\theta_2 > 1$ となってしまい，θ_2 は実解を持たない．θ_c を**臨界角**（critical angle）という．このとき，$\sin^2\theta_2 + \cos^2\theta_2 = 1$ を適用すると (1.61)，(1.63)式における $\cos\theta_2$ は純虚数となり，

$$R_p = |r_p|^2 = r_p r_p^* = 1 \tag{1.74}$$

$$R_s = |r_s|^2 = r_s r_s^* = 1 \tag{1.75}$$

となることがわかる．すなわち，入射した光は**全反射**（total reflection）を起こし，屈折して媒質2の中へ進行する成分は失われる．ただしこの場合でも，媒質2の界面近くには有限の電場が存在する．波面の連続性から，媒質2における界面に平行な波数成分 $k_{2\parallel}$ は，入射波のそれと等しく

$$k_{2\parallel} = n_1 k_0 \sin\theta_1 \tag{1.76}$$

となる．このとき，媒質2における界面に垂直な波数成分 $k_{2\perp}$ は，

$$k_{2\perp}^2 + k_{2\parallel}^2 = n_2^2 k_0^2 \tag{1.77}$$

から求められるが，$\theta_1 > \theta_c$ のときには，$k_{2\perp}$ は純虚数となる．そこで $k_{2\perp} = i\kappa$ と

おくと，媒質2における電場の，界面からの距離（zとする）に対する依存性は

$$E(z)=E(0)e^{ik_{2\perp}z}=E(0)e^{-\kappa z} \qquad (1.78)$$

となって，長さκ^{-1}程度で指数関数的に減衰する．このように，界面に浸み込こんで局在する電場を**エバネッセント波**（evanescent wave）という．

[**例題 1.3**] 空気（$n=1.0$）からガラス（$n=1.5$）へ入射する光について，
(1) 垂直入射の場合の強度反射率を求めよ．
(2) ブルースター角を求めよ．
(**解**)
(1) (1.70)式より，

$$R=\left|\frac{1.5-1.0}{1.5+1.0}\right|^2=0.04$$

すなわち，入射光強度の4％が反射する．
(2) (1.72)式より，

$$\theta_B=\tan^{-1}\frac{1.5}{1.0}\simeq 56°$$

[**例題 1.4**] ガラス（$n=1.5$）から空気（$n=1.0$）との界面へ入射する光について，全反射となる入射角の条件を求めよ．
(**解**) (1.73)式より，

$$\theta_1>\sin^{-1}\frac{1.0}{1.5}\simeq 42°$$

1.6 回折と散乱

これまで述べてきたように，光は電磁波という波動であるから，物体によって**回折**（diffraction）という現象を起こす．回折により，それらの物体の後の光は，幾何光学に基づく「光線」の概念とは異なる伝搬をすることになる．

回折の簡単な一例として，穴Sがあいた壁に対して垂直に波数kの平面波（幾何光学の立場では平行光線）を照射したとき，Sの後側での光の回折の様子を調べよう（図1.7）．Sの中の点Oを原点とし，壁面をxy面とする．また，Oから壁に垂直方向にz軸をとり，$z=L$の位置に壁に平行にスクリーンを置く．このとき，S内の点P$(\xi, \eta, 0)$とスクリーン上の点Q(x, y, L)の間の距離sは

$$s=\sqrt{L^2+(x-\xi)^2+(y-\eta)^2} \qquad (1.79)$$

1.6 回折と散乱

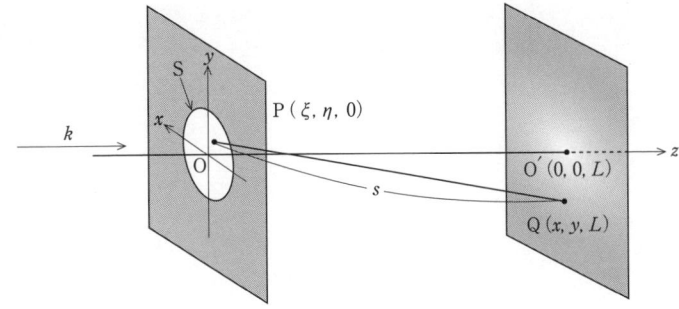

図1.7 フラウンホーファー回折の説明図

$$\simeq s_0 + \frac{x\xi}{s_0} + \frac{y\eta}{s_0} \tag{1.80}$$

ここで $s_0=\sqrt{L^2+x^2+y^2}$ であり，Sの大きさに比べてスクリーンは十分遠方にある（$\xi,\eta \ll L$）として ξ および η の1次の項までで近似した．このような近似が許されるときの回折を**フラウンホーファー回折**（Fraunhofer diffraction）という．仮定から，ある時刻における壁の位置での電場振幅は一様であり，スクリーン上の点Qにおける電場 $E(x,y)$ は，Sの内部から発する波（波数 k）の重ね合わせとして

$$E(x,y) = A \iint_S \frac{e^{iks}}{s} d\xi d\eta$$

$$\simeq A \frac{e^{iks_0}}{s_0} \iint h(\xi,\eta) e^{ik(x\xi+y\eta)/s_0} d\xi d\eta \tag{1.81}$$

と書ける．ここで，A は壁の位置での電場振幅に比例する定数，$h(\xi,\eta)$ は，穴の形を表す関数で，

$$h(\xi,\eta) = \begin{cases} 1 & (\xi,\eta) \in S \\ 0 & (\xi,\eta) \notin S \end{cases} \tag{1.82}$$

で定義される．x,y の代わりに変数 $p=kx/s_0$, $q=ky/s_0$ を導入すると，(1.81)式は，

$$E(p,q) \simeq A \frac{e^{iks_0}}{s_0} \iint h(\xi,\eta) e^{i(p\xi+q\eta)} d\xi d\eta \tag{1.83}$$

となる．(1.83)式は，フラウンホーファー回折における電場 $E(p,q)$ は，穴の形の関数 $h(\xi,\eta)$ の（2次元）フーリエ変換に比例することを意味している．回折光の強度は，$|E(p,q)|^2$ に比例する．p および q はおのおの回折光の横方向

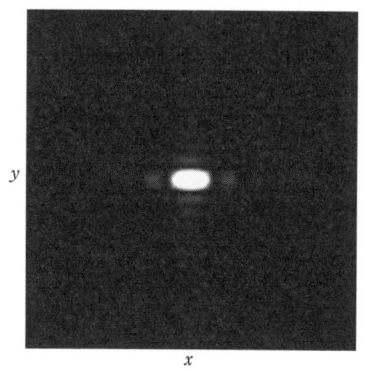 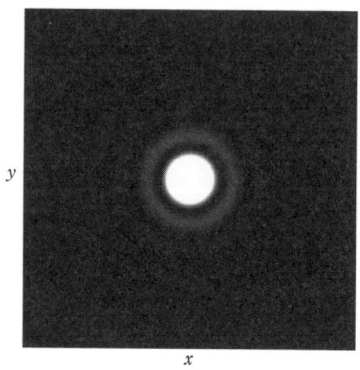

図1.8 長方形（左）および円形（右）の穴のフラウンホーファー回折像．用いた長方形の穴は縦長（縦：横 =2：1）であるが，回折像は逆に横長になっていることに注意．

（x および y）の波数に対応しており，穴 S の径が小さいほど，回折光の横方向の波数の拡がりが大きくなる．また，回折角は $\theta_x \simeq p/k$, $\theta_y \simeq q/k$ であるから，光の波長が長い（波数 k が小さい）ほど，大きな角度まで回折されることになる．例として，長方形および円形の穴のフラウンホーファー回折の様子を図1.8に示す．

一般に，S の大きさに対して十分遠方とはいえない位置，すなわち (1.80) 式の近似が使えない領域での回折の様子を**フレネル回折**（Fresnel diffraction）と呼び，その解析はたいへん複雑になる．

また，有限の大きさの物体（粒子）に光が当たった際には，その境界における光の回折および物体内部の分極の効果によって，入射光とは異なったさまざまな方向へ光が放射される．このような現象を**光散乱**または単に**散乱**（scattering）という．粒子の大きさが光の波長に比べて十分に小さいとき，散乱される光の強度は，振動数の4乗に比例（波長の4乗に反比例）することが知られている．このような場合を**レイリー散乱**（Reyleigh scattering）と呼ぶ．気体分子や多くの微粒子を含んだ空気による可視光線の散乱がこれにあたり，短波長すなわち青い色の成分が多く散乱される．青空の青い色は主にこのレイリー散乱のためである．また，夕日や夕焼けが赤っぽく見えるのは，厚い空気層を通過する際に，短波長成分ほど多く散乱されて減衰し，長波長成分（赤い光）が残るからである．

粒子の大きさが大きくなると，散乱の様子は複雑になり，振動数や散乱方向

に依存した複雑な関数となる．このような領域の散乱は**ミー散乱**（Mie scattering）と呼ばれる．さらに，物質中の格子振動（フォノン）によって分極が変調され，散乱された光が入射光とは異なる振動数となる場合もある．音響フォノン（音波）によって変調された場合を**ブリルアン散乱**（Brillouin scattering），光学フォノンによって変調された場合を**ラマン散乱**（Raman scattering）と呼ぶ．

1.7 干渉とコヒーレンス

a. 1次のコヒーレンス──ヤングの干渉

光の波動性を示す典型的な実験例として，**ヤングの干渉**（Young's interference）がよく知られている．図1.9に示すように，振動数 ω の単色光の平面波が，間隔 d で隔てられた2つの狭いスリットに垂直に入射するものとする．スクリーン上の点Qにおける電場は，スリット P_1 を通ってきた光による電場と，スリット P_2 を通ってきた光による電場との重ね合わせである．これらは図の紙面に垂直に直線偏光しているものとし，以下ではその方向の電場成分のみを考える．そのときの干渉の様子を調べよう．

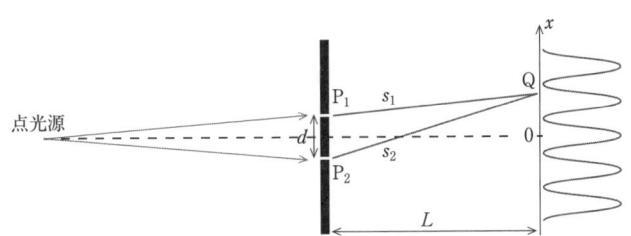

図1.9 ヤングの2重スリットによる干渉

点Qにおける電場 $E(t)$ は，点 P_1 および点 P_2 における電場 $E_1(t)$，$E_2(t)$ を用いて

$$E(t)=\kappa_1 E_1(t_1)+\kappa_2 E_2(t_2) \tag{1.84}$$

と書ける．ここで，

$$t_1=t-s_1/c, \quad t_2=t-s_2/c \tag{1.85}$$

であり，c は光速，κ_1，κ_2 は，スリットとスクリーン間の距離やスリットの幅

および回折角に依存する量である．以下簡単のために $\kappa_1=\kappa_2=1$ とする．すると，点 Q における光強度 I は，

$$I(t)=|E(t)|^2$$
$$=|E_1(t_1)|^2+|E_2(t_2)|^2+2\mathrm{Re}[E_1(t_1)^*E_2(t_2)]$$
$$=I_1(t_1)+I_2(t_2)+2\mathrm{Re}[E_1(t_1)^*E_2(t_2)] \qquad (1.86)$$

となる．上式で，はじめの2項はおのおののスリットからの光の強度であり，第3項が干渉項を表す．いま，光強度の平均値[※1] $\langle I \rangle$ は時間によらない（これを定常光という）とすると，

$$\langle I \rangle=\langle I_1 \rangle+\langle I_2 \rangle+2\mathrm{Re}[\langle E_1(t_1)^*E_2(t_2)\rangle] \qquad (1.87)$$

となる．ここで，$t_2-t_1=\tau$ とし，

$$g_{12}^{(1)}(\tau)=\frac{\langle E_1(t)^*E_2(t+\tau)\rangle}{\sqrt{\langle I_1 \rangle\langle I_2 \rangle}} \qquad (1.88)$$

という量を定義すると，(1.87)式は

$$\langle I \rangle=\langle I_1 \rangle+\langle I_2 \rangle+2\sqrt{\langle I_1 \rangle\langle I_2 \rangle}\,\mathrm{Re}[g_{12}^{(1)}(\tau)] \qquad (1.89)$$

と書ける．$g_{12}^{(1)}(\tau)$ を，**1次の規格化相関関数**（normalized first order correlation function）と呼び，その絶対値を**1次のコヒーレンス**（degree of first order coherence）という[※2]．いま，$\langle I_1 \rangle=\langle I_2 \rangle$ とすると，(1.89)式より，$|g_{12}^{(1)}|=1$ のときには，干渉の振幅が100％になり，$|g_{12}^{(1)}|=0$ のときには干渉が現われない．$|g_{12}^{(1)}|$ は0から1までの値をとり得るが，$|g_{12}^{(1)}|=1$ の光の状態を**コヒーレント**（coherent），$|g_{12}^{(1)}|=0$ の場合を**インコヒーレント**（incoherent），その中間を部分的にコヒーレント（partially coherent）な状態と呼ぶ．

b． 時間的コヒーレンス

光が単一の振動数成分だけを持つ（単色光）の場合，$E_{1,2}(t)=|E_0|e^{-i\omega t}$ とおけば，

$$g_{12}^{(1)}(\tau)=e^{i\omega\tau} \qquad (1.90)$$

であり，$|g_{12}^{(1)}|=1$ となるから，単色光はコヒーレントである．このとき，

$$\langle I \rangle=2|E_0|^2[1+\cos\{\omega\tau\}]$$

[※1] 以下では，ある量 A の平均値を $\langle A \rangle$ と書く．平均値には集団平均と時間平均とがあるが，両者が等しい場合，A はエルゴード性を持つという．本書では特に断らない場合，$\langle A \rangle$ は時間平均を表すものとする．

[※2] $g_{12}^{(1)}(\tau)$ は強度に対して1次であるが，電場に対しては2次であるので，$g_{12}^{(1)}(\tau)$ を（電場に関する）2次の相関関数，$|g_{12}^{(1)}(\tau)|$ を2次のコヒーレンスと呼ぶ場合もある．

$$\sim 2|E_0|^2\left[1+\cos\left(\frac{kxd}{L}\right)\right] \quad (x, d \ll L) \tag{1.91}$$

となって，スクリーン上に振幅 100 % の干渉縞が観測される．

これに対し，光電場 $E_{1,2}(t)=E(t)$ の振幅，位相，または振動数が分布を持つ場合には，光の振動数成分が単一ではなく，ある程度の幅を持つようになる．このとき，その相関関数は

$$\langle E(t)^* E(t+\tau)\rangle = \int_{-\infty}^{\infty} S(\omega)e^{-i\omega\tau}d\omega \tag{1.92}$$

と表されることが知られている．(1.92)式を**ウィーナー-ヒンチンの定理**(Wiener-Khinchine's theorem) という．ここで，$S(\omega)$ は角振動数 ω に関する光の強度分布を表す量で，**パワースペクトル**(power spectrum) という．1次の規格化相関関数は，$S(\omega)$ のフーリエ変換として

$$g_{12}^{(1)}(\tau) = \int_{-\infty}^{\infty} S(\omega)e^{-i\omega\tau}d\omega \bigg/ \int_{-\infty}^{\infty} S(\omega)d\omega \tag{1.93}$$

と表される．例として，パワースペクトルが幅（標準偏差）σ のガウス型分布

$$S(\omega) = \frac{1}{\sqrt{2\pi}\sigma}e^{-(\omega-\omega_0)^2/2\sigma^2} \tag{1.94}$$

を持つ場合，1次の規格化相関関数は，(1.93)式を用いて

$$g_{12}^{(1)}(\tau) = e^{-i\omega_0\tau - \sigma^2\tau^2/2} \tag{1.95}$$

$$|g_{12}^{(1)}(\tau)| = e^{-\sigma^2\tau^2/2} \tag{1.96}$$

となるが，これは τ に関して幅 σ^{-1} のガウス型分布となる．したがって，このような光のコヒーレンスは，$g_{12}^{(1)}(0)=1$, $g_{12}^{(1)}(\infty) \to 0$ であって，$\tau_c \simeq \sigma^{-1}$ 程度の**コヒーレンス時間**[※] を持つ．

このように，光のパワースペクトルと1次の相関関数は互いにフーリエ変換の関係にあるので，一方を測定すれば他方を知ることができる．この原理を利用し，干渉波形を測定することによって，光のスペクトルを測定する装置が，**干渉分光器**あるいはフーリエ変換分光器である．

[**例題 1.5**] パワースペクトルがローレンツ型分布（コーシー分布）

$$S(\omega) = \frac{1}{\pi}\frac{\alpha}{(\omega-\omega_0)^2 + \alpha} \tag{1.97}$$

となるときの，1次の規格化相関関数，1次のコヒーレンスを求めよ．

[※] $|g_{12}^{(1)}(\tau)|^2$ の幅 $\sigma^{-1}/\sqrt{2}$ をコヒーレンス時間と定義する場合もある．

(**解**) $S(\omega)$ においては標準偏差 σ は定義できないが,$\omega=\omega_0\pm\alpha$ で最大値の $1/2$ となり,**半値幅**は 2α である.また,$\int_{-\infty}^{\infty}S(\omega)d\omega=1$ である.
(1.93)式より,

$$g_{12}^{(1)}(\tau)=e^{i\omega_0\tau-\alpha|\tau|} \tag{1.98}$$

$$|g_{12}^{(1)}(\tau)|=e^{-\alpha|\tau|} \tag{1.99}$$

となって,1次のコヒーレンスは減衰する指数関数となり,$\tau=\pm\alpha^{-1}$ で $1/e$ に減衰する.

c. 空間的コヒーレンス

ここまで考えてきた電場の時間相関に加え,光源が有限の大きさを持つときには,電場の空間的相関を考える必要がある.いま,光源が十分遠方にあるときを考え,観測点 $Q_1(x_1,y_1)$ および $Q_2(x_2,y_2)$ 間の空間的コヒーレンスを考えよう.光源は,同じ振動数を持つ多数の微視的光源からなると考える.フラウンホーファー回折を考えた際の配置(図1.7)を再び使い,個々の微視的光源の位置を (ξ_j,η_j),その空間的分布密度を $n(\xi,\eta)$ とする.(1.81)式にならうと,時刻 t におけるスクリーン上の観測点 (x,y) での電場は

$$E(x,y;t)\simeq\sum_{j=1}^{N}A_j(t)e^{ik(x\xi_j+y\eta_j)/s_0} \tag{1.100}$$

と書ける.ここで,$A_j(t)$ は個々の光源からの放射の複素振幅である.(1.81)式では一様な電場によるコヒーレントな放射を考えたが,ここでは,電球や蛍光灯などのように,空間的相関のない多数の微視的光源(原子など)から放出される光(**カオス光**)を考えよう.おのおのの微視的光源の複素振幅は完全に相関がなく揺らいでいるものとして

$$\langle A_j(t)^*A_m(t)\rangle=|A|^2\delta_{jm} \tag{1.101}$$

と置く.このとき,その光強度は

$$\langle I\rangle=\langle E(x,y;t)^*E(x,y;t)\rangle=|A|^2 \tag{1.102}$$

となって,位置に依存しない一様な強度分布となってしまうことがわかる.これは,(1.81)式または(1.83)式において,電場(したがってその光強度)が光源の形状のフーリエ変換で表されたことと対照的である.しかし,この場合でも,電場の相関関数は

$$\langle E_1(t)^*E_2(t)\rangle=\iint I(\xi,\eta)e^{-i(p\xi+q\eta)}d\xi d\eta \tag{1.103}$$

となることがわかる.ここで,$p=k(x_1-x_2)/s_0$,$q=k(y_1-y_2)/s_0$ とおいた.

1.7 干渉とコヒーレンス

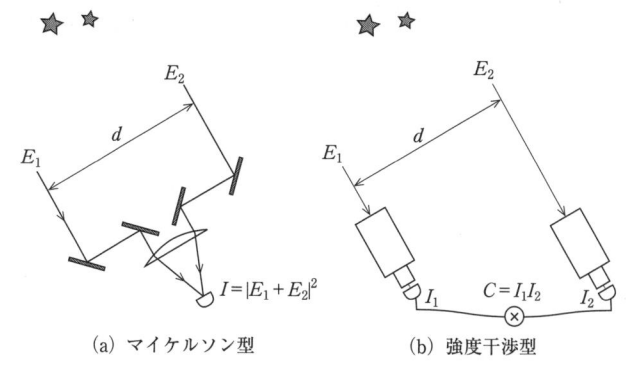

(a) マイケルソン型　　**(b) 強度干渉型**

図 1.10 恒星の視直径を測定する干渉計

$I(\xi,\eta) = |A|^2 n(\xi,\eta)$ は，光源の強度分布を表す．したがって，

$$g_{12}^{(1)}(0) = \iint I(\xi,\eta) e^{-i(p\xi+q\eta)} d\xi d\eta \bigg/ \iint I(\xi,\eta) d\xi d\eta \quad (1.104)$$

となり，空間的コヒーレンスは，光源の強度分布 $I(\xi,\eta)$ のフーリエ変換として表されることがわかる[※]．したがって，点光源に近いほど空間的にコヒーレントな光となるのである．

このような空間的コヒーレンスの測定は，恒星の視直径を測定する実験に応用された．すなわち，図 1.10(a) のように，x 軸上で d だけ離れた 2 点に 2 枚の鏡を置き，それらによって反射された光を集めて干渉させ，コヒーレンスを距離の関数として測定する．(1.104)式を変形すると

$$g_{12}^{(1)}(0) = \iint I_a(u,v) e^{-ikdu} du dv \bigg/ \iint I_a(u,v) du dv \quad (1.105)$$

と書ける．ここで，$u=\xi/s_0$, $v=\eta/s_0$ である．s_0 は恒星までの距離であり，$\xi,\eta \ll s_0$ であるから，u,v は視角度を表す．$I_a(u,v)$ は視角度で表した光源の強度分布である．原理的には，このような方法で恒星の視直径が求められるが，実際には恒星の視直径は非常に小さく，$0.01''$ のオーダーまたはそ

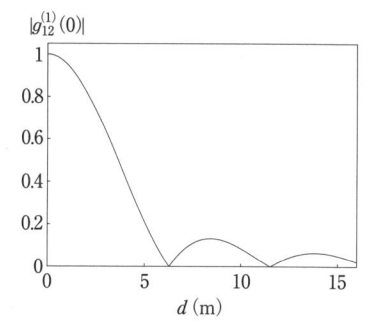

図 1.11 視直径 $0.01''$ の恒星の空間的コヒーレンス

[※] 時間的コヒーレンスを表す (1.93)式と比較せよ．

れ以下である．図1.11は，恒星を視直径 $0.01''\sim 5\times 10^{-8}$ rad の一様な円盤，光の波長を500 nm としたときの空間的コヒーレンス $|g_{12}^{(1)}(0)|$ を d の関数として表したものであり，空間的コヒーレンスを測定するためには数 m の長さの干渉計が必要であることがわかる．実際にこのような方法で恒星の視直径が初めて測定されたのは1920年のことで，鏡の間隔が約6 m の干渉計が用いられた．

d. 2次のコヒーレンス──強度干渉

上述した1次のコヒーレンスは，光の電場 E の相関による干渉の程度を測る量であった．これに対し，光の「強度」$I=|E|^2$ の空間的，時間的相関による干渉，すなわち**強度干渉**も考えられる．この実験を最初に提案・実行したのは，ブラウン（R. Hanbury Brown）およびツイス（R. Q. Twiss）である．彼らは，恒星の視直径を測る方法として，1つの恒星からの光を離れた2つの検出器で受け，2つの検出器の位置における光強度の空間的相関を測定する方法を提案したほか，光の強度の時間相関を測定する方法も提案した．

図1.12に，光の強度相関測定の概念図を示す．光源からの光は，点 r_1 と r_2 にある2つの検出器で受光され，おのおのの検出器の出力信号 $I_{1,2}(t)$ は，遅延差（τ）をつけた後に乗算器で掛け合わされた後，平均化される．その出力信号，すなわち強度相関 $\langle I_1(t)I_2(t+\tau)\rangle$ の様子を調べよう．

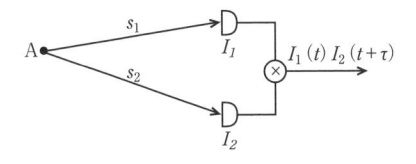

図1.12 強度相関測定の概念図

点 A における信号光の電場を $E(t)$ とすれば，

$$I_1(t)=|E_1(t)|^2=|\kappa_1 E(t_1)|^2 \tag{1.106}$$
$$I_2(t)=|E_2(t)|^2=|\kappa_2 E(t_2)|^2 \tag{1.107}$$

である．ここで，t_1, t_2 は（1.85）式と同じ意味である．したがって，強度相関関数は

$$\langle I_1(t)I_2(t+\tau)\rangle=\langle |E_1(t)|^2|E_2(t+\tau)|^2\rangle$$
$$=\langle E_1(t_1)^*E)2(t_2+\tau)^*E)2(t_2+\tau)E_1(t_1)\rangle \tag{1.108}$$

となる．いま，（1.88）式に対応して，

$$g_{12}^{(2)}(\tau)=\frac{\langle I_1(t)I_2(t+\tau)\rangle}{\langle I_1\rangle\langle I_2\rangle}$$

$$= \frac{\langle E_1(t)^* E_2(t+\tau)^* E_2(t+\tau) E_1(t)\rangle}{\langle I_1\rangle\langle I_2\rangle} \tag{1.109}$$

という量を定義する．$g_{12}^{(2)}(\tau)$ を 2 次の規格化相関関数，その値を 2 次のコヒーレンスという．

揺らぎのない単色光 $E_{1,2}(t) = |E_0|e^{-i\omega t}$ の場合には，

$$\langle I_1(t) I_2(t+\tau)\rangle = \langle I_1\rangle\langle I_2\rangle = |E_0|^4 \tag{1.110}$$

であるから，

$$g_{12}^{(2)}(\tau) = 1 \tag{1.111}$$

である．このように，古典的単色光は 1 次および 2 次のコヒーレンスも 1 である．

次に，前節でも述べた多数の独立な微視的光源から放出される光（カオス光）の場合には，

$$g_{12}^{(2)}(\tau) = 1 + |g_{12}^{(1)}(\tau)|^2 \tag{1.112}$$

が成り立つことが知られている．すなわち，この場合は，2 次のコヒーレンスは 1 次のコヒーレンスを用いて表すことができ，例えば 1 次のコヒーレンスが (1.96) 式で表される場合には，2 次のコヒーレンスは図 1.13 の実線のようになる．

同様な議論は，空間的コヒーレンスについても成り立つ．前述したブラウンとツイスは，この原理を用い，2 点間の強度相関を測定することで恒星の視直径を測定した (図 1.10(b))．通常の干渉による測定は，干渉計の長さの安定度を光の波長程度以下に安定化しなければならないが，強度干渉計ではそのような高い安定度は必要ではないため，干渉計の長さを大幅に長くすることができ，精度の良い測定が可能である．

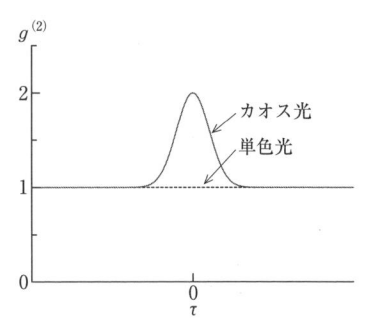

図 1.13 単色光（点線）およびカオス光（実線）の 2 次のコヒーレンス

1.8 物質の光学応答と光学スペクトル

光は物質中の電荷と相互作用し，その結果，光はおのおのの物質に特有の応答を示す．身近な例でいえば，物質の中には無色透明なものもあれば着色した

ものもあり，そうかと思えば全く光を通さないものや金属のように特有の光反射を示すものもある．このような，光に対する物質固有の応答はどこから生じるものであろうか？ 残念ながらここではその物理の詳細について立ち入る余裕はないが，大まかにいえば，可視光領域を含む近赤外域から近紫外域においては，電子のエネルギー準位構造が光吸収や反射スペクトル（これらをまとめて**光学スペクトル**と呼ぶ）を決定するのである．そのため，物質の光吸収や反射スペクトルを観測することで，その物質中の電子のエネルギー準位構造を詳しく調べることができる．また，光子のエネルギー（$\hbar\omega$：ωは光の角振動数）が可視光よりも小さい中～遠赤外領域においては，電子よりも重く共鳴振動数が小さい，結晶を構成する原子やイオンの振動すなわち格子振動に共鳴した光吸収・反射構造が顕著となる．また，金属や不純物を添加した半導体など，伝導電子を持つ物質では，伝導電子の応答に伴う強い光反射（Drude 反射）が，定常電場から赤外または可視光領域にまで存在する．さらに，可視光より光子エネルギーが大きい紫外線や X 線の領域では，原子やイオンの内殻電子に由来する光吸収・反射が顕著になるなど，光吸収や反射スペクトルの測定に用いる光の振動数（または光子エネルギー）に応じて，物質内のさまざまな電荷の応答を観測することができるのである（図1.14 を参照）．

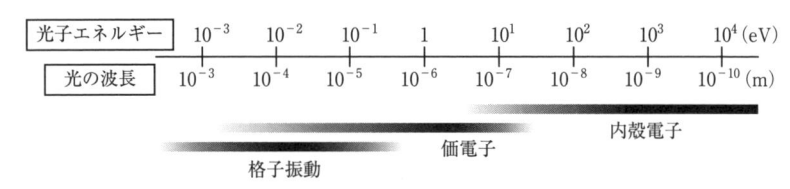

図1.14 光学スペクトルに現われる物質中の種々の電荷・状態からの寄与を光子エネルギーおよび光の波長のスケールで表したもの

a. 分極率，屈折率と吸収係数

物質の光に対するマクロな応答は，光の電場 E に対応して物質中に生じる分極 P によって決定される．光が十分弱く，分極が光の電場に線形に応答する範囲では，両者の関係は

$$P = \varepsilon_0 \chi E \tag{1.113}$$

と書くことができる．ε_0 は真空誘電率である．ここで，χ を**分極率**あるいは**電気感受率**という．分極率は，光の角振動数 ω に依存する複素関数で，それを

実部と虚部に分けて

$$\chi = \chi' + i\chi'' \tag{1.114}$$

と書くことにする．このとき，物質中の電束密度 D は

$$D = \varepsilon_0 E + P = \varepsilon_0(1+\chi)E = \varepsilon E \tag{1.115}$$

となる．ここで，

$$\varepsilon = \varepsilon_0(1+\chi) \tag{1.116}$$

は物質の**誘電率**であり，それを実部と虚部に分け

$$\varepsilon = \varepsilon' + i\varepsilon'' \tag{1.117}$$

と書く．

マクスウエルの方程式から，一様な誘電率 ε および透磁率 $\mu = \mu_0$ を持つ物質中を z 方向に伝搬する平面波の電場 $E(z,t)$ は

$$E(z,t) = E_0 e^{i(kz-\omega t)} \tag{1.118}$$

と書ける．ここで，

$$k = \frac{\omega}{c}\sqrt{\frac{\varepsilon}{\varepsilon_0}} = k_0\sqrt{\frac{\varepsilon}{\varepsilon_0}} \tag{1.119}$$

であり，c は真空中の光速，$k_0 = \omega/c$ は真空中の波数である．この電場の位相速度 v は

$$v = \frac{\omega}{k} = \frac{c}{n} \tag{1.120}$$

である．ここで，n は物質の屈折率であり，誘電率を用いて

$$n^2 = \frac{\varepsilon}{\varepsilon_0} \tag{1.121}$$

と書くことができる．誘電率が複素数であったから，屈折率も一般に複素数であり，それを実部，虚部に分けて

$$n = \eta + i\kappa \tag{1.122}$$

と書くと，

$$\eta^2 - \kappa^2 = \frac{\varepsilon'}{\varepsilon_0} = 1 + \chi' \tag{1.123}$$

$$2\eta\kappa = \frac{\varepsilon''}{\varepsilon_0} = \chi'' \tag{1.124}$$

の関係がある．これらの関係から，物質の誘電率または分極率から複素屈折率あるいはその逆を相互に求めることができる．

また，(1.122)式を用いて (1.119)式は

と書き直すことができる．これを (1.118) 式に代入することにより，屈折率の虚部 κ は物質中を伝搬する光の減衰を表す量であることがわかる．この物質中での光の強度 $I=|E|^2$ の分布は

$$I(z)=|E_0|^2 e^{-2\kappa k_0 z}=I_0 e^{-\alpha z} \tag{1.126}$$

と書け，指数関数的減衰を示す．ここで，減衰の程度を表す定数 α を **吸収係数** といい，

$$\alpha=\frac{2\omega}{c}\kappa \tag{1.127}$$

である．いま，試料の厚さを d とすると，試料を透過する光の強度は

$$I(d)=I_0 e^{-\alpha d} \tag{1.128}$$

となる．ここで，**光学密度** OD を

$$OD=-\log_{10}\frac{I(d)}{I_0}=\alpha d\log_{10}e \tag{1.129}$$

で定義する．光学密度は，試料による光吸収を表す測定量としてよく用いられる．

また，真空からこの試料に垂直入射した光の強度反射率は，(1.71) 式に (1.122) 式を代入して

$$R=\frac{(\eta-1)^2+\kappa^2}{(\eta+1)^2+\kappa^2} \tag{1.130}$$

と求められる．

b. 屈折率分散と吸収・反射のスペクトル

ここまでは，物質の分極率が与えられたとき，光の屈折や反射について述べてきた．それでは，物質の分極率は光の振動数または波長にどのように依存するのだろうか？ 本項では，実験によって得られる光吸収や反射スペクトルを半定量的に分析する際にたびたび有用となる，現象論的モデルについて簡単に述べる．

いま，物質中の離散的準位 $|1\rangle$ と $|2\rangle$ の間のエネルギー差 $\hbar\omega_0$ 付近の光子エネルギーを持つ光に対する応答を考えよう．この 2 準位系の分極率の振動数依存性は，このままでは幅のない関数（デルタ関数）になってしまうが，ここで，現象論的に，電子系の **緩和定数** γ を導入しよう．γ の起源としては，電子の励

起状態 $|2\rangle$ が有限の寿命で自発的に光子を放出して状態 $|1\rangle$ に戻る「エネルギー緩和」の効果と，電子系の位相（コヒーレンス）が格子振動などとの相互作用によって乱される「位相緩和」の2つの効果に分けられる．一般に，固体中の電子は格子振動などとの相互作用が強く，電子系の緩和は主に後者によって支配されている．いずれにせよ，このような緩和定数を導入することにより，物質の光応答スペクトルを支配する分極率は次のように書ける．

$$\chi = \frac{N|\mu_{12}|^2}{\varepsilon_0 \hbar} \left\{ \frac{1}{\omega_0 - \omega - i\gamma} + \frac{1}{\omega_0 + \omega + i\gamma} \right\} \tag{1.131}$$

ここで，μ_{12} は2準位間の遷移双極子モーメント，N は考えている電子状態の単位体積あたりの数である．いま，$\omega \sim \omega_0$ の近傍の様子を考えているのだから，(1.131)式の括弧中の第2項は第1項に比べて小さいので無視する（回転波近似）ことにすると，分極率は

$$\chi \simeq \frac{N|\mu_{12}|^2}{\varepsilon_0 \hbar} \frac{1}{\omega_0 - \omega - i\gamma} = A \frac{1}{\omega_0 - \omega - i\gamma} \tag{1.132}$$

と書くことができる．ここで，$A = N|\mu_{12}|^2/(\varepsilon_0 \hbar)$ とした．また，物質中にはいま注目している光に共鳴している分極準位以外にも，分極に寄与する多くの電子準位やイオンが存在する．それらの非共鳴分極からの寄与をまとめて実数の定数と仮定し，それを χ_0 としよう．すると，分極率の実部および虚部は

$$\chi' = A \frac{\omega_0 - \omega}{(\omega_0 - \omega)^2 + \gamma^2} + \chi_0 \tag{1.133}$$

$$\chi'' = A \frac{\gamma}{(\omega_0 - \omega)^2 + \gamma^2} \tag{1.134}$$

となる．これらを用いることにより，(1.116)式および(1.117)式から誘電率 $\varepsilon', \varepsilon''$ が，(1.123)式および(1.124)式から屈折率 η, κ が求まり，さらに，(1.70)式から垂直入射反射率 R が求まる．図1.15に ω に対する χ', χ'' の様子を示す．ω_0 付近で，χ' は分散型，χ'' はローレンツ関数型の変化を示し，χ'' の半値半幅が γ で与えられる．図1.16は同じものを η, κ および R で見たものである．屈折率の実部 η は，$\omega \ll \omega_0$ の領域では ω の増加とともに η も大きくなる．これを**正常分散**領域という．逆に，$\omega \sim \omega_0$ では，ω の増加とともに η が小さくなる領域があり，これを**異常分散**領域という．また，$\omega \sim \omega_0$ では，屈折率の虚部 κ が大きくなる．そのため，(1.126)式に示したように，この領域の振動数の光は媒質中で吸収され，強度が減衰する．同時に，この領域では，反

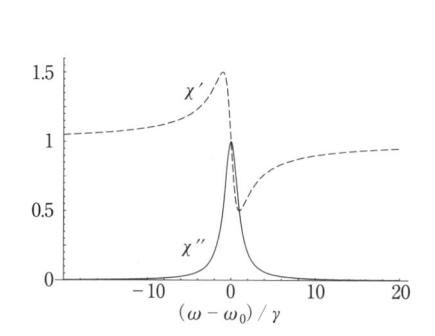

図 1.15 緩和を考慮した 2 準位電子状態間における分極率の実部 (χ') および虚部 (χ'') のスペクトル.$A=1$,$\gamma=1$,$\chi_0=1$.

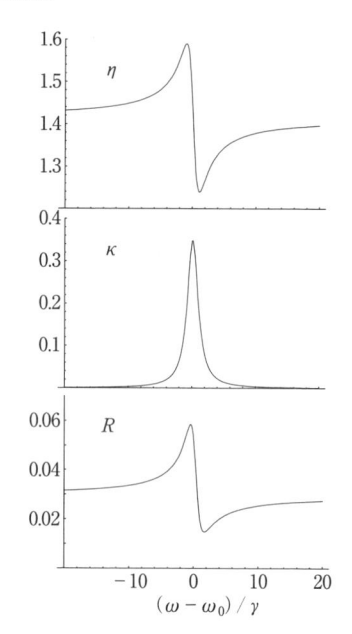

図 1.16 図 1.15 の分極率に対応する屈折率の実部 (η) および虚部 (κ),および反射率 (R) のスペクトル

射率 R の値も大きくなる.

c. 物質による光スペクトルの違い

ここまでの議論で,物質の光学スペクトルは物質中の電子準位の様子に強く依存し,特に電子準位間の遷移エネルギー $\hbar\omega_0$ 付近では強い光吸収や反射が起きることがわかった.上では簡単のために単一の離散的準位間の遷移を考えたが,多数の,あるいは連続的な電子準位構造が存在する場合でも同様な議論が成り立つ.

固体物理学(電子物性や物性物理)の講義で学ぶように,固体中の電子準位は**エネルギーバンド**と呼ばれる構造を持ち,それによって金属や半導体,絶縁体というような電気的性質が決定される.同様に,物質の光学的性質もまたエネルギーバンド構造に依存する.例えば,絶縁体や半導体においては価電子帯と伝導帯の間に禁制帯と呼ばれる電子準位が存在しない領域があり,禁制帯のエネルギー幅(**バンドギャップ**)$\hbar\omega_g$ に対応する振動数 ω_g 以下の光はほとん

ど吸収されず，物質を透過する．したがって，バンドギャップが可視光の光子エネルギーより大きな物質（主に絶縁体）は基本的に透明であり，バンドギャップがそれより小さな物質（半導体など）は可視光を吸収するので黒っぽく見える．また，透明な物質でも，不純物などによって禁制帯中に新たな電子準位ができると，それに対応する振動数領域の光に対して吸収を示すようになる．このような理由によって，多くの宝石や色ガラスなどは，おのおのに特有の美しい色を示す．また，金属や，不純物を多く含む半導体では，伝導帯に自由電子が存在する．自由電子は，前節のモデルでは遷移エネルギーが $\hbar\omega_0=0$ であることに対応し，可視光またはそれより低い振動数の電磁波に対して高い反射と吸収を示すので，これらの物質はいわゆる金属光沢を持つのである．

このような電子準位構造による光学的性質の他に，物質の形状も光学的性質に時として大きな影響を及ぼす．例えば，バンドギャップが大きくて透明になるべき物質であっても，表面や内部に細かい凸凹や気泡などがあるとそれらによって光が散乱され，すりガラスや磁器のように不透明になってしまう．また，物質が非常に小さな微粒子になっていると，そのサイズに応じた光の回折・散乱が起こり，特徴的な色を呈することがある．さらに，物質に規則的な微細構造があると，光の回折と干渉によって，ある種の昆虫やオパールなどのように特徴的な色を示すことが知られている．このような，物質の形状による光学スペクトル（色）の変化を**構造色**と呼ぶ．

このように，物質の光学スペクトルは物質の電子準位構造や形状によって大きく異なる．逆に，電子準位構造や形状を適切に選ぶことによって，光学特性を幅広く制御することが可能である．現在の光デバイスでは，電子準位構造やそれらの形状なども総合的に高度に制御して，より高い性能を持つデバイスを創出している．

[**例題 1.6**] プリズムに使われるガラスなどにおける，屈折率と波長の関係について述べよ．
（**解**）透明な物質では，可視光の光子エネルギーは上述した正常分散領域にあたり，光子エネルギーの増加に伴って屈折率が大きくなっていく．したがって，可視光領域では短波長になるにつれて屈折率が大きくなる．このような物質をプリズムに用いると，短波長の光ほど大きく屈折されることになる．

1.9 光の量子性

ここまでは，光は電磁波という波動であるという立場から，光の持つ性質について調べてきたが，光が粒子であるのか，波であるのかについては，歴史的に長い論争があった．ニュートン（I. Newton）らは，光が物体に与える圧力の存在から光の粒子説を主張したが，ホイヘンス（C. Huygens），フレネル（A. J. Fresnel）らは，光の示す干渉や回折などの現象から，光の波動説を支持した．その後，1.2節で述べたマクスウエルの電磁理論により，光は電磁場の波動（電磁波）であるという形で決着がついたかに見えた．しかしながら，20世紀初頭までには，光の粒子性を支持する新たな実験事実が次々と明らかになり，ついには光が粒子性と波動性の両面を持った存在，すなわち**量子性**を持った存在であると認識されるにいたった．以下では，光の粒子性に関するいくつかの実験事実を示しながら，光の量子性について考える．

a. 熱放射

温度 T に保たれた黒体[※1]から自然放出される電磁波（熱放射）のスペクトル（放射エネルギーの振動数依存性）$w(\nu)$（図1.17）は，古典的電磁場の理論では，**レイリー-ジーンズの放射法則**（Rayleigh-Jeans' law of radiation）

$$w(\nu) = \frac{8\pi\nu^2 kT}{c^3} \tag{1.135}$$

で表される．ここで，ν は光の振動数，k はボルツマン定数，c は真空中の光速である．ところが，実際に観測されるスペクトルは

$$w(\nu) = \frac{8\pi h\nu^3}{c^3} \frac{1}{e^{h\nu/kT}-1} \tag{1.136}$$

となって，古典的予想（1.135）式とは異なる．プランク（M. Planck）によって発見された（1.136）式を**プランクの放射法則**（Planck's law of radiation），その中に現われる定数 h を**プランク定数**[※2]という．古典式（1.135）は，（1.136）式において $h\nu \ll kT$ としたときの近似式となっていることから，$h \to 0$ とした場合には古典式（1.135）に帰結することがわかる．

※1) 電磁波を完全に吸収する物質．
※2) $h \approx 6.6262 \times 10^{-34}$ J·s．

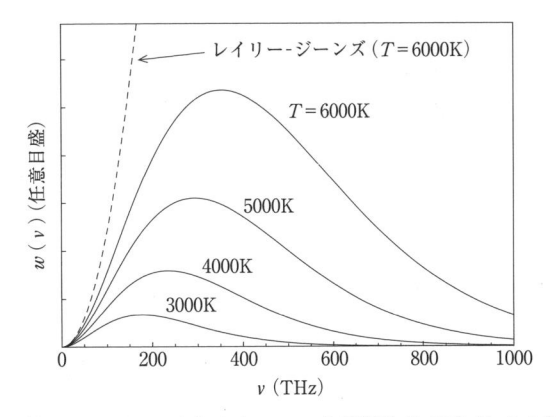

図1.17 熱放射のスペクトル．実線はプランクの放射法則 (1.136)式による計算値（温度 T=3000, 4000, 5000, 6000K）．破線はレイリー–ジーンズの放射法則 (1.135) 式による計算値（T=6000K）

(1.136)式は，振動数 ν の電磁波のとり得るエネルギーが $E=h\nu$ の整数倍となっていることを仮定すると導出されるものである．換言すれば，**電磁波のエネルギーは $h\nu$ を単位として離散的になっている**（**量子化されている**）と考えなければならない．1.1節で述べたように，このような電磁波のエネルギー単位量を運ぶ粒子は**光子**と呼ばれる．

b. 光電効果

金属に振動数 ν の光を照射すると，金属表面から電子が放出される．これは，金属内部にあった電子が光のエネルギーによって外部に放出されるものである．これの効果を**光電効果**，放出された電子を**光電子**と呼ぶ．光電子の運動エネルギーを観測すると，奇妙なことに，その最大値 $K_{\max}$ は光の強さ（すなわち金属に照射する光のエネルギー）ではなく，光の振動数に依存して変化することがわかる．すなわち，

$$K_{\max}=h\nu-W \qquad (1.137)$$

ここで，W は定数（物質によって異なる）である．このことから，光電子放出過程では，おのおのの電子は光（光子）から $h\nu$ に相当するエネルギーを受けとるものと考えることができる．アインシュタインは，この光電効果に関する理論的研究で，後にノーベル賞を受けた．

c. コンプトン効果

1923年，コンプトン（A. H. Compton）は，波長 λ の X 線を自由電子に照射したときに散乱される X 線を調べた結果，散乱された X 線の波長が入射 X 線よりも少し長くなることを見出した．さらに，X 線を運動量

$$p = h\nu/c = h/\lambda \tag{1.138}$$

を持つ粒子（光子）として扱えば，この散乱過程は X 線光子と電子との弾性体散乱とみなすことにより説明できることを明らかにした（図 1.18 参照）．この**コンプトン効果**（Compton effect）は，先述した光電効果とともに，光子がエネルギー $E = h\nu$，運動量 $p = h\nu/c = h/\lambda$ を持つ粒子として振る舞うことを示している．

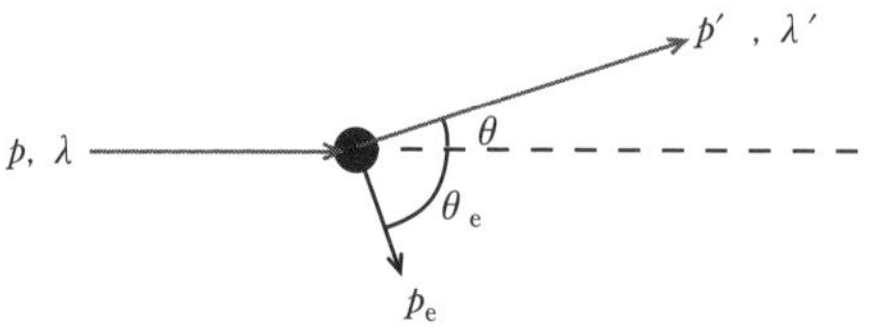

図 1.18　コンプトン散乱の概念図

d. 光の粒子性と波動性

上に述べた光の粒子性を実証する実験は，主に 20 世紀の初頭になって次々と行われた．これに対し，光が波動として振る舞うことを端的に示す実験はそれよりずっと以前に行われている．その一つが，1807 年にヤング（T. Young）が行った二重スリットの実験，すなわち**ヤングの干渉**実験である（1.7 節を参照）．

このような，「回折」と「干渉」は波動現象に特有のものであり，光が波としての性質を持つことの証拠である．しかし，最近では，古典的な「波動」の概念では捉えることのできない非古典的な光を作り出すことが可能となっている．その例の一つが，光子が 1 個ずつ放出される**単一光子状態**や，光子の数が定まった**光子数状態**，複数の光子が量子的相関を持つ，**量子もつれ状態**などである．これらの非古典的な光の状態を用いると，古典的には理解することのできない回折，干渉効果を引き起こすことができ，光を用いた量子論の研究舞台となっている．

このように，さまざまな実験によって，光は粒子性と波動性を併せ持つ存在であることが明らかになった．光に限らず，電子や原子などの物質もまた，粒子性と波動性を併せ持つ存在であることがわかっている．このような，**粒子性**

と波動性の二重性は，ニュートン以来の古典力学では説明することができず，ミクロな世界の振る舞いを記述する**量子力学**によって初めて理解される．20世紀の初頭に次々明らかとなった光の粒子性と波動性の二重性を示す実験事実が，その後の量子力学の誕生のきっかけとなったことは，光科学，光技術の研究の重要性を如実に示すものである．さらに，最近では，光や物質の持つ量子力学的性質を積極的に利用して，絶対安全な暗号通信（量子暗号）や，従来のコンピュータでは解けないような問題を短時間で解いてしまう装置（量子コンピュータ）などを実現しようとする，**量子情報通信技術**の発展も期待されている．

2 レーザの基礎

2.1 レーザの基本原理

　エレクトロニクスは，電子の振る舞いを制御する手段である電子デバイス・装置の原理を理解することにその基礎をおいている．**フォトニクス**では電子に加えて光に対しても同様の原理的理解が必要となる．フォトニクスで利用される光は主には**レーザ光**であるので，まずレーザ光がどのように作り出されるかを知ることはフォトニクスの根幹として重要である．そこで，本章では，**レーザの動作原理**について概説する．

　レーザ（laser）の語源は light amplification by stimulated emission of radiation（直訳すれば，輻射の誘導放出による光の増幅）の英単語の頭文字の配列に基づいている．したがって，もともとは光の増幅作用を意味する言葉であるが，現在はコヒーレントな光を発生する発振器としての意味合いのほうがむしろ一般的である[1]．

　レーザの発振器の動作原理は，基本的には図2.1に示す電気的な発振器と同様であり，**増幅器**の出力の一部を入力にフィードバックする物理的システムとなっている[2]．まず，電気的なフィードバック増幅回路の大まかな動作を復習してみよう．増幅率を A とし，フィードバック率を β とすると，$\beta A = 1$ のと

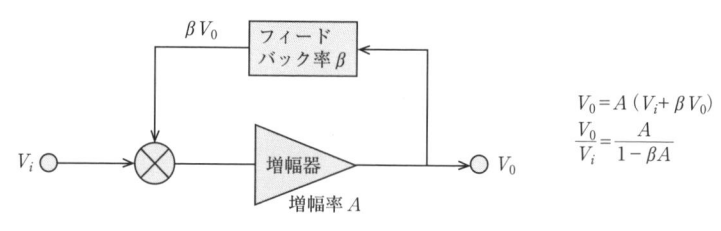

$$V_0 = A(V_i + \beta V_0)$$
$$\frac{V_0}{V_i} = \frac{A}{1-\beta A}$$

図2.1　電気的発振器の構成

きに増幅率は無限大になる．ただし，回路での位相ずれがないものとする．このときには，入力がなくとも回路内の電気的な雑音が種となって，大きな出力電圧が得られる．これがすなわち「発振」である．このときに，増幅器に有限なパワーしか供給していないので，出力は無限に大きくはならない（当然だが供給パワーを超えることはない）．これは，発振状態では，増幅率は $\beta A = 1$ 付近（正確には $\beta A < 1$）で飽和していることを意味している．これに対して，レーザでは，増幅器の役割を担うのが基本的には原子や分子であり，増幅には量子力学によって記述される離散的なエネルギー準位間（前節の屈折率分散と吸収・反射のスペクトルの項を参照のこと）の**光吸収・光放出**が利用される．また，フィードバックの機能は**光共振器**が担う．レーザは量子力学的な要素を内在しているために，古典的なエレクトロニクスとのアナロジーのみによってはその動作を正確に記述できない部分もあるが，本書では量子力学的方程式を用いずに，必要に応じて量子論的な考え方を補足することにする．また，数式は多くを使う代わりに原理の理解に必要な最小限に留めて，レーザの動作の本質の説明に重点を置く．

　レーザ発振器を単純化して表すと図 2.2 のように，対向させた 1 対の反射鏡からなる光共振器間に発光体を配置した構成となるが，機能的には図 2.1 に示した電気的な発振器と同等である．図 2.2 において，1 つの鏡の光パワーの反射率を R とし，光が発光体を 1 回通過する際の増幅利得を G とすれば，利得が反射鏡の損失を補うのが発振条件となり，$R \cdot G = 1$ を得る．また，発光体の長さを l，単位長あたりの光の増幅利得係数を g とすれば，$G = \exp(gl)$ のように表記できる．光に対して**増幅利得**を持つ，すなわちレーザ作用を持つ発光体は，実際には，分子や希ガス原子などの気体，希土類イオンなどをドープした固体結晶，また **pn 接合**を持つ**直接遷移型**の**半導体**など多種多様である．これらの発光体は，気体放電や強い光照射，また電流注入などによって外部から励起エネルギーを与えて後述する**反転分布状態**を作り出すことで，光増幅作用を持つようになる．初期に発光体から発生す

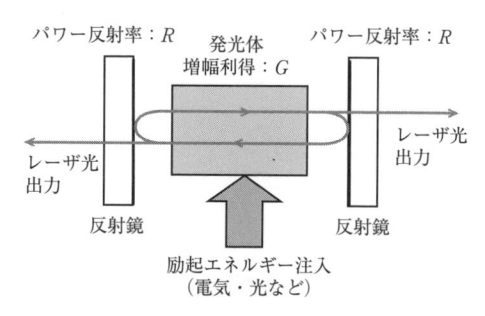

図 2.2 レーザ発振器の基本構成

る光のノイズ（後述する**自然放出**による光だが，光ではあるが用語として**雑音**といわれることも多い）が共振器間を何度も往復するうちに増幅されてレーザ発振にいたる．レーザは，上記の発光体の物質形態によって，主には，気体レーザ，固体レーザ（光励起動作），半導体レーザのように分類される．また，1対の平行平面の反射面からなる光共振器は，最初のルビーレーザに用いられたものではあるが，現在では必ずしも一般的な構成ではなく，ここでは共振器の象徴的な表現として図示した．しかし，増幅利得が高いレーザ物質では現在でも多用される．例えば，フォトニクス技術の光源として中核を担う半導体レーザでは，結晶のへき開による1対の平行な端面そのものが光共振器を形成している．

レーザ発振器と電気的な発振器とは発振する電磁波の周波数が何桁も異なり，また，前者では動作の本質が量子力学に根ざすことに由来する性能上の大きな差異はあるが，増幅とフィードバック機構による発振という基本原理の点では電気的な発振器との類推的な議論が成り立つ側面も多い．最初のレーザ発振の実現からほぼ半世紀を経て，レーザの種類や制御技術の変遷と発展には目を見張るものがある．しかし，本書ではそれをつぶさに紹介することはせず，本章でレーザの動作の基本原理を述べ，5章の光デバイスの章でフォトニクス技術の中で主役となる半導体レーザについて詳しく述べることにしたい．

2.2 光の吸収と放出

第1章で，量子力学的な概念を導入して，物質の2つのエネルギー準位間の光吸収に基づく光学応答について議論した．ここでは，その議論を光の放出にも拡張してみる．光を吸収・放出する物質，つまり図2.2における発光体として，議論を単純化するために，図2.3に示すように仮想的に2つのエネルギー準位を持つ2準位系の原子を考える．電子が低いエネルギー準位 E_1 にある（**基底状態**）原子は，光（ここでは $\hbar\omega$ のエネルギーを持つ光子）を吸収することで，電子は高いエネルギー状態 E_2 に遷移する（**励起状態**）．光の放出はその逆過程であり，励起状態の原子が光子を放出して基底状態に戻る．原子の基底状態と励起状態の電子軌道を図2.4に模式的に表したが，励起状態では電子は基底状態よりも外側の軌道を取ることに対応する．励起原子からの光の放出過程は2つに大別される．1つは，励起原子が有限の寿命だけ励起状態に留

2.2 光の吸収と放出

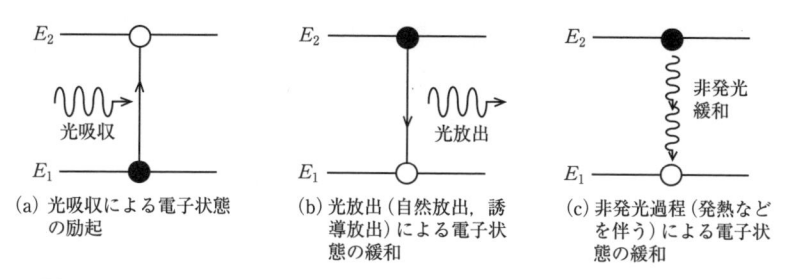

図 2.3 2準位原子モデルにおける電子エネルギーの基底状態と励起状態の遷移の様子

(a) 光吸収による電子状態の励起
(b) 光放出（自然放出，誘導放出）による電子状態の緩和
(c) 非発光過程（発熱などを伴う）による電子状態の緩和

まり，自発的に光を放出して基底状態に戻る過程で，**自然放出**と呼ばれる．もう1つは，同じ周波数の光が励起状態の原子を刺激して光を放出させる**誘導放出**と呼ばれる過程である．光子の放出に自然放出と誘導放出があることは，最初にアインシュタインが古典論の範囲内での思考実験により予測したが，電磁場をも**量子化**した量子力学的な議論ではおのずと

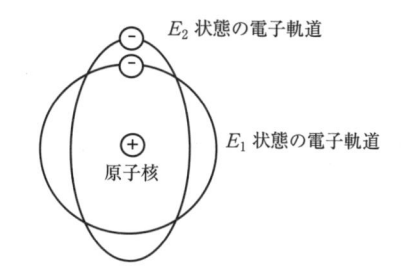

図 2.4 原子の励起状態 E_2 と基底状態 E_1 に対応する電子軌道の模式図

導かれる[3]．自然放出は，励起された原子からの光子放出のタイミングが本質的にランダムであり，多数の原子について統計的に平均をとった値が自然放出寿命として定義される．第1章で分散・吸収スペクトルを議論する際に緩和定数 γ を導入したが，自然放出がエネルギー緩和をもたらす要因の1つであり，1個の原子が孤立して存在するような理想的な状況では，自然放出寿命の逆数の 1/2 が緩和定数 γ に等しくなる．この自然放出に対して，誘導放出では，光を電磁波として見たときに入射する光と放出する光の波の位相が揃う．したがって，誘導放出がコヒーレントな光を発生するレーザ動作の基本過程となる．

ここで光吸収の過程に戻ると，光の放出では自然放出と誘導放出の2つの過程があるのに対して，吸収は**誘導吸収**の過程しか存在しない．これは，エネルギーが低い基底状態にある原子は自然に（吸収光子が出現して）エネルギーが高い励起状態に遷移することはないことを意味しており，直観的な理解とも整合する．

また，励起状態の原子が基底状態に戻る過程は，自然放出および誘導放出による光放出によるばかりでなく，図2.3(c)に示す非発光の過程（非発光緩

和)の場合もある．具体的な**非発光過程**の例として，気体原子・分子同士の衝突，半導体中の結晶欠陥に起因する**電子**と**正孔**の**非発光再結合**などがある．非発光過程は，外部から発光体に注入する励起エネルギーの熱損失となるため，**レーザ増幅**・発振の効率を低下させる要因となる．

2.3 レーザ増幅

次に，発光体が光の増幅利得を生じる機構について考えてみる．光が増幅されるためには誘導放出が吸収を上まわらなければならない．したがって，発光体として多数の原子の集団を考えると，光増幅のためには上のエネルギー準位の原子数が下の準位の原子数より多くなければならない．このような状態は**反転分布状態**と呼ばれる．しかし，**熱平衡状態**では，原子数の分布はボルツマン統計に従うので反転分布状態にはならない．したがって，反転分布状態は，光もしくは電気的な励起によって作りだされる非平衡な状態である．図2.5は熱平衡状態と反転分布状態を概念的に示したものである．熱平衡状態における基底状態の原子密度をN_1，励起状態の原子密度をN_2と表記すると，両者は，ボルツマン定数をk，絶対温度をTとして，ボルツマン統計分布に従って次の関係式で結ばれる．

$$N_2 = N_1 \exp[-(E_2-E_1)/kT] \tag{2.1}$$

一方，反転分布状態においても，便宜的に(2.1)式を用いてN_1とN_2と表記すると，このときの温度は負の値をとらなければいけないことがわかる（図でT_nと表記）．それゆえ，反転分布状態は，**負温度状態**とも呼ばれる．

ところで，これまでの議論では，反転分布状態を作ることにより誘導放出に

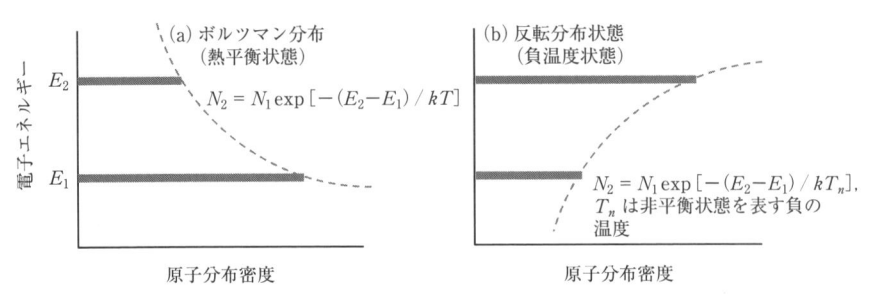

図2.5 熱平衡のボルツマン分布と反転分布状態との比較

よって発光体中で光の正味の増幅が起きるであろうことはひとまず理解されるが，2.2 節で述べたように誘導放出される光の位相が入射光の位相と揃うコヒーレントな増幅過程であることは記述されていない．この様子を理解するためには，マクスウェル方程式に基づく議論に立ち戻ってみるのがよい．第1章の(1.58)式および (1.75)式の分極を表す複素感受率 χ と (1.72)式の光伝搬の吸収係数 α は，熱平衡状態時の原子集団に対応したものになっているが，反転分布状態では複素感受率の虚部と吸収係数 α はともに符号が反転して光の増幅を意味するようになる．また，次節の非線形光学の章ではマクスウェル方程式から導かれる電磁波の波動方程式 (4.10)式において，分極が電磁波の発生源になっていることがわかる．電磁波の波動方程式において，入射する光と同じ周波数の光の伝搬を考えるとき，反転分布状態にある原子集団が作る分極が入射光と同位相の光の増幅作用を担うことが理解される．なお，レーザ増幅には主に3次の非線形光学過程が強く関与しており，したがってまたレーザ発振器も非常に非線形な物理的システムであることを付記しておく．本書では立ち入らないが，その非線形性な振る舞いを議論するためには，波動方程式に加えて，量子力学的な物質方程式により分極を記述する．2.5 節ではレーザの動作をレート方程式と呼ばれる1次の連立方程式で記述するが，このレート方程式は上述の非線形光学的な波動方程式と物質方程式から，いくつかの条件のもとで得られる近似式である．

2.4 光共振器

次に，レーザ発振に必要なもう一つの重要な要素である光共振器についてもう少し詳細に述べる．図 2.2 では，共振器は光パワーの一部を光増幅物質にフィードバックする機能として説明したが，光を電磁波として考えると，共振器内では光の波長の周期の**定在波**（**定常波**）が形成されている．つまり，定在波が立つ条件を満たす波長の光のみが共振器内に存在することができ，したがって，このような波長の光でレーザ発振することになる．簡単のために，図 2.6 (a) に示すように，光増幅物質がない（あるいは均一に分布する）共振器内で平面波の定在波が立つ状況を考えると，定在波条件は，共振器長 L が光波長 λ の半分の整数倍であることである．この図では反射鏡間の屈折率 η_0 が反射鏡の材料の屈折率 η_1 よりも小さい状況を考えており，反射面で波の位相が反転

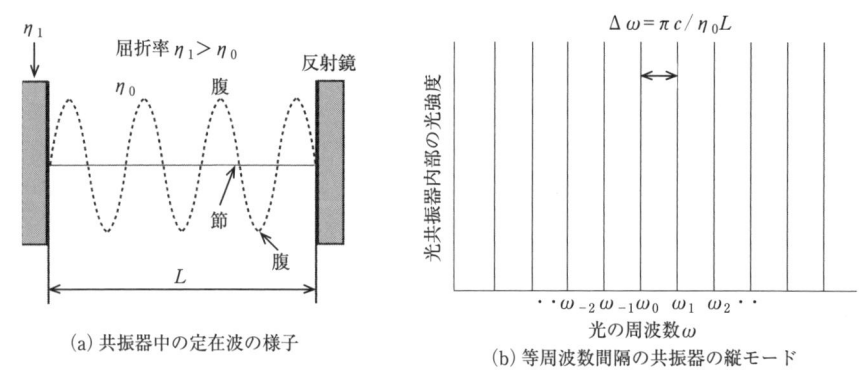

図2.6 ファブリー–ペロー型光共振器中の定在波の様子と対応する離散的な縦モード

するので，反射面で定在波の節になる．屈折率の関係が逆の場合（例えば半導体レーザ）では，反射面に定在波の腹がくる．この定在波の条件を満たす光周波数を共振器の**縦モード**と呼ぶが，縦モードは図2.6(b) に示すように一定の周波数間隔 $\Delta\omega = 2\pi c/2\eta_0 L$ を持つ（章末の演習問題1）．なお，図示した各縦モードのスペクトルは，反射鏡の反射率が1であり共振スペクトルが無限小の幅となる場合に対応して描いている．反射鏡の反射率を $R<1$ とすると，共振スペクトルは有限の幅を持つようになる．一般的にはレーザは複数の縦モードで発振するが，共振器内部に適当な波長選択素子を挿入することによって，単一の縦モードでのみ発振させることができる．

一方，実際のレーザ発振器では，共振器の光軸に垂直な方向にも有限な電磁場の分布が形成される．その空間的な分布パターンは**横モード**と呼ばれる．レーザ発振の横モードは，反射鏡の大きさや曲率だけでなく，**レーザ物質**の大きさや種類，そして励起の強さにも依存する．図2.7に，基本の横モード（最低次モード）との高次横モードのモードパターンの例を示す．光通信や光記録を始めとするフォトニクスにおける多くの応用では，レンズによりレーザ光を波長程度のスポットサイズに集光するため，基本横モードのレーザ光が利用される．

なお，図2.7に示した対向した1対の反射鏡からなる共振器は**ファブリー–ペロー（型）共振器**と呼ばれるが，3枚またはそれ以上の反射鏡によって光が周回するリング（型）共振器もレーザにはよく用いられる．また，基本横モードの発振を安定に得るために，平面鏡に代えて球面鏡が多用される．さらに，

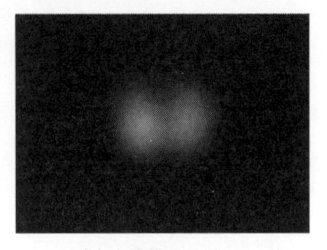

(a) 基本横モード　　　　　　　(b) 高次横モード

図 2.7　レーザ共振器の基本横モードおよび高次横モードのビームパターンの例

共振器内に空間パターンのフィルタ（円形空孔など）を挿入して基本横モードのみを発振させる方法もよく用いられる．

ところで，「**モード**」というのは抽象的で捕らえにくい概念だが，周波数，電磁場の空間的な分布，偏光が組み合わせられた電磁場の存在の形態であると考えることができる．また，レーザの横モードについては導波路の伝搬モードと密接な関連があるので 4 章を参照されたい．半導体レーザのように導波路構造を有するレーザでは，高次横モードの伝搬損失が大きくなるような導波路の設計により基本横モードのみで発振させることができる．

2.5　レーザの基本的な動作特性

レーザの動作特性の解析は，光の電磁波としての性質をも含めて記述するためには，2.3 節で触れた電磁場の波動方程式と量子力学的な物質方程式とを組み合わせることが多い（電磁場をマクスウェル方程式に基づいて古典的に扱うために半古典的なレーザ方程式と呼ばれる）．しかし，励起入力に対する光出力の変化や，光出力の時間的な応答を解析する上では，共振器内部の光子密度および反転分布密度の時間的な連立一次微分方程式であるレーザの**レート方程式**を用いるのが簡単でかつ非常に有用である．本節では，レート方程式とそれを用いたレーザ動作の解析方法について概説する．

まず，レーザ動作に関係する光増幅物質のエネルギー準位について，図 2.3 の 2 準位系から，実際のレーザの例に習って，図 2.8 に示す 3 準位および 4 準位系を考えることにする．図では，6 つの原子のうち，**3 準位系**では 4 つが励起状態にあり，4 準位系では 2 つが励起状態にある様子を模式的に描いてい

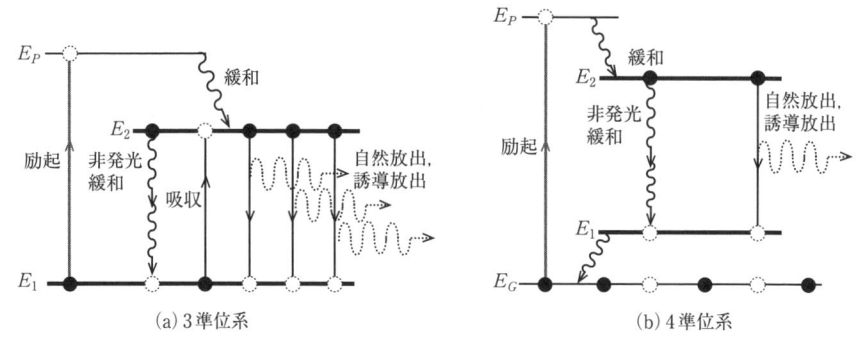

図2.8 3準位系レーザおよび4準位系レーザの遷移. 黒い丸印が原子が存在する状態を示している.

る. 最初にレーザ発振が実現されたルビーレーザは3準位系であるが, 図を参照して理解できるように, 反転分布を形成するためには基底状態の分布を少なくするような十分強い励起を行わなければならない. これに対して, 4準位系では, レーザに寄与する遷移の下の準位 E_1 が基底状態 E_G よりも熱エネルギーに比較して十分高いとすれば, 熱平衡状態ではほとんど E_1 状態への分布は無視できるので, 弱い励起のもとでも反転分布状態が容易に得られる. また, 励起先である E_P 状態からレーザ遷移の上準位である E_2 状態, および下準位の E_1 状態から基底状態 E_G には非常に速やかにエネルギー緩和が生じるとする. したがって, 正味の誘導放出による光増幅, レーザ発振が得やすい系であり, 実際に現在の**固体レーザ**ではほとんど4準位系の物質が用いられている (例えばNdイオンをドープしたYAG結晶レーザなど).

次に, レーザのレート方程式の導出について, 簡単に説明する. 上述の半古典的方程式からの導出では, 分極の時間変化が物質系の波動関数の位相の連続時間に比較して十分にゆっくりしているという近似を用いる. これは, 大まかにいえば, 物質の量子力学的な波としての性質がレーザの動作特性には直接現れないような近似であることを意味している. すると, 電場の時間変化の方程式と反転分布密度 (単位体積あたりの反転分布数) の連立方程式が得られるが, 電場を共振器内の空間の平均値で表し, さらに電場をその絶対値の自乗である光強度の形に書き換えることで光子密度 (単位体積あたりの光子数) のレート方程式が得られる[4,5]. ところで, 古典的な電磁場の波動方程式は, 分極を発生源とする光の誘導放出の様子はよく記述できるが, 励起原子の自発的な発光である自然放出の過程を記述するのには適さない. 自然放出については,

電磁場も量子力学的に扱う理論の助けを借りて，レーザの大きさや物質の発光幅なども考慮してレーザ発振モードへの結合率を適切に決めて，後で付加的な項として式に入れることができる[5,6]．また，反転分布密度の方程式では，誘導放出，および自然放出・非発光緩和が反転分布の減衰項となるが，反転分布を生成させる励起の項を取り入れる．

また，前節でレーザ共振器のモードについて述べたが，一般的には基本横モードの場合であっても，多数の縦モードでレーザ発振する．このような状況では，複数の縦モード周波数成分の混合や，反転分布の変動によるモード間での発振の競合など，複雑な非線形光学効果が関与するので，レート方程式での正確な記述が著しく困難になる．そこで，レーザ発振の基本を理解するために，ここでは，基本横モードかつ単一縦モードの動作をする状況を考えることにする．

以下に，理想的な4準位系に対する単一モードレーザのレート方程式（rate equation）を示す．

$$\frac{dN}{dt} = P - R_S \cdot N \cdot S - \gamma_N \cdot N \tag{2.2}$$

$$\frac{dS}{dt} = R_S \cdot N \cdot S + C \cdot \gamma_N \cdot N - \gamma_S S \tag{2.3}$$

上式において，P は**励起入力の大きさを表す励起レート**，N は**反転分布密度**，S は共振器内の**光子密度**，R_S は**誘導放出係数**，γ_N は E_2 状態からの**緩和レート**（発光遷移の上準位寿命の逆数），γ_S は共振器からの光子の消失レート（共振器内に留まる光子の平均滞在時間である**光子寿命**の逆数），C はレーザ発振モードへの**自然放出光結合係数**である．γ_N および γ_S の具体的な値を挙げておくと，γ_N は気体レーザや半導体レーザでは $10^9/\text{s}$ のオーダーであるのに対して，固体レーザでは $10^3 \sim 10^6/\text{s}$ 程度と小さい（つまり上準位の寿命が長い）．一方，γ_S は半導体レーザでは $10^{12}/\text{s}$ のオーダーだが，気体レーザや固体レーザでは $10^7 \sim 10^{10}/\text{s}$ と小さく，これは共振器サイズが大きくまた反射鏡の反射率が高いために光子寿命が長いことを意味している．また，C はレーザの体積および発光幅に反比例する量であり，通常，半導体レーザでは $10^{-4} \sim 10^{-6}$ の値であるが，固体レーザではそれよりも6〜10桁小さい．レーザ発振モードに結合する自然放出光は，レーザが発振している状態ではノイズ成分となるが，一方で，この光があるからこそレーザ発振が立ち上がることに留意する必要があ

る．このレート方程式では，2.1節で説明した発光体（レーザ物質）を1回通過するごとに光増幅により共振器損失を補償してレーザ発振が生じるという形式ではなく，共振器内の光子の単位時間の損失を誘導放出が補うというレートのバランスの表式になっていることに注意されたい．ここで，単位長あたりの**光パワー利得** g と誘導放出係数 R_S との関係を示しておくと，以下のように与えることができる．

$$R_S(\omega_0) = \frac{g(\omega_0) \cdot c}{N} \qquad (2.4)$$

ここで，括弧内の ω_0 の表記は発光の中心周波数を表している．また，パワー利得係数 $g(\omega_0)$ は，1章の1.8項での表式を用いると，

$$g(\omega_0) = \frac{\omega_0 |\mu_{12}|^2}{\eta \hbar \varepsilon_0 \delta \omega} \cdot \frac{N}{c} \qquad (2.5)$$

のように表すことができる．ただし，ここでは，N は反転分布密度であり，また (1.131) 式における γ を $\delta\omega$ と置き換えて表記したが，$\delta\omega$ はレーザに寄与する遷移の発光周波数幅を意味している．

以上のレート方程式を定常状態で解くことによって，励起入力に対する，反転分布密度 N，および光子密度 S の振る舞いを知ることができる．まず，(2.3) 式の光子密度方程式で，定常状態であるから左辺をゼロとして，光子の生成と消失のバランスの式が得られる．右辺で自然放出の寄与を表す第2項を無視すると，レーザ発振が生じる励起入力（しきい値入力）を超えた直後における反転分布密度を N_{th} として，このときの誘導放出による光子の生成と共振器損失による光子の消失のバランスから，以下の表式を得る．

$$N_{\text{th}} = \frac{\gamma_S}{R_S} \qquad (2.6)$$

次に，(2.2) 式の反転分布密度方程式で，定常状態ゆえやはり左辺をゼロとして，しきい値の直前の励起入力のもとで，反転分布密度は (2.6) 式の N_{th} であるとみなしてよく，また，発振直前なので誘導放出の寄与は無視できるとすると，励起と E_2 準位の緩和のバランスの関係式を得る．これより，しきい値の励起入力を P_{th} と表せば，次の関係式が得られる．

$$P_{\text{th}} = \gamma_N N_{\text{th}} = \gamma_N \cdot \frac{\gamma_S}{R_S} \qquad (2.7)$$

ところで，しきい値での反転分布密度 N_{th} は誘導放出によるレーザ発振と共振

器損失のバランスから求めたのであるから,しきい値以上では光子密度Sの値に関係なく一定値となることがわかる.一方,しきい値入力以上での光子密度Sの励起入力依存性は,(2.2)式において今度は誘導放出の項に対して自然放出の項は無視できるとして,以下のような関係式で表されることがわかる.

$$S = \frac{P}{R_S \cdot N_{\text{th}}} = \frac{P}{\gamma_S} \tag{2.8}$$

すなわち,しきい値以上では励起入力に比例してレーザ光の光子密度が増大する.以上の近似解による反転分布密度Nおよび光子密度Sの励起入力依存性を図2.9(a)に示す(一部を章末の演習問題2とした).(2.2)式および(2.2)式によるレート方程式は比較的簡単な形の連立方程式であるが,厳密に解くとSやNの励起入力に対する依存性の解析解はやや複雑な形になる.そこで,数値計算によって入出力特性を描くことで,しきい値付近での振る舞いまで含めてレーザの入出力特性について理解することができる.図2.9(b)は半導体レーザを想定して自然放出結合係数を大きく選んだ場合の結果であるが,しきい値の手前で自然放出成分による光子密度Sの増加が無視できないほどに大きくなり,同時に,発振しきい値をぼやけさせる.また,共振器損失γ_Sを大きくすると発振に必要な励起入力が損失に比例して大きくなるが,しきい値付近での自然放出光の影響がより顕著になることがわかる.ここで,レーザと電気的な発振器との機能上の大きな違いを1つ述べておくと,レーザでは一般にマイクロ波の発振器などと比較してノイズ成分が著しく大きいことが挙げられる.これは,自然放出レートが周波数の3乗に比例するという性質に根ざして

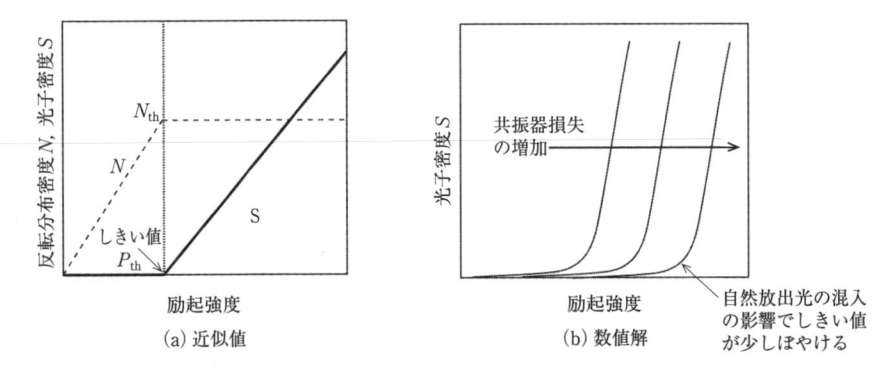

図2.9 レート方程式による励起入力に対する光子密度Sと反転分布Nの変化

いる.

　レート方程式に基づく以上の解析結果を簡単にまとめてみよう．しきい値以下の入力では発振は起こらずに，反射鏡からは微弱な自然放出光が漏れ出てくるのみである．自然放出光は発光体から四方八方へ放射される光であるが，その一部がレーザ発振するモードに結合して出てくる．これに対して，しきい値以上の入力では，共振器内部の光子密度が急激に立ち上がる様子が見られ，これがレーザ発振である．もしγ_Nが非発光緩和過程を含まなければ，E_2状態からE_1状態へはすべて発光によって遷移する．このとき，発光体のみでは自然放出として放射されていたエネルギーを，共振器を形成することで，しきい値以上では誘導放出の作用によりほとんどすべてをレーザ光に変換しているという見方ができる．なお，共振器内部の光子密度とレーザ光出力との関係については章末の演習問題3とした．

　ところで，一般にレーザは**単色性**に優れた光源であるとして知られているように，レーザ発振により放出される光のスペクトル線幅は自然放出の場合と比較して劇的に狭くなる．この様子は，大まかには，上記の説明と関連させて，図2.10を用いて次のように理解することができる．すなわち，ある1つの縦モードの利得が損失を上回ってレーザ発振することで，反転分布はしきい値のN_thにクランプされ，これ以上に励起入力を増やすと発光はすべて狭いスペクトルの単一縦モードのレーザ光に変換されて出力される（ここでは均一広がり系と呼ばれるレーザ物質を想定しているが，実際には半導体レーザでこのような動作が得やすい）．しかしながら，レーザ光の単色性についてはレート方程

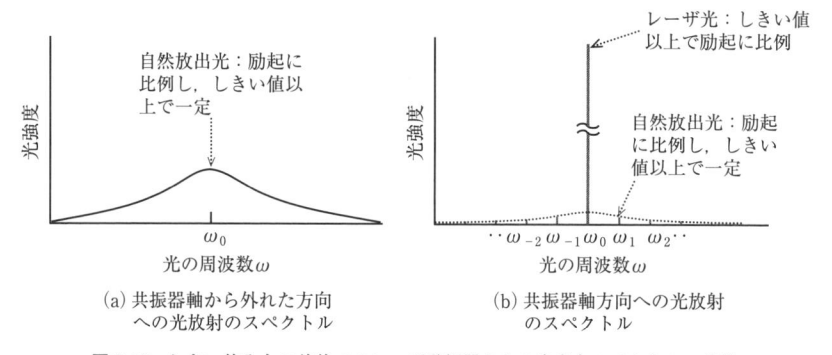

(a) 共振器軸から外れた方向への光放射のスペクトル

(b) 共振器軸方向への光放射のスペクトル

図2.10 しきい値入力の前後でのレーザ発振器からの光出力スペクトルの差異

式で定量的に記述することはできず,詳細な議論には,電磁場も量子化した量子力学的な解析が必要となる[7,8].また,レーザは複数の縦モードで発振する場合が多く,単一縦モードでの発振のためには,レーザ共振器中にさらにファブリー–ペロー共振器型の波長フィルタなどを挿入する必要があることを再度付記しておく.

2.6 レーザの制御技術

前節では連続動作するレーザを想定して,光出力や反転分布の励起入力依存性を議論し,最後にレーザの単色性について述べた.しかし,レーザは,出力光の指向性や単色性の他に,広帯域に光の位相を変調したり,メガワット(10^6 W:MW)を超える大きなピークパワーの光パルスや,ピコ秒(10^{-12} s:ps)以下の時間幅の超短光パルスを発生するなどの機能も持っている.このような機能は,レーザ共振器内部に,さまざまな**電気光学効果素子**や**非線形光学効果素子**を挿入することで実現される(電気光学効果,非線形光学効果については第3章を参照のこと).ここでは,大きなピークパワーの光パルスを発生する**Qスイッチング**と超短光パルスを生成する**モード同期**について簡単に述べる.

Qスイッチングは,反転分布が通常のレーザ発振しきい値よりも十分大きくなるまで共振器損失を大きく(共振器のQ値を低く)してレーザ発振を妨げておいて,励起の持続で大きな反転分布が得られた時点で急激に共振器損失を低く(共振器のQ値を高く)する.これにより,レーザ物質内に蓄積されたエネルギーを一気にレーザ光パルスとして放出させることができる.大きなピークパワーを得ることが目的なので,レーザ物質内へのエネルギー蓄積時間,すなわち反転分布寿命が10^{-6}~10^{-3} sと長い固体レーザで一般的な技術である.Qスイッチングによる光パルスの時間幅は,共振器損失を電気光学効果によってナノ秒(10^{-9} s:ns)以下程度の時間で制御した場合に,数ns~10 nsとなるが,これは,共振器を光が往復する時間程度からその10倍程度の値である.また,より小型で簡便な構成として,電気光学効果に代えて非線形光学効果の1つである**吸収飽和**作用(**可飽和吸収効果**)を示す素子を利用したQスイッチング動作もある.可飽和吸収素子は共振器内部の光強度が低いときには光の透過率が低いが,反転分布密度が大きくなって光強度が高くなる

と，透過率も高くなる性質を持っている．このために，反転分布密度に応じた強度の共振器内の光自体の作用で Q スイッチング動作が起こる．一般的な固体レーザでは，Q スイッチングにより，1 MW 以上のピークパワー値を得ることも容易にできるため，出力光パルスはジャイアントパルスと呼ばれることもある．図 2.11 に 2.5 節のレート方程式を利用して Q スイッチング動作について数値計算した一例を示しておく．計算では，小型の固体レーザ発振器に対応させて γ_S を 10^9/s に，γ_N を 10^5/s に選んでいるが，図では γ_S の逆数（光子寿

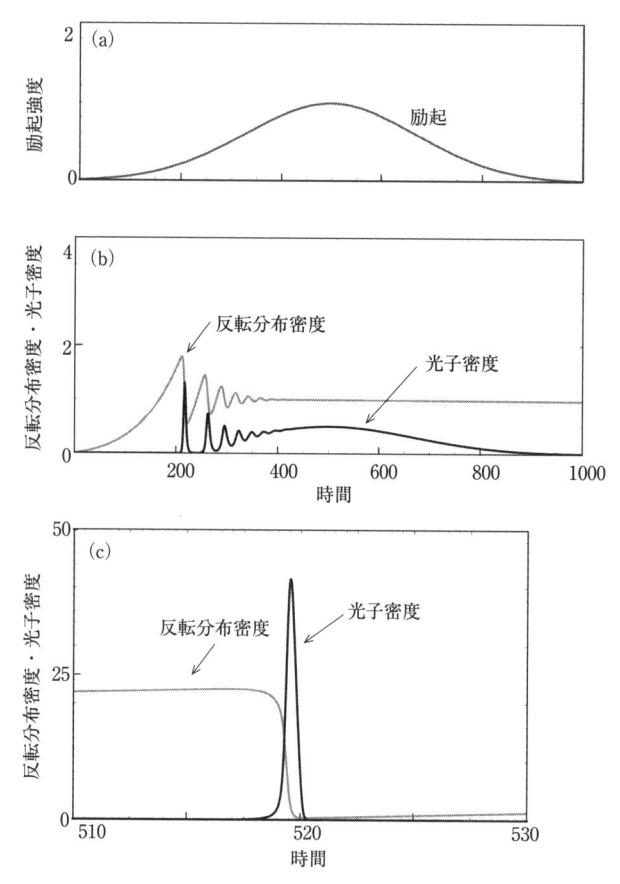

図 2.11 レーザの緩和発振動作と Q スイッチング動作．比較的ゆっくりしたパルス状の励起 (a) のもとで通常は (b) に示すように緩和振動的な発振を示すが，(c) の Q スイッチ動作では十分大きな反転分布に達した後に大きなピークパワーの単一光パルスを発生する．横軸は共振器の光子寿命を単位として無次元化した時間，縦軸は無次元化した相対強度で示してある．

命：ここでは 10^{-9} s）を単位として時間を無次元に規格化している．また，光子密度と反転分布密度も無次元に規格化しているが，縦軸の数値の相対的大きさにより通常の発振と Q スイッチ発振の大きさの差異が理解される．ゆっくりしたパルス状（ここでは半値幅が 4×10^{-7} s）の励起のもとで，通常発振では反転分布がしきい値に達すると発振が始まり過渡的なパルス状の振動（緩和振動）を経て定常的な発振にいたる．対して，Q スイッチング動作では，この例では励起パルスのほぼピークの時間位置で，十分大きな反転分布が得られたときに，定常的な発振の場合と比較して約 2 桁も大きな強度で光子寿命程度以下の単一短パルス発振形態となる．図 2.11(c) では，時間軸の一部を拡大して示してあることに注意されたい．Q スイッチングレーザは，科学技術研究用途だけでなく，レーザ加工などの産業応用でも非常に広範に利用されている．

ここで，フォトニクスで重要な半導体レーザと Q スイッチングとの関係について少し補足しておくと，半導体レーザでは小型デバイスであることから光子寿命がピコ秒のオーダーであり，また反転分布寿命もナノ秒程度と短いために，一般には Q スイッチング動作させるのは難しい．その代わりに，励起を短時間幅のパルス状にする**利得スイッチング**という手法が光パルスを発生させるのに多用される（第 5 章光デバイスの半導体レーザの項を参照）．

一方，モード同期は，多くの場合 10^{-12} s（ピコ秒：ps）のオーダー，場合によりそれよりも 3 桁も短い 10^{-15} s（フェムト秒：fs）のオーダーの時間幅の超短光パルスを発生するレーザの動作形態である．Q スイッチングとモード同期との原理的に大きな違いを挙げれば，前者では単一縦モード動作も可能であるのに対して，後者は多重縦モード動作が本質的なことである．モード同期は，時間領域で見れば共振器内を超短時間幅の光パルスが往復する（リング型共振器では光パルスが周回する）動作であるが，これを周波数領域で見れば，多数の縦モード成分が周波数間隔一定で位相を同期してレーザ発振していることに相当する．これが，モード同期と呼ばれる由来でもある．図 2.12 に，ガウス型関数の包絡線形状に分布する複数の縦モードと，これらのモード同期発振による周期的な光パルス発生の様子を示す（周波数および時間は無次元化されている）．電場は周波数領域と時間領域とで相互にフーリエ変換の関係で結ばれる．その結果，光パルスの周期はモード間隔の逆数となり，おのおのの電場の絶対値の自乗の半値幅で定義する光パルスの時間幅と周波数領域での包絡線

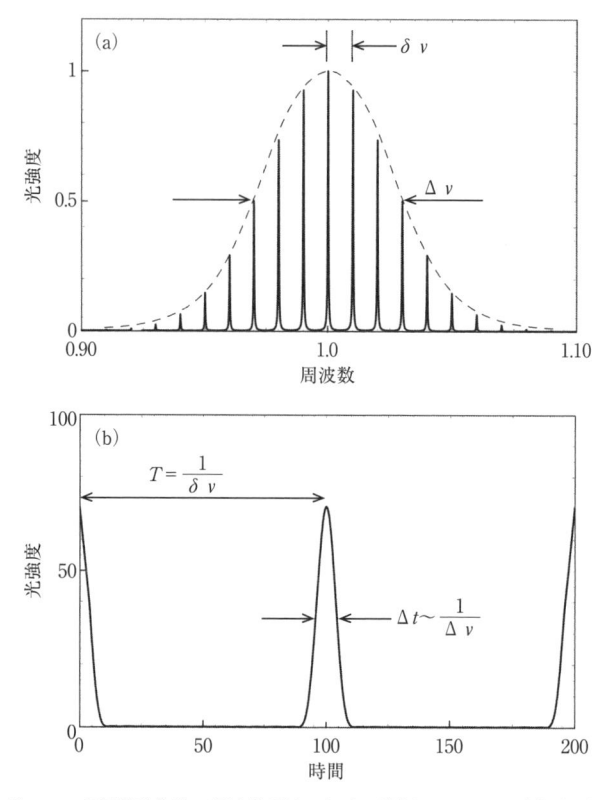

図 2.12 レーザのモード同期動作時の周波数領域における発振スペクトル (a) と時間領域における光パルス (b) の関係

幅はおおよそ逆数の関係となる.

モード同期動作は，レーザの共振器内に強度変調器を挿入して，光の共振器往復時間の周期で損失変調することで得られる．しかし，ピコ秒，フェムト秒の時間幅の超短光パルスを得るには Q スイッチングの場合と同様に可飽和吸収などの非線形光学効果を示す素子を挿入するのが一般的である．このとき，レーザ媒質と非線形光学素子の特性の適切な組み合わせにより，Q スイッチング動作ではなくモード同期動作が生じる（場合により両方が同時に起こることもある）．理想的なモード同期では，レーザ媒質の持つ発光幅（正確には利得の帯域幅）の逆数程度の時間幅の光パルスが得られる．現在では，気体レーザや，最初にフェムト秒光パルスが発生した色素レーザなどがモード同期レー

ザとして用いられることはほとんどなく，半導体レーザや固体レーザ，光ファイバレーザが主となっている．レーザ光はコヒーレントな性質を持つといわれるが，単色性に優れて時間的コヒーレンスがよいというだけではなく，モード同期は，レーザ媒質の持つ広い利得帯域で同時的に位相の揃ったコヒーレントな発振を実現して，周波数帯域のフーリエ変換限界で決まるような超短パルスを得る動作であると考えることができる．このようなモード同期レーザは，現在では，非線形光学効果を利用した高機能のイメージング技術や超短時間分解能で材料物性やデバイス物理の科学技術研究を行うに不可欠な光源となっている[8]．

2.7　レーザの最前線

　本章の最後に，レーザの科学技術の最前線についてその一端を紹介する．まず，大きなサイズのレーザについていえば，人工装置では，レーザによる核融合を目指したペタワット（10^{15} W）のピークパワーを持つパルスレーザ発振器・増幅器システムの建造が進められ，その大きさは100 m長程度の建物内を占有する．さらに天体スケールにまで視野を拡大すると，火星や太陽系外の星で気体中でレーザ作用が自然に生じている「**宇宙レーザ**」現象の存在が観測されている[1]．反対に，近年，微小スケールのレーザデバイスの開発も著しい．光波長サイズの共振器構造を持つ**マイクロ・ナノ共振器**レーザ[5,6,8]や，その光閉じ込めを2次元，3次元的に制御する**フォトニック結晶**デバイスなどが代表例である[5,8]．レーザは装置・デバイスのサイズに著しい差はあっても，共通の基本原理が自然放出と誘導放出，そしてその制御であることに注目すべきである．

　次にモード同期超短パルスレーザの進展について触れておく．現在ではモード同期レーザから数フェムト秒の時間幅の光パルスを直接発生できるようになっているが，光パルスをテラワット（10^{12} W）レベルに増幅した後に希ガス中の高次の非線形光学波長変換過程により，軟X線領域でアト秒（10^{-18} s）領域の極短時間幅の高強度光パルスが得られることが示された．これらの光パルスにより原子・分子内の電子の超高速の挙動を精密に調べることが可能になっている[8]．

演 習 問 題

1. 共振器の共振条件から図 2.6(b) に示す縦モード間隔の関係式を導出せよ.
2. 図 2.9(a) において,反転分布密度 N は,しきい値以下では励起入力に比例して増加している.レート方程式を用いてこの関係式を表せ.また,しきい値入力以下の光子密度 S についても,レート方程式を用いると自然放出光成分が励起入力に比例して増大することがわかる.これを示せ.
3. レーザの入出力特性を表す (2.7)式は共振器内部の光子密度 S の入力依存性を示すものであるが,レーザからの光出力は S を用いてどのように表すことができるか述べよ.

参考文献

1) レーザに関する啓蒙的参考書として以下が挙げられる.C. H. Townes 著,霜田光一訳:「レーザーはこうして生まれた」,岩波書店,1999.
2) 霜田光一:「レーザー物理入門」,岩波書店,1983.
3) R. Loudon:The Quantum Theory of Light (2nd ed.), Oxford Science, 1983.
4) R. H. Pantell and H. E. Puthoff:Fundamentals of Quantum Electronics, John Wiley & Sons Inc, 1969.
5) H. Yokoyama and K. Ujihara, eds.:Spontaneous Emission and Laser Oscillation in Microcavities, CRC Press, 1995.
6) 横山弘之:総合報告「微小共振器レーザー:現状と展望」,応用物理,vol. 61, 9, pp. 890-901, 1992.
7) A. Yariv, Quantum Electronics, John Wiley & Sons Inc, 1975.
8) レーザー学会編:「レーザーハンドブック 第2版」,オーム社,2005.

3 非線形光学の基礎

3.1 はじめに

　第1章ではマクスウェル方程式に基づいて，透過，反射，屈折，吸収などの光学現象について説明がなされた．そこでは，物質に入射する光の強度は弱く，物質（分極）が光の電場に線形に応答する線形光学現象を扱っており，光の周波数は光と物質の相互作用によって変化しない．しかし，日常の光よりもはるかに高い強度を持つレーザ光を物質に入射すると，物質が非線形に応答し，別の周波数の光を発生したり，屈折率や吸収係数が電場強度に依存して変化したりするような非線形光学効果を起こすことができる．非線形光学効果を利用すると，物質のエネルギー準位によって発振周波数が決まるレーザ光では発生できない周波数領域の光を自在に作り出すことができ，応用領域が広がる．また，非線形光学効果は，変調器や光増幅器，光パルスの圧縮，光ソリトンなどにも応用され，光通信においても極めて有用である．さらに通常の光学顕微鏡では観察しにくい細胞について，その構造や物質の詳細を観察できる生体用の顕微鏡にも応用されている．本章では，以下の章で扱うフォトニクスデバイスやフォトニクス応用に関連して，非線形光学の基礎について述べる．なお，第2章で述べられたように，レーザ自体，非線形な物理系であるが，本書では立ち入らず，文献を示すにとどめる．

3.2 分極と線形光学現象

　まず，第1章で述べられた光学現象（線形光学現象）を簡単に復習する．1.8節に示されたように，物質中に光が入射すると物質のマクロな応答として分極 P が誘起される．この分極は，物質中の原子や分子に光の電場が印加さ

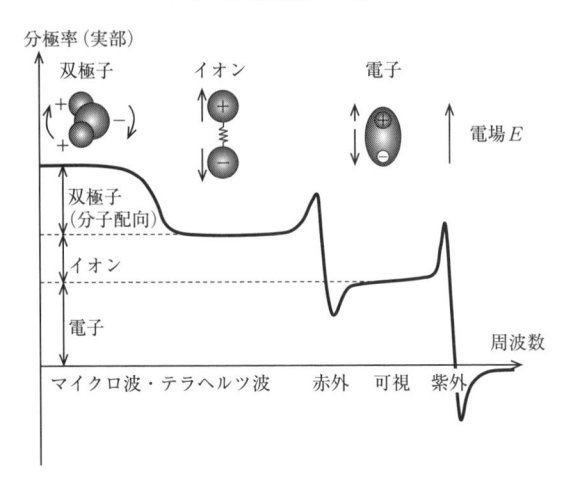

図3.1 さまざまな周波数領域において分極に寄与する機構

れ，電荷の分離（電気双極子モーメント $P=qD$（q：電荷，D：変位））が発生することに起因している（$P=NP$（N：密度））．そこでは1.8節で考えた電子を含め，光の周波数に応じてさまざまな機構が寄与し（図3.1[8]），実効的な質量の軽いものほど高い周波数まで応答する．

入射光が十分弱い場合には，光の電場 E に比例した分極（**線形分極**；linear polarization）が誘起され，次の形に書くことができる．

$$P = \varepsilon_0 \chi E, \quad \chi = (\varepsilon/\varepsilon_0) - 1 = \varepsilon_r - 1 \tag{3.1}$$

ただし，χ は電気感受率（ここでは感受率と略す），ε_0 および ε は真空中および物質中の誘電率，ε_r は比誘電率を表す．

この線形分極では，電荷が光の電場（交流電場）と同じ周波数で振動するため，電磁気学に従って電気双極子放射が起こる．この分極から放射される光は，物質中を相互作用せずに伝搬する光に対して位相の遅れがあり，これらの間で起こる干渉効果として屈折率や光吸収の起源が説明される[7]．このような線形分極と光の相互作用においては，感受率（物質中の誘電率）は一般に光の周波数に依存する複素数となり，屈折率分散や反射・光吸収のスペクトルを説明することができる．物質中を伝搬する光の電磁場 E, H は，波動方程式（電流や電荷のない一様な媒質中では (1.16), (1.17)式）によって記述される．

3.3 非線形分極と非線形光学効果

　上記の線形光学現象では，物質の応答（感受率）は光の周波数には依存するものの，光の強度には依存しない場合を考えた．これに対して，レーザ光のように高い強度を持つ光を物質に入射した場合には大きい電場振幅によって分極が誘起され，非調和的な振動成分も混じるようになる．この場合，感受率 χ は一般に光の電場 E に依存するようになる．

$$P = \varepsilon_0 \chi(E) E \tag{3.2}$$

本章では簡単のため，感受率 $\chi(E)$ の電場依存性がさほど強くなくて，電場 E のべきに展開できる場合を考える．

$$\chi(E) = \varepsilon_0(\chi^{(1)} + \chi^{(2)} E + \chi^{(3)} EE + \cdots) \tag{3.3}$$

ここで，電場 E について最低次の項は線形光学現象（前節）に関連しており，本章ではこの線形分極を次のように P_L と明示する．

$$P_L = \varepsilon_0 \chi^{(1)} E \tag{3.4}$$

一方，電場 E について2次以上の項は，電場に対して非線形に分極が誘起されることから**非線形分極**（nonlinear polarization）と呼び，これを次のように P_{NL} と表す．

$$P_{NL} = \varepsilon_0(\chi^{(2)} EE + \chi^{(3)} EEE + \cdots) = P_{NL}^{(2)} + P_{NL}^{(3)} + \cdots \tag{3.5}$$

これらの非線形分極 $P_{NL}^{(m)}$ ($m \geq 2$) に関連した光学現象を m 次の**非線形光学効果**（nonlinear optical effect）という．

　ここで，P と E はベクトルであるので，非線形感受率 $\chi^{(m)}$ ($m \geq 2$) は一般に $m+1$ 階のテンソルとなる．直交座標系を用いた場合，例えば2次と3次の非線形分極の i 成分（$i = x, y, z$）は，次のように書ける．

$$(P_{NL}^{(2)})_i = \varepsilon_0 \sum_j \sum_k \chi_{ijk}^{(2)} E_j E_k \tag{3.6}$$

$$(P_{NL}^{(3)})_i = \varepsilon_0 \sum_j \sum_k \sum_l \chi_{ijkl}^{(3)} E_j E_k E_l \tag{3.7}$$

ただし，添字 j, k, l に関する和はいずれも x, y, z 成分に関する和を表す．

　以下では簡単のため，1軸方向に偏光した光を考え，電場，分極ともにスカラーで表すことができるものとする．このとき，線形分極と非線形分極を介した物質中の光伝搬は，電流や電荷のない一様な媒質中では(1.16)式に非線形分極の項を加えた次のような波動方程式（磁場 H についても同形）に従う．

$$\nabla^2 E - \mu\varepsilon \frac{\partial^2 E}{\partial t^2} = \mu \frac{\partial^2 P_{NL}}{\partial t^2} \tag{3.8}$$

ただし，$\varepsilon = \varepsilon_0(1+\chi^{(1)})$ は線形光学現象に関連した物質中の誘電率，透磁率 $\mu \approx \mu_0$（μ_0：真空中の透磁率）であり，非線形分極 P_{NL} は

$$P_{NL} = \varepsilon_0 \chi_{NL}(E)E, \quad \chi_{NL}(E) = \chi^{(2)}E + \chi^{(3)}E^2 + \cdots \tag{3.9}$$

で与えられる．以下に示すように，電場 E の積に比例する右辺の各項について振動周波数を表す位相項を調べてみると，光周波数のミキシング（和周波や差周波）によって新たな周波数成分が生成されることがわかる．

次に誘電率に着目して，屈折率や光吸収に対する非線形効果の影響を考えてみる．簡単のため，線形効果による光吸収は無視できる場合（エネルギーギャップが入射光の光子エネルギーより十分大きく，ギャップ内にも格子欠陥などに関連した準位がない場合）を考えると，線形感受率 $\chi^{(1)}$ は実数となり，通常の屈折率（線形屈折率）は

$$n = \sqrt{1+\chi^{(1)}} \tag{3.10}$$

と表すことができる．また，ここで用いている感受率のべき展開においては通常，線形効果の寄与に比べて非線形効果の寄与が小さいことを仮定している．したがって，物質の複素屈折率は近似的に以下のように書ける．

$$\tilde{n} = \eta + i\kappa = \sqrt{\varepsilon_r} = \sqrt{1+\chi^{(1)}+\chi_{NL}(E)} \approx n + \frac{\chi_{NL}(E)}{2n} \tag{3.11}$$

これより，屈折率 η と消衰係数 $\kappa = (\lambda/4\pi)\alpha$（$\alpha$：吸収係数，$\lambda$：真空中の波長）は以下のように書ける．

$$\eta = \mathrm{Re}\,\tilde{n} = \mathrm{Re}\sqrt{\varepsilon_r} \approx n + \frac{\mathrm{Re}[\chi_{NL}(E)]}{2n} \tag{3.12}$$

$$\kappa = \mathrm{Im}\,\tilde{n} = \mathrm{Im}\sqrt{\varepsilon_r} \approx \frac{\mathrm{Im}[\chi_{NL}(E)]}{2n} \tag{3.13}$$

このように屈折率や吸収係数は，一般に非線形光学効果によって光の強度（電場振幅）に依存するようになり，光の位相変調や光の吸収・増幅につながることがわかる．

以下の節では，簡単のため本書で扱う光エレクトロニクスやバイオフォトニクスの分野でよく利用されている2次と3次の非線形光学効果について，非線形分極を用いて基本的な原理を概説する．ここでは説明を省いた波動方程式の解については文献[1~4,9~11]などを，レーザの動作・制御にも深く関連した利得飽

和，可飽和吸収などのべき展開では表せない非線形光学効果については文献[1,5]などを，他の非線形光学効果や非線形感受率の詳細（クラマース-クローニッヒ関係式などの性質や具体的な表式など）については文献[1~5]などを参照されたい．

3.4　2次の非線形光学効果

本節では，次式で表される2次の非線形分極に着目し，これに関連して現われる光学現象（**2次の非線形光学効果**；second-order nonlinear optical effect）について述べる．

$$P_{NL}^{(2)} = \varepsilon_0 \chi^{(2)} E^2 \tag{3.14}$$

対称性に関する考察によると，この光学現象（一般には偶数次の非線形光学効果）は，中心対称な構造を持つ物質（気体，液体，ガラスなどの非晶質固体，一部の結晶など）には現われず，中心対称でない物質（異方性を持つ分子や結晶，物質の境界面など）でのみ発生する．また，各物質においてどの非線形効果が顕著に現われるか，あるいはどの周波数で現われるかを決める要因となる位相整合条件についても以下で説明する．

2次の非線形光学効果（表3.1）は，一般に他の次数の非線形効果に比べて効率が高く，主にレーザ光の周波数変換や光パルス計測，光変調などに用いられており，近年は細胞の観察などにも応用されている．

表3.1　代表的な2次の非線形光学効果とその応用例

現象	周波数変換	応用例
第2高調波発生	$\omega + \omega \to \omega_{SH}$	周波数変換，顕微鏡
和周波発生	$\omega_1 + \omega_2 \to \omega_{SF}$	周波数変換
光パラメトリック発生	$\omega \to \omega_1 + \omega_2$	周波数変換
差周波発生	$\omega_1 - \omega_2 \to \omega_{DF}$	周波数変換
光整流	$\omega - \omega \to 0$	周波数変換
ポッケルス効果	なし（$\Delta n_{NL} \propto E$）	光変調器

a.　第2高調波発生と位相整合条件

次のように，周波数 ω（正確には角周波数だが，本章では簡単のため単に周波数と書く）の光が物質中を z 方向に伝搬する場合を考え，以下では簡単のため，主に伝搬方向を表す波数 k はスカラーとして扱う．

$$E=\frac{1}{2}(E_0 e^{-i\omega t}+c.c.), \quad E_0=|E_0|e^{ikz} \tag{3.15}$$

ただし，c.c.は複素共役（complex conjugate）を表す．このとき，(3.14)式で与えられる非線形分極は次式のように書ける．

$$P_{NL}^{(2)}=\varepsilon_0\chi^{(2)}E^2=\frac{\varepsilon_0\chi^{(2)}}{4}\left[(E_0^2 e^{-i2\omega t}+c.c.)+2|E_0|^2\right] \tag{3.16}$$

上式右辺の丸括弧の項は，周波数2ωの成分を持つ光が発生することを示しており，これを**第2高調波発生**（second harmonic generation：SHG）という．SHGは，レーザ光の短波長化やピコ秒またはフェムト秒領域の超短光パルスレーザ光のパルス幅の計測（オートコリレータ）などに用いられるほか[2~4]，微細で境界面を多く持つ細胞構造の観察にも応用されている[12]．一方，(3.16)式右辺の第3項は，周波数ゼロ，すなわち直流（DC）成分の電場が発生することを示しており，**光整流効果**（optical rectification）と呼ばれる．例えば，フェムト秒領域の超短光パルスレーザ光を誘電体や半導体などの物質に照射すると，光整流効果によって光パルス強度の時間波形（包絡線）を反映したパルス電場が誘起され，モノサイクルに近いテラヘルツ波を発生させることができる[4,6]．

次に，SHGが効率よく起こる条件を考える．レーザ光の伝搬に伴って物質中の各点に非線形分極が誘起され，そこから発生した第2高調波が互いに打ち消し合うことなく有効に重ね合わされて，その電場振幅が増大しながら伝搬していくためには，伝搬する分極波と第2高調波の位相が一致している必要がある．この条件を考察するためには，波動方程式(3.8)式の両辺の位相関係を調べてみればよい．

まず，$E_0=|E_0|e^{ikz}$を考慮すると，(3.16)式右辺の丸括弧の項は

$$P_{NL}(2\omega)=\frac{\varepsilon_0\chi^{(2)}|E_0|^2}{4}\left[e^{i(2kz-2\omega t)}+c.c.\right] \tag{3.17}$$

と書ける．さらに，物質中を伝搬する第2高調波を

$$E_{SH}=\frac{|E_{0SH}|}{2}\left[e^{i(k_{SH}z-\omega_{SH}t)}+c.c.\right] \tag{3.18}$$

と表し，これらを波動方程式(3.8)式に代入して両辺の位相項が等しくなる条件（E_{SH}，P_{NL}についての線形微分方程式なので，結局，(3.17)，(3.18)式の位相項が等しくなる条件に帰着する）を考えてみると，以下の条件式を満たす

必要があることがわかる．

$$\omega_{SH}=2\omega \quad (3.19)$$
$$k_{SH}=2k \quad (3.20)$$

(3.19)式はエネルギー $\hbar\omega$（$\hbar=h/2\pi$, h：プランク定数）の2個の光子からエネルギー $2\hbar\omega$ の1個の光子を生成する過程を表す**エネルギー保存則**（energy conservation law）を示している．同様に(3.20)式の両辺に $\hbar$ を掛けてみればわかるように，この過程における**運動量保存則**（momentum conservation law）を表しており，**位相整合条件**（phase-matching condition）とも呼ばれる．

位相整合条件(3.20)式において物質中の波数は $k=2\pi n/\lambda$（n：屈折率，λ：真空中の波長）で表されることを考慮すると，

$$n_{SH}=n \quad (3.21)$$

に帰着する．1.8節に示されたように，物質には屈折率分散が伴うので通常は位相整合条件は満たされず，伝搬する分極波と第2高調波の位相関係は少しづつずれていく．したがって，第2高調波は波長オーダの何倍かの伝搬距離を周期として強度の増減を繰り返すため，高い変換効率は得られない[1~4]．SHGにおいて位相整合を達成するためには，非線形光学結晶の複屈折性（結晶の異方性により屈折率が偏光方向に依存する性質）を使用したり，擬似位相整合（自発分極を周期的に反転させて位相補償を行う方法），あるいはノンコリニア位相整合（レーザ光のビームをいくつかに分けて角度をつけて入射し，非同軸のビーム配置で相互作用させる）などの方法が用いられる[1~4]．

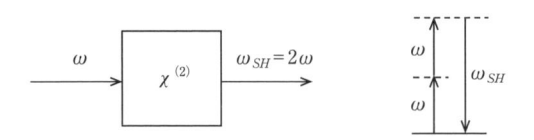

図3.2　2次の非線形感受率で特徴づけられる物質で起こる第2高調波発生での入出力光と，光学遷移の過程（実線：基底準位，破線：仮想準位）を表すダイアグラム

b．和周波発生，差周波発生，光パラメトリック発生

次に，周波数が ω_1, ω_2（$\omega_1>\omega_2$）の2つの光を物質に入射した場合を考える．

$$E=\frac{1}{2}\left(E_{01}e^{-i\omega_1 t}+c.c.\right)+\frac{1}{2}\left(E_{02}e^{-i\omega_2 t}+c.c.\right) \quad (3.22)$$

このとき，(3.14)式で与えられる非線形分極は次式で与えられる．

$$P_{NL}^{(2)} = \frac{\varepsilon_0 \chi^{(2)}}{4} \left[(E_{01}^2 e^{-i2\omega_1 t} + c.c.) + (E_{02}^2 e^{-i2\omega_2 t} + c.c.) + 2(|E_{01}|^2 + |E_{02}|^2) \right. \\ \left. + (E_{01}E_{02} e^{-i(\omega_1 + \omega_2)t} + c.c.) + (E_{01}E_{02}^* e^{-i(\omega_1 - \omega_2)t} + c.c.) \right] \quad (3.23)$$

ここで，右辺第1～第3の丸括弧内は，前述のa.項と同様に第2高調波発生（周波数$2\omega_1$, $2\omega_2$）と光整流効果を表している．第4，第5の丸括弧内は，周波数$\omega_1 + \omega_2$の光を発生する**和周波発生**（sum frequency generation：SFG）と，周波数$\omega_1 - \omega_2$の光を発生する**差周波発生**（difference frequency generation：DFG）の過程を示している．これらは，主にレーザ光の短波長化や長波長化などに用いられる[2]．

上式で，入力光の周波数が$\omega_1 = \omega_2 = \omega$である特別な場合を考えると，SFGとDFGは，それぞれSHGと光整流効果に帰着することがわかる．また，SFG，DFGにおける位相整合条件はそれぞれ，

$$k_{SF} = k_1 + k_2 \quad (3.24)$$
$$k_{DF} = k_1 - k_2 \quad (3.25)$$

で表され，上で述べた手法を用いて位相整合を達成することができる．

(a) 和周波発生

(b) 差周波発生

(c) 光パラメトリック発生

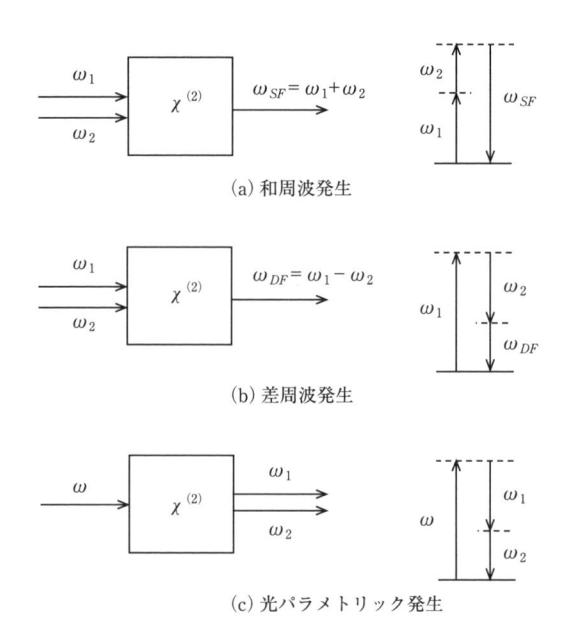

図3.3 種々の2次の非線形光学効果における入出力光と光学遷移の過程

この他にも2次の非線形光学効果では，エネルギー保存則 $\omega=\omega_1+\omega_2$ を満たすように，周波数 ω の光から2つの周波数 ω_1, ω_2 の光が発生する現象，つまりSFGの逆過程も起こり得る．これは**光パラメトリック発生**（optical parametric generation：OPG）と呼ばれ，レーザ光の長波長化などに使用される[1~4]．OPGはある固定周波数のレーザ光から周波数可変な光を自在に発生できる特長を持つ．その際，周波数 ω_1, ω_2 は上記のエネルギー保存則と位相整合条件

$$k=k_1+k_2 \qquad (3.26)$$

すなわち $n\omega=n_1\omega_1+n_2\omega_2$（$\because k=n\omega/c$, c：真空中の光速）によって一意に決まり，周波数の同調はレーザ光の入射角や屈折率の変化（温度制御や電圧印加（次に述べるポッケルス効果））により達成できる[1,3]．

c. ポッケルス効果

今度は，図3.4のように物質（非線形光学結晶）にDC電圧 V（電界 $E_b=-V/d$, d：電圧印加方向の結晶長）を印加して，周波数が ω の光を入射させた場合を考える．このとき，電場は

$$E=\frac{1}{2}(E_0 e^{-i\omega t}+c.c.)+E_b \qquad (3.27)$$

と表せるので，(3.14)式で与えられる非線形分極は次式で与えられる．

$$P_{NL}^{(2)}=\frac{\varepsilon_0\chi^{(2)}}{4}\left[(E_0^2 e^{-i2\omega t}+c.c.)+(|E_0|^2+E_b^2)+2E_b(E_0 e^{-i\omega t}+c.c.)\right] \qquad (3.28)$$

上式右辺の第1，第2の丸括弧内は，第2高調波発生と光整流効果を示しており，いずれも周波数変換に関係している．これに対して，第3の丸括弧の項は，レーザ光の周波数と同じ光が発生することを示しており，(3.27),(3.28)式からDCバイアス下では位相整合条件は常に満たされることがわかる．

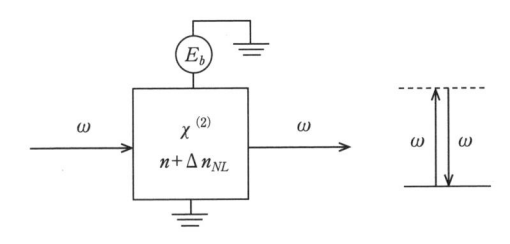

図3.4 電気光学効果における入出力光と光学遷移の過程

この現象を理解するためには複素屈折率（3.11）式に着目すればよい．簡単のため，物質中での光吸収（線形吸収）は無視できるものとすると，線形屈折率 n は（3.10）式で表すことができ，線形効果と非線形効果を含めた屈折率 η は（3.12）式より，次の形に書ける．

$$\eta \approx \mathrm{Re}\left[n\left(1+\frac{\chi^{(2)}E_b}{2n^2}\right)\right] = n + \Delta n_{NL} \tag{3.29}$$

$$\Delta n_{NL} = \frac{1}{2}n^3 r E_b = -\frac{1}{2}n^3 r \frac{V}{d}, \quad r = \frac{\chi^{(2)}}{n^4} \tag{3.30}$$

したがって，この現象では印加電圧（電場）に比例して屈折率の変化分が生じることを示しており，**1次の電気光学効果**（linear electro-optic effect）あるいは**ポッケルス効果**（Pockels effect）と呼ばれる．ポッケルス効果を用いると，電圧の印加によって結晶を通過する光の位相速度（c/η）に変化を与えることができ，光の強度や位相に変調を与える光変調器などに実用化されている[3,9,10]．

3.5　3次の非線形光学効果

本節では，次式で与えられる3次の非線形分極に関連した光学現象である**3次の非線形光学効果**（third-order nonlinear optical effect）を扱う．

$$P_{NL} = \varepsilon_0 \chi^{(3)} E^3 \tag{3.31}$$

前節で述べた偶数次の非線形光学効果とは異なり，奇数次の非線形光学効果は，中心対称な構造を持つ物質（ガラスなどを含む）にも現われる．特に光ファイバのように微小な領域に光が閉じ込められて長距離を伝搬する際には3次

表3.2　代表的な3次の非線形光学効果とその応用例

現象	周波数変換	応用例
第3高調波発生	$\omega+\omega+\omega \to \omega_{TH}$	周波数変換，顕微鏡
四光波混合	$\omega_1+\omega_1-\omega_2 \to \omega_{FW}$ $\omega_2+\omega_2-\omega_1 \to \omega_{FW}$	周波数変換
誘導ラマン散乱	$\omega \pm \omega_v \to \omega_R$	周波数変換，増幅器
誘導ブリルアン散乱	$\omega \pm \omega_v \to \omega_B$	周波数変換，増幅器
光カー効果（自己位相変調，交差位相変調）	なし（$\Delta n_{NL} \propto I$）	周波数変換，光パルス圧縮，光スイッチ，モード同期，光ソリトン
二光子吸収	なし（$\Delta \kappa_{NL} \propto I$，ただし，二光子蛍光では $\omega_{TPF} \sim 2\omega > \omega$）	顕微鏡

の非線形効果は顕著に現われ，光ファイバ中での周波数変換を用いた広帯域光源や光増幅器などが実用化されており，光通信における光パルス波形の制御にも関連が深い．また，多光子蛍光顕微鏡をはじめとする3次の非線形効果を利用した顕微鏡はバイオ研究に不可欠になってきている．

a. 第3高調波発生，光カー効果（自己位相変調），二光子吸収

(3.15)式と同じく，物質中をz方向に伝搬する周波数ωの光を考えると，3次の非線形分極 (3.31)式は次のように書ける．

$$P_{NL}^{(3)} = \frac{\varepsilon_0 \chi^{(3)}}{8}[E_0^3 e^{-i3\omega t} + c.c.) + 3|E_0|^2 (E_0 e^{-i\omega t} + c.c.)] \quad (3.32)$$

上式右辺の最初の丸括弧の項は，周波数3ωの成分を持つ光が発生することを示しており，これを**第3高調波発生**（third harmonic generation：THG）という．THGに対する位相整合条件は，3.4節a項と同様の議論により，

$$k_{TH} = 3k \quad (3.33)$$

すなわち$n_{TH} = n$となるため，一様な物質中ではこの条件は満たされず，例えば光ファイバ中ではほとんどTHGは発生しない．3.4節a項で述べた手法を用いて位相整合を達成すればTHGはレーザ光の短波長化に利用できる[2]．また，SHGに類似してTHGも物質の境界面付近からよく発生するので，細胞の顕微鏡観察にも応用される[12]．

これに対して，(3.32)式右辺の第2の丸括弧の項は，3.4節c項で述べた電気光学効果の場合に類似して，入射光と同じ周波数ωの光が発生し，位相整合条件は常に満たされることがわかる．そこで，前節と同様に線形吸収は無視できるものと仮定して，3次の非線形光学効果が複素屈折率に及ぼす影響を考える．

まず複素屈折率の実部は，(3.12)，(3.32)式および光の強度Iと電場振幅$|E_0|$との間の関係式$I = \varepsilon_0 nc|E_0|^2/2$を用いて，以下のように書ける．

$$\eta \approx \mathrm{Re}\left[n\left(1 + \frac{3}{8n}\chi^{(3)}|E_0|^2\right)\right] = n + \Delta n_{NL} \quad (3.34)$$

$$\Delta n_{NL} = \frac{3\chi'^{(3)}}{8n}|E_0|^2 = n_2 I, \quad n_2 = \frac{3\chi'^{(3)}}{4\varepsilon_0 n^2 c} \quad (3.35)$$

ただし，$\chi'^{(3)} = \mathrm{Re}\chi^{(3)}$であり，$n_2$は非線形屈折率と呼ばれる．このように，光の強度に比例して屈折率変化が起きる現象を**光カー効果**（optical Kerr effect：

(a) 第3高調波発生

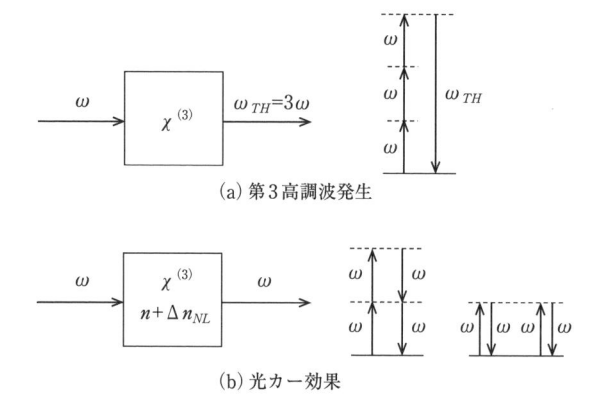

(b) 光カー効果

図3.5 3次の非線形感受率で特徴づけられる物質で起こる非線形光学効果での入出力光と光学遷移の過程

OKE）という．OKE は，光強度（包絡線）が時間的に変化する光パルスの伝搬においては，以下のように**自己位相変調**（self-phase modulation：SPM）と呼ばれる位相変調効果をもたらす．

(3.35)式に示した非線形効果による屈折率変化を考慮した場合，光強度の時間変化に起因して光波の位相は以下のように時間に依存する．

$$\phi(t) = \omega t - k(t)z = \omega t - \frac{\omega z}{c}[n + \Delta n_{NL}(t)] \quad (3.36)$$

したがって，各時刻における周波数（瞬時周波数と呼ばれる）は次のように書ける．

$$\omega(t) = \frac{\partial \phi}{\partial t} = \omega - \frac{\omega z}{c}\frac{\partial \Delta n_{NL}}{\partial t} = \omega\left[1 - \frac{n_2 z}{c}\frac{\partial I(t)}{\partial t}\right] \quad (3.37)$$

この瞬時周波数を用いた光パルスの時間波形を図示すると，図3.6に示すように波形の周期に粗密ができ（**周波数チャーピング**（frequency chirping）と呼ばれる），元の光パルスのスペクトルと比べるとスペクトル幅は広がる（新たな周波数の光が生成される）．この自己位相変調効果は，広帯域に連続的に広がったスペクトルを持つスーパーコンティニューム光の発生や，長距離にわたって波形を保持したまま光ファイバ中を伝搬する光パルス（光ソリトンと呼ばれる），光パルスの圧縮，光スイッチ（光カーシャッターと呼ばれる）などにも応用されている[4,11]．なお，光損失，波長分散，自己位相変調などの効果を含めた光ファイバ中の光パルスの伝搬については，第6章を参照されたい．

一方,複素屈折率の虚部に着目すると,消衰係数は (3.13), (3.32)式, および $\chi'''^{(3)} = \mathrm{Im}\chi^{(3)}$ を用いて次のように書ける.

$$\kappa = \Delta\kappa_{NL} \approx \mathrm{Im}\left[n\left(1 + \frac{3}{8n^2}\chi^{(3)}|E_0|^2\right)\right] = \sigma I, \quad \sigma = \frac{3}{4\varepsilon_0 n^2 c}\chi'''^{(3)} \quad (3.38)$$

これは,図 3.7 に示すように,仮想準位を介して周波数 ω の 2 つの光子を吸収して,下のエネルギー準位から上のエネルギー準位に遷移する過程を表しており,**二光子吸収**(two-photon absorption:TPA)と呼ばれる.(3.38)式より,二光子吸収では光の強度に比例して消衰係数(吸収係数)が増大する.また,二光子吸収が起きるのは $\chi^{(3)}$ の虚部がゼロでない場合であり,それには $E_1 + 2\hbar\omega$(E_1:基底準位)のエネルギーレベルに物質の実準位 E_2 が存在する必要がある.また,二光子吸収により励起された電子が下の基底準位 E_1 に遷移して起こる発光を**二光子蛍光**(two-photon fluorescence:TPF)という.TPA あるいは TPF を用いた二光子蛍光顕微鏡(より一般的に多光子顕微鏡とも呼ばれる)は実用化されており[12],発光強度も高く,非常に鮮明な細胞観察が可能であるため,バイオ研究において極めて重要なツールとなっている.

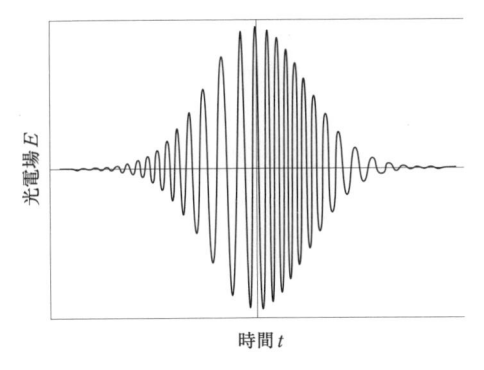

図 3.6 自己位相変調効果を受けた光パルスの時間波形

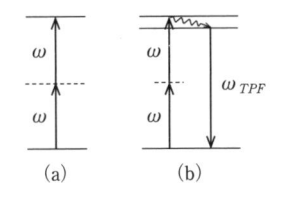

図 3.7 (a) 二光子吸収,(b) 二光子蛍光(波線は緩和を表す)に関連した光学遷移の過程

b. 四光波混合,光カー効果(自己位相変調,交差位相変調)

次に,周波数が ω_1, ω_2($\omega_1 < \omega_2$)の光が物質に入射した場合を考える.

$$E = \frac{1}{2}\left(E_{01}e^{-i\omega_1 t} + c.c.\right) + \frac{1}{2}\left(E_{02}e^{-i\omega_2 t} + c.c.\right) \quad (3.39)$$

このとき,3 次の非線形分極(3.31)式は次のように書ける.

$$P_{NL}^{(3)} = \frac{\varepsilon_0 \chi^{(3)}}{8} \left\{ \left[\left(E_{01}^3 e^{-i3\omega_1 t} + c.c. \right) + \left(E_{02}^3 e^{-i3\omega_2 t} + c.c. \right) \right] \right.$$

$$+ 3 \left[\left(E_{01}^2 E_{02} e^{-i(2\omega_1 + \omega_2)t} + c.c. \right) + \left(E_{01} E_{02}^2 e^{-i(\omega_1 + 2\omega_2)t} + c.c. \right) \right]$$

$$+ 3 \left[\left(E_{01}^2 E_{02}^* e^{-i(2\omega_1 - \omega_2)t} + c.c. \right) + \left(E_{01}^* E_{02}^2 e^{-i(2\omega_2 - \omega_1)t} + c.c. \right) \right]$$

$$\left. + 3 \left[\left(|E_{01}|^2 + 2|E_{02}|^2 \right) \left(E_{01} e^{-i\omega_1 t} + c.c. \right) + \left(2|E_{01}|^2 + |E_{02}|^2 \right) \left(E_{02} e^{-i\omega_2 t} + c.c. \right) \right] \right\}$$

(3.40)

上式右辺の角括弧第1項は THG（周波数 $3\omega_1$, $3\omega_2$），角括弧第2項は THG をより一般化した和周波混合の過程を示し，通常の物質では位相整合しない．角括弧第3項は**四光波混合**（four-wave mixing：FWM）と呼ばれる過程を表している．そのスペクトルは図3.8に示すように，もとの周波数 ω_1, ω_2 の隣に周波数 $2\omega_1 - \omega_2$, $2\omega_2 - \omega_1$ の光が新たに生成される．その位相整合条件は，

$$k_{FW} = 2k_1 - k_2 \tag{3.41}$$

$$k_{FW} = 2k_2 - k_1 \tag{3.42}$$

で与えられ，通常の物質でも比較的容易に実現される．FWM は，光ファイバ中での周波数変換にも利用できる一方で，周波数成分が3個以上（等周波数間隔）を用いた場合には，FWM により生成された周波数成分が元の入力周波数に重なるため，波長多重通信ではクロストークの原因にもなる[10,11]．

(3.40)式右辺の角括弧第4項は，3.5節 a 項で述べた OKE の一種（SPM を

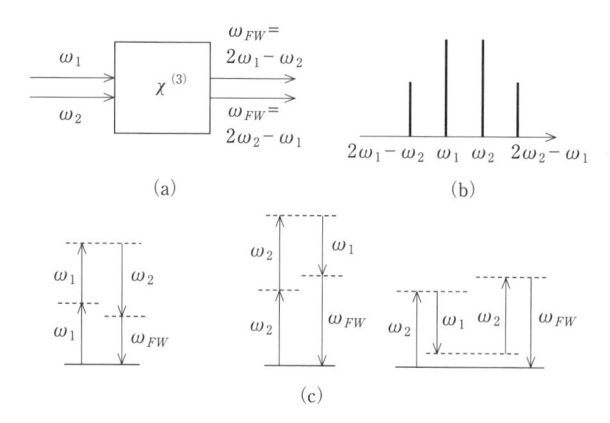

図3.8 (a) 四光波混合における入出力光，(b) スペクトル，(c) 起こり得る光学遷移の過程

より一般化したもの）であり，位相整合条件は常に満たされる．複素屈折率の実部を考えると，(3.34), (3.35)式と同様の議論により，次の形に書ける．

$$\eta(\omega_j) = n(\omega_j) + \Delta n_{NL}(\omega_j), \quad j=1, 2 \tag{3.43}$$

$$\Delta n_{NL}(\omega_j) \approx \frac{3\chi'^{(3)}}{8n(\omega_j)}(|E_{0j}|^2 + 2|E_{0(3-j)}|^2), \quad j=1, 2 \tag{3.44}$$

上式の右辺第1項は，3.5節a項で述べたSPMの効果を表す．また，第2項は他方の光の強度に依存して位相変調が起こることを示しており，**交差位相変調**（cross-phase modulation：XPM）と呼ばれる．XPMはSPMと同様に光パルスのスペクトル広がりをもたらすため，波長多重通信でクロストークの原因になり，SPMを応用したシステムにも影響を与える一方で，光パルスの圧縮や光スイッチ，レーザのモード同期などにも応用されている[11]．

c. 誘導ラマン散乱

これまで，基底状態にある電子が仮想準位や伝導帯を介して光学遷移する過程に関連した非線形光学効果について述べてきた．ここでは，分子振動や固体中の格子振動（光学フォノン（optical phonon）：単位結晶格子内にある原子の振動[8]）と光が相互作用し，光学遷移の過程でフォノンのエネルギー準位（実準位）が関与する場合を考える．

まず，物質に入射する光の電場を (3.15)式と同じく $E=(E_0 e^{-i\omega t}+c.c.)/2$, $E_0=|E_0|e^{ikz}$ と表し，誘起される分極（電子分極）を次のように書く．

$$P = \varepsilon_0 \chi E \tag{3.45}$$

次に，物質中ではフォノンが熱的に励起されているものとする．これが変位 u，周波数 ω_v の実効的な振動子であると考えると，感受率 χ はこれによって変調を受ける．変位 u があまり大きくない場合を仮定して，χ を $u=0$ の周りで展開すると，次の形に書ける．

$$\chi = \chi_0 + \left(\frac{\partial \chi}{\partial u}\right)_0 u + \cdots \tag{3.46}$$

$$u = \frac{1}{2}(u_0 e^{-i\omega_v t} + c.c.) \tag{3.47}$$

これより，(3.45)式の分極は次の形に書ける．

$$P = \frac{\varepsilon_0}{2}\left\{\chi_0[E_0 e^{-i\omega t}+c.c.] + \frac{1}{2}\left(\frac{\partial \chi}{\partial u}\right)_0[(u_0^* E_0 e^{-i(\omega-\omega_v)t}+c.c.) + (u_0 E_0 e^{-i(\omega+\omega_v)t}+c.c.)] + \cdots\right\} \tag{3.48}$$

上式右辺の角括弧第1項は，光と物質が相互作用せずに入射光と同じ周波数 ω の光が出てくることを表す．これに対して，角括弧第2項は周波数 $\omega\pm\omega_v$ の光が発生することを示しており，これを**自然ラマン散乱**（spontaneous Raman scattering）あるいは単にラマン散乱という．ここで，周波数 $\omega-\omega_v$ の光は**ストークス光**（Stokes light），周波数 $\omega+\omega_v$ の光は**反ストークス光**（anti-Stokes light）と呼ばれ，ここではこれらをまとめてラマン散乱光と書くことにする．入射光（周波数 ω，波数 k），ラマン散乱光（ω_R, k_R）および光学フォノン（ω_v, k_v）の間には，次のエネルギー保存則，運動量保存則が成立する．

$$\omega = \omega_R \pm \omega_v, \quad k = k_R \pm k_v \tag{3.49}$$

ただし，複号の+はストークス光，－は反ストークス光を表す．

ラマン散乱光は図3.9に示す光学遷移によって発生し，いわば「天然の変調器」を通して得られたサイドバンドとみなすことができる．ただし，(3.48)式ではストークス光と反ストークス光の強度は等しくなっているが，実際には反ストークス散乱光のほうが $\exp[-\hbar\omega_v/(k_BT)]$（$k_B$：ボルツマン定数，$T$：絶対温度）の因子だけ低くなる．これは，反ストークス散乱過程の初期状態が，フォノンの励起状態（基底状態より $\hbar\omega_v$ だけエネルギーの高い状態）にあることによる（図3.9 (c)）．また，ここでは単に熱によってランダムに励起されたフォノン（変位 u はレーザ光の強度に依存しない）のラマン散乱を考えており，物質中の各点から発生するラマン散乱光は位相がまちまちである．したがって，微弱でインコヒーレントなラマン散乱光が等方的に発生し，その強度はレーザ光の強度に比例する（(3.48)式）．

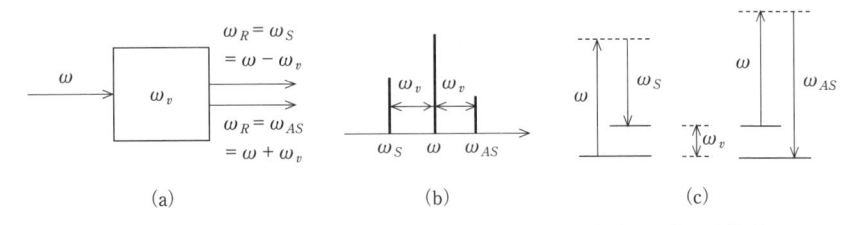

図3.9 (a) ラマン散乱における入出力光，(b) スペクトル，(c) 光学遷移の過程（ω_v はフォノン，ω_S はストークス光，ω_{AS} は反ストークス光の各周波数を表す）

このラマン散乱光が発光源となって物質中でレーザ光と長距離にわたって相互作用して増幅されると，強いコヒーレントなストークス光や反ストークス光

が発生する．この現象は，**誘導ラマン散乱**（stimulated Raman scattering：SRS）と呼ばれ，以下に示すように3次の非線形光学効果である．SRSでは，1つの波長（チャンネル）から別の波長（チャンネル）へエネルギーが移されるため，波長多重通信ではクロストークの原因になる[10,11]．その一方で，光ファイバを用いた広帯域なラマン増幅器や，周波数変換（ラマンレーザ）にも応用されている[11]．

SRSに関する非線形分極を考えるには，(3.46)式に含まれる変位 u がレーザ光やラマン散乱光の強度に依存する場合を扱えばよい．ここでは簡単のため，入射光（周波数 ω）の強度があまり大きくなくて周波数 ω_S のストークス光のみが発生している場合を考え，フォノンと相互作用する光の電場を次のように表す．

$$E = \frac{1}{2}(E_0 e^{-i\omega t} + c.c.) + \frac{1}{2}(E_{0S} e^{-i\omega_S t} + c.c.) \quad (3.50)$$

また，フォノンを古典的な振動子と考え，その有効質量を M，密度を N，減衰定数（準位 $\hbar\omega_v$ の線幅（半値半幅））を γ，分極率を α（電気双極子モーメント $p=\alpha E$，分極 $P=Np$）とすると，非線形分極に含まれるストークス光の周波数成分は次式で与えられ[3]，3次の非線形光学効果であることがわかる．

$$P_{NL}^{(3)}(\omega_S) = \frac{\varepsilon_0}{2}\left[\chi_R |E_0|^2 E_{0S} e^{-i\omega_S t} + c.c.\right] \quad (3.51)$$

$$\chi_R = \frac{N}{8\varepsilon_0 M}\left(\frac{\partial \alpha}{\partial u}\right)_0^2 \frac{1}{\omega_v^2 - \Omega^2 + i2\gamma\Omega} \quad (3.52)$$

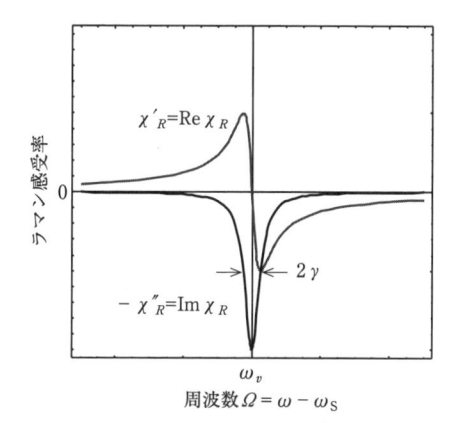

図3.10 誘導ラマン散乱に関連した非線形感受率（実部，虚部）の周波数特性

ただし，$\Omega = \omega - \omega_S$ であり，図 3.10 に示すように 3 次の非線形感受率 $\chi_R = \chi'_R - i\chi''_R (\chi''_R > 0)$ の実部と虚部は，それぞれ分散型，ローレンツ型に近い周波数特性を持つ．

ここで，線形屈折率を n とすると，(3.12)，(3.13)式より複素屈折率は次式のように書ける．

$$\tilde{n} = \eta + i\kappa \approx n\left(1 + \frac{\chi'_R |E_0|^2}{2n^2}\right) - i\frac{\chi''_R |E_0|^2}{2n} \tag{3.53}$$

これより，

$$e^{ik_s z} = \exp\left[i\left(\frac{2\pi \tilde{n}}{\lambda_S}\right)z\right] \approx \exp\left[i\left(\frac{2\pi n}{\lambda_S}\right) \cdot \left(1 + \frac{\chi'_R |E_0|^2}{2n^2}\right)z\right] \times \exp\left[\frac{\pi \chi''_R |E_0|^2}{n\lambda_S}z\right] \tag{3.54}$$

となり，周波数 $\omega - \omega_v$ の付近（周波数幅 2γ 程度）の周波数領域にあるストークス光（図 3.10）は，z 方向への伝搬とともに指数関数的に増幅されることがわかる．

また，この SRS（ストークス散乱）におけるエネルギー保存則と位相整合条件は，(3.49)式と同じく，$\omega_S = \omega - \omega_v$，$k_S = k - k_v$ となる．固体中の光学フォノンは分散（周波数の波数依存性）が小さく[8]，エネルギー保存則と位相整合条件はどの方向でも満たされるため，入射光（励起光）の光路に沿って前方と後方に，ほぼ同じ強度のストークス光が観測される．

d. 誘導ブリルアン散乱

上で述べた誘導ラマン散乱では，数〜数十 THz の周波数領域にある分子振動や格子振動（光学フォノン）を考えた．格子振動には，その他にももっと緩やかな振動（光ファイバ中では周波数が 10GHz 程度のオーダ）の音響フォノン（acoustic phonon；物質全体を一つの弾性体とみたときの粗密波，すなわち音波[8]）も存在する．レーザ光の入射によって電気ひずみが起き，音響フォノンが励起されて起こる誘導散乱現象を**誘導ブリルアン散乱**（stimulated Brillouin scattering：SBS）という．

SBS は，誘導ラマン散乱と類似の現象と考えることができ，周波数シフトを受けた散乱光もストークス光，反ストークス光と呼ばれる．入射光（周波数 ω，波数 $\boldsymbol{k}$），散乱光（ω_B，$\boldsymbol{k}_B$）および音響フォノン（ω_A，$\boldsymbol{k}_A$）の間には，ラマン散乱の場合と同様に，次のエネルギー保存則，運動量保存則が成り立つ．

$$\omega = \omega_B \pm \omega_A, \quad \boldsymbol{k} = \boldsymbol{k}_B \pm \boldsymbol{k}_A \tag{3.55}$$

ただし，複号の＋はストークス光，－は反ストークス光を表し，ここではさまざまな伝搬方向を表現するため，波数をベクトルで表している．また，音響フォノンは線形に近い分散関係[8]を持ち，音波による光のブラッグ回折においては次の関係式が成り立つ（図3.11[3,10]）．

$$\omega_A = v_A|\boldsymbol{k}_A| = 2v_A|\boldsymbol{k}|\sin(\theta/2) \quad (3.56)$$

ただし，v_Aは音響フォノンの伝搬速度（音速），θは入射光とストークス光の間の伝搬方向（波数$\boldsymbol{k}$, $\boldsymbol{k}_B$）のなす角度であり，$|\boldsymbol{k}_B| \approx |\boldsymbol{k}|$を用いている．これより，周波数のシフトは$\theta = \pi$のとき，すなわち後方散乱のときに最大値

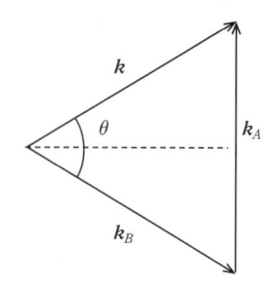

図3.11 誘導ブリルアン散乱における入射光（$\boldsymbol{k}$），ストークス光（$\boldsymbol{k}_B$），音波（$\boldsymbol{k}_A$）の波数ベクトルの関係

$$\nu_A = \frac{\omega_A}{2\pi} = \frac{v_A|\boldsymbol{k}|}{\pi} = \frac{2nv_A}{\lambda} \quad (3.57)$$

（λ：入射光の真空中の波長，n：屈折率）をとり，前方散乱（$\theta = 0$）ではゼロとなる[3,10]．このようにフォノンの分散特性の違いから，SRSでは入射光の伝搬方向に沿って前後にストークス光が発生するのに対し，SBSでは後ろ向きに伝搬するストークス光のみが発生する．このほかにも，SBSはSRSよりも低い入射光パワーで起きる（連続波（CW）の場合，ファイバ中では〜1mW）ことや，誘導散乱光のスペクトル幅は狭い（ファイバ中では，SRSで〜5THz，SBSで〜10MHz）などの特徴を持つ[2,11]．これらの違いはすべて，寄与するフォノンの違いに起因している．

誘導ブリルアン散乱は，ストークス光への周波数変換による光電力の損失や，逆方向に伝搬するストークス光が半導体レーザの動作を不安定することなど，光通信システムでは問題となることがある[10,11]．その一方で，光信号の搬送周波数をシフトさせる用途や，ファイバブリルアンレーザやファイバブリルアン増幅器などに応用されている[11]．

演 習 問 題

1. (3.9)式で表される非線形分極の表式を用いて，中心対称で一様な構造を持つ物質中では偶数次の非線形光学効果が現われないことを示せ．

2. 電気光学結晶（光の伝搬方向の長さが L，電圧印加方向の長さが d）に電圧 V を印加して光（真空中の波長 λ）を伝搬させたとき，(3.30)式で表される屈折率変化が現われたとする．このとき，電圧の有無による位相差はいくらになるか．
3. 真空中の波長が λ，継続時間（パルス幅）の半値全幅が τ，ピーク強度が I_0 のガウス型光パルスが光カー媒質中で距離 L だけ伝搬したとする．このとき，自己位相変調効果（(3.37)式）による周波数の変化量 $\Delta\omega$ はいくらになるか．
4. レーザ光を光ファイバに入射して誘導ラマン散乱（SRS），誘導ブリルアン散乱（SBS）による誘導散乱光が観測されるとき，SRS では入射光の光路に沿って前後にストークス光が観測されるのに対して，誘導ブリルアン散乱では後方散乱光しか観測されない理由を説明せよ．

参考文献

1) W. Boyd："Nonlinear Optics", Academic Press, London, 2003.
2) Y. R. Shen："The Principles of Nonlinear Optics", Wiely, New York, 1984.
3) A. Yariv："Quantum Electronics", Wiely, New York, 1989.
4) J. Herrman and B. Wilhelmmi：「超短光パルスレーザー」，小林孝嘉訳，共立出版，1991.
5) 霜田光一：「レーザー物理入門」，岩波書店，1983.
6) T. Yajima and N. Takeuchi, "Far-infrared difference-frequency generation by picoseconds laser pulses," *Jpn. J. Appl. Phys.*, vol. 9, no. 11, 1361（1970）.
7) ファインマン，レイトン，サンズ：「ファインマン物理学（II 光 熱 波動）」，富山小太郎訳，岩波書店，1986.
8) C. キッテル：「固体物理学入門」，宇野良清，津屋 昇，新関駒二郎，森田 章，山下次郎共訳，丸善，2006.
9) 左貝潤一，杉村 陽：「光エレクトロニクス」，朝倉書店，1993.
10) 山本昊也：「光ファイバ通信技術」，日刊工業新聞社，1995.
11) G. P. アグラワール：「非線形ファイバー光学」，小田垣孝，山田興一共訳，吉岡書店，1997.
12) P. N. Prasd："Introduction to Biophotonics", Wiely, Hoboken, 2003.

4 光導波路・光ファイバの基礎

4.1 光ファイバの構造と伝搬モード

　光通信や光計測，レーザ光などを利用した産業や医療応用においては，光源からの光を決まった光路に沿って目的の領域に導く必要が生じる．そのための伝送路を光導波路と呼ぶ．光導波路は，その断面内に屈折率分布を持たせることにより，光を一定領域に閉じ込めながら光軸方向に伝搬させるものであり，微小領域に高密度な光回路を構成するための平板型光導波路や，長距離伝送を主目的とする，柔軟で自在に曲げられる光ファイバなどが代表的なものとして挙げられる．

　一般的な**ステップインデックス型**（step index）と呼ばれる**光ファイバ**の構造とその中を光が伝搬する様子を図4.1に示す．光が閉じ込められる領域を**コア**（core），その周囲の領域を**クラッド**（clad）と呼ぶ．通常の通信用**石英ガラス**光ファイバではコアの直径は7〜10 μm，クラッドは125 μmであり，コア，クラッドともに石英ガラスで構成されているが，コアの部分に**ドーパント**（dopant）と呼ばれるゲルマニウムなどの不純物を添加することにより屈折率を上昇させる．すると図4.2に示すように，コアにある角度 θ_{max} 以下で入射した光は，コアとクラッド界面に**臨界角** θ_c より浅い角度で入射するために**全**

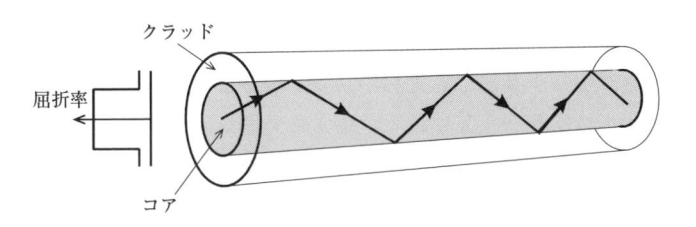

図4.1　光ファイバの構造と光の伝搬の様子

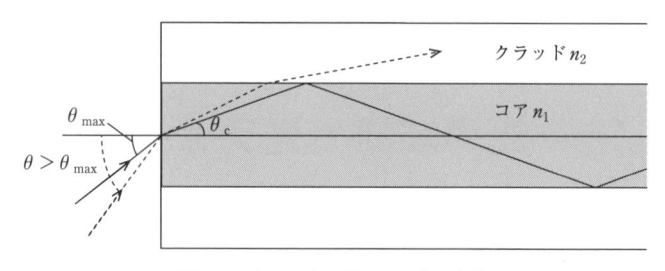

図 4.2　光ファイバ端面への光の入射

反射され，コア内を伝搬する．この角度 θ はファイバの重要なパラメータの一つであり，コアおよびクラッドの屈折率を n_1, n_2 とすれば，

$$\sin\theta_{\max} = n_1\sin\theta_C = \sqrt{n_1^2 - n_2^2} \tag{4.1}$$

となり，この $\sin\theta_{\max}$ を**開口数**（numerical aperture：NA）と呼ぶ．$\Delta = (n_1 - n_2)/n_1$ で定義される**比屈折率差**を用いれば，通常，コア・クラッドの屈折率差は極めて小さな値を取るため，(4.1)式は

$$\sin\theta_{\max} = n_1\sqrt{2\Delta} \tag{4.2}$$

とも表される．なお，角度 $\theta_{\max}$ 以下で入射した光すべてがコア内を伝搬するわけではなく，ある条件を満たすとびとびの特定の角度を持つ光のみが伝搬する．これを**伝搬モード**と呼ぶ．

伝搬モードが生じる原因は，光の波長の数倍から10倍程度と小さいサイズのコアに光が閉じ込められるためであり，このような狭い空間を伝わる光は，空気中のような境界のない空間を伝わる平面波とは異なる特徴的な振る舞いをする．光の進行方向に垂直な方向（ファイバの径方向）について見れば，光はクラッドにはわずかしかしみ出さないために，コア・クラッド境界面でその界はほぼゼロとなる．弦の振動に類推して考えれば，この境界面が固定端であり，径方向に定在波が生じるモードのみが安定して存在し得る．このような状態を生じるものを伝搬モードという．

幾何光学的にモードの成立条件を考えてみる．最も単純な構造の導波路である平板でサンドイッチ構造を形成した**スラブ導波路**と呼ばれるもののコア中を光線が伝搬する様子を図4.3に示す．第1章で述べたとおり，光線が屈折率が n である物質中を距離 s だけ進んだ際に生じる位相変化は nk_0s で与えられる．そこで，図4.3にあるように厚さ $2T$ のコア中を経路 $A_1 \rightarrow B_1 \rightarrow A_2 \rightarrow B_2$ に沿って角度 θ で伝搬する光線において，$A_1 \rightarrow B_1$ と伝搬する光と $A_2 \rightarrow B_2$ と進む

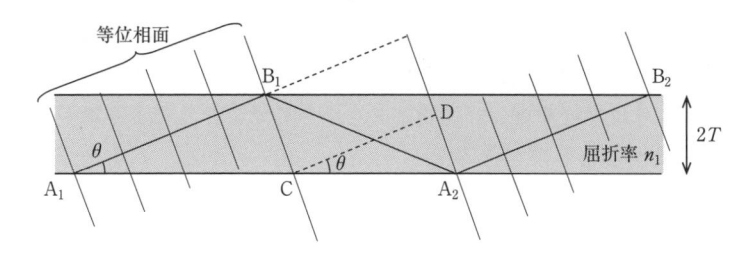

図4.3 スラブ導波路中を伝搬する光線

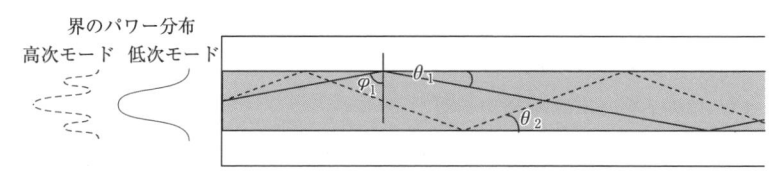

図4.4 各モードの界分布と伝搬角

光との波面が揃うためには，$A_1 \to B_1$ と $C \to D$ との距離差から生じる位相差 ϕ

$$\phi = n_1 k_0 \left[\frac{2T}{\sin\theta} - \left(\frac{2T}{\tan\theta} - 2T\tan\theta \right) \cos\theta \right]$$

と B_1 と A_2 において全反射の際に生じる位相差（**グースヘンシェンシフト**）2δ との和が

$$\phi + 2\delta = 4 n_1 k_0 T \sin\theta + 2\delta = 2m\pi \quad (m：整数)$$

である必要がある．上式を満たす角度 θ はとびとびの値をとることがわかり，この条件下においてコアの厚さ方向に定在波が生じる．図4.4に示すように伝搬角 θ が小さい，つまりコア・クラッド界面への入射角 φ が大きいものを**低次モード**（low order modes），伝搬角 θ が大きく，入射角 φ が小さいものを**高次モード**（high order modes）と呼ぶ．モードが高次になるにつれ，入射角が小さくなり全反射臨界角 θ_c を超えるとクラッドに放射されてしまい，コア中を伝搬することができなくなる．これをモードの**遮断**（**カットオフ**：cutoff）と呼ぶ．ファイバのコア中に存在しえる伝搬モードの数は，コアの半径を T とすれば

$$v = \sqrt{n_1^2 - n_2^2} \; k_0 T = \frac{2\pi T}{\lambda} n_1 \sqrt{2\Delta} \tag{4.3}$$

で与えられる**規格化周波数**（normalized frequency）と呼ばれるパラメータに

よって決定づけられ，$v<2.405$ のときには最低次モードのみが伝搬する．このようなファイバを**単一モードファイバ**（シングルモードファイバ：SMF）と呼ぶ．つまりコア径を細く，屈折率差を小さくすることにより単一モードファイバを構成することができる．一方，$v\geq 2.405$ となるファイバには複数の伝搬モードが存在し，このようなファイバを**多モードファイバ**（マルチモードファイバ：MMF）と呼ぶ．

4.2 各種ファイバ材料

a. 石英ガラスファイバ

　光ファイバはその用途や使用波長によって，ファイバを構成する材質が異なるが，光通信に使用されるもので最も代表的なものが**石英ガラスファイバ**（silica glass fiber）である．石英ガラスは，耐熱性に極めて優れるうえ，機械的強度も高く，波長 300〜2000 nm 程度の紫外から赤外の広い波長域において高い透過性を持っていることが，長距離通信に用いられる光ファイバの材料として使われる理由である．石英ガラスファイバは SiO_2 を主成分として，ドーパントと呼ばれる添加物を ppm のオーダで加えることにより屈折率を制御する．最も一般的なドーパントとしては屈折率を上昇させるゲルマニウムが挙げられる．Ge は Si と原子構造が類似しているため，網目構造を持つ SiO_2 の一部が GeO_2 に容易に置き換わる．Ge のほかにも屈折率を上昇させるものとしてはホウ素がある．また，屈折率を低下させるものとしてはフッ素があり，これをクラッド部に添加することにより純粋石英ガラスをコアとするファイバが構成され，添加物の吸収損失が生じない超低損失ファイバを実現することが可能であり，理論的な固有損失は 0.2 dB/km 程度とされる．

b. フッ化物ガラスファイバ

　フッ化物ガラスは石英ガラスと比較して赤外吸収端が長波長に存在するため，理論的には 0.001 dB/km と超低損失となる．実際のファイバではファイバ製造時に発生する微結晶析出などが原因となりこの値をはるかに上回るものとなっている．実用化されている材料としては，ZrF_4-BaF_2-LaF_3-AlF_3-NaF 系の **ZBLAN ファイバ**と呼ばれるものがある．また，最近では広帯域ファイバアンプの母体材料としての利用や医療用赤外レーザのパワー伝送用ファイバ

として利用されている．

c. 多成分系ガラスファイバ

石英ガラスを材料とするもののほかに，多成分系ガラスを利用したものがある．これは通常のガラスと同じように Na_2O，CaO，SiO_2 などの成分によって構成されたものであり，融点が低く加工が容易なため安価であるが，透過率が石英ガラスと比較して低いので伝送損失があまり影響しない照明用ファイバなどに使用される．また，柔軟性に優れているために，複数の光ファイバを束ねて画像伝送を行う**イメージバンドルファイバ**（imaging fiber bundle）としても広く利用されている．他の多成分系ガラスファイバとしてはカルコゲン族と呼ばれる As, Se, Te, S などを成分とする**カルコゲナイドガラスファイバ**（chalcogenide glass fiber）がある．このガラスは石英ガラスが利用できない波長 $3\mu m$ 以上の赤外波長域において高い透過率を示すため，赤外レーザを用いた治療装置や赤外分光計測用として主に使用されている．

d. ポリマークラッドファイバ

低損失な石英ガラスをコア，低屈折率を持つ透明なプラスチックをクラッドとして使用することにより，コア径が大きく，高 NA でかつ高い可撓性を持つマルチモードファイバを実現できる．主に，屋内の中・短距離伝送や，レーザ光のパワー伝送用として用いられる．以前はシリコーン樹脂が主にクラッド材料として使用されていたが，最近では Tefzel などのフッ化物系ポリマーを用いたハードポリマークラッドファイバ（HPCF）が盛んに使用されている．

e. プラスチック光ファイバ

クラッドのみでなく，コアもプラスチックで構成されているのがプラスチック光ファイバ（POF）である．主にポリメチルメタクリレート（PMMA）が材料として使用されているが，伝送損失が高いために主に屋内配線，自動車内配線，オーディオ機器などの短い距離の伝送に使用される．プラスチックをコアとすることにより，数百ミクロンといった大口径のファイバでも高い可撓性が得られるうえに，加工・接続が極めて容易なことが POF の長所である．

4.3 石英ガラスファイバの製造方法

石英ガラスファイバの製造工程は大きく分けて，ファイバと同様の屈折率分布を有する直径数 cm から数十 cm，長さ1m 程度の棒状ガラス母材（**プリフォーム**：preform と呼ばれる）の製造と，それを高温下で軟化延伸させてファイバを製造する線引工程の2つに分けられる．プリフォームの製造方法として現在おもに使用されているのは，**VAD**（vapor phase axial deposition）**法**と呼ばれる方法である．これは図 4.5 に示すように出発棒と呼ばれる回転している石英棒の先端に，コア用，クラッド用の2種類の酸水素バーナから $SiCl_4$ などのガスを火炎とともに吹き付けることにより，SiO_2 のガラス微粒子を堆積させる手法である．徐々に出発棒を上昇させることにより母材を長手方向に連続的に製造できることが特徴である．この工程で製造されるのは**スス体**と呼ばれる白い不透明な多孔質状のものであり，微粒子中に含まれる水酸基を除去するために，塩素ガス中で加熱してガラス化することにより透明なプリフォームを得る．このプリフォームを図 4.6 に示すように，電気炉で 2000 ℃以上に加熱することにより軟化させ，それを連続的に延伸することにより細径のガラスファイバが製造される．その際にガラス表面にわずかな傷などが発生すると容易

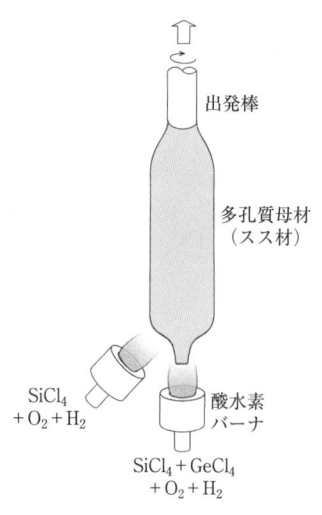

図 4.5 VAD 法によるプリフォーム製造法　　**図 4.6** 光ファイバ線引装置

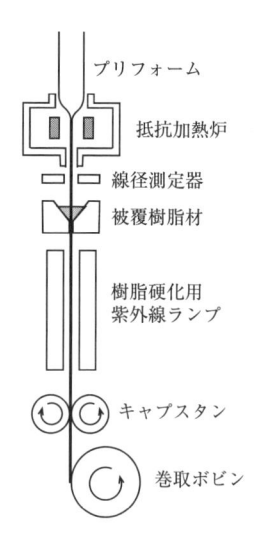

にファイバが破損してしまうために，延伸した直後にその表面に樹脂コーティングが施される．こうしてできあがったものがファイバ心線と呼ばれるもので，通常の光通信用ファイバの場合，通常クラッド径が125 μm，被覆の外径が0.2～1.0 mm 程度である．

4.4 石英ガラスファイバの損失

　光通信に用いられる波長1.3～1.5 μm の近赤外や可視波長域における石英ガラスファイバの伝送損失の主な原因はガラス中での光の散乱と吸収であり，そのうち，散乱をもたらす要因としては**レイリー散乱**が挙げられる．レイリー散乱とは光の波長よりも小さな粒子による散乱のことで，散乱強度は光の波長の4乗に反比例する．バルク（塊）状の石英ガラスではレイリー散乱は小さいが，ガラスファイバの製造工程では，2000 ℃程度の液状ガラスを室温程度に急速に冷却して固化するために，分子密度に揺らぎが生じ，これがレイリー散乱の原因となる．これは製法上避けることのできない光ファイバ固有の光損失要因である．レイリー散乱のほかにもファイバに大きなパワーの光を入射した場合には，非線形現象である**ブリルアン散乱**や**ラマン散乱**などが問題となることもある．

　一方，吸収損失とは光ファイバの中を伝わる光が吸収されて熱に変換されることによる損失で，ガラス固有の吸収によるものと，ガラス内に含まれている不純物によるものとがある．石英ガラス固有の吸収損失には，**紫外吸収**と**赤外吸収**とがあり，紫外吸収は電子遷移によるもので吸収端は 160 nm 付近に存在し，赤外吸収は Si-O 結合の振動吸収によるもので波長 9 μm 付近にピークを持つ．

　不純物による吸収損失としては，光ファイバ開発が開始された当初は遷移金属イオンによるものが主であったが，開発が進むにつれてこれらの問題は解消され，ガラス内に残存する OH 基が主なものとなった．図4.7は石英ガラスファイバの吸収・散乱損失の理論値と製造されたファイバの損失波長スペクトルを比較したものである．短波長側ではレイリー散乱によって，長波長側では赤外吸収によって損失が増加し，波長1.55 μm 付近で最も低損失となる．そのため現在の光通信では主にこの波長が使用されている．

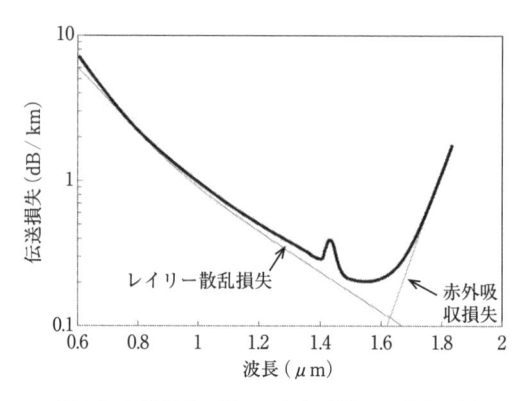

図 4.7　石英ガラス光ファイバの損失スペクトル例

4.5　石英ガラスファイバの分散

　光ファイバを用いて情報伝送を行う際，ファイバの伝送帯域は分散と呼ばれる現象によって制限される．分散とは，ファイバに光パルスを入射した際に，波長ごとにより伝搬速度が異なってしまったり，入射光が速度の異なる複数のモードに結合したりしてしまうことにより，ファイバで長距離伝送を行った後には，パルス波形が時間的に広がってしまい，最大伝送速度が制限されてしまう現象である．伝搬モードによるものを**モード分散**，波長によるものを**波長分散**と呼ぶ．

　モード分散は多モードファイバにのみ存在する現象である．多モードファイバでは図 4.8 に示すように送信端に入射した光パルスがさまざまなモードに結合するが，前に述べたようにモード次数が高くなるほど伝搬角が大きくなるためにパルスの光路長が長くなり，結果として伝搬速度が遅くなる．すると低次モードは速く，高次モードは遅くファイバの受信端に到達するため，パルス波形が広がってしまい，密接したパルスではその判別がつかなくなってしまう．これをモード分散と呼ぶ．

　一方，波長分散とは光源の波長が完全な線スペクトルではなく波長に広がりを持つために生じる現象である．このような光源を用いた場合，波長が異なる光はファイバ内を異なった速度で伝搬するため，やはり受信端ではパルスに時間的な広がりが生じてしまう．波長分散を生じる原因の一つとして，ガラスの

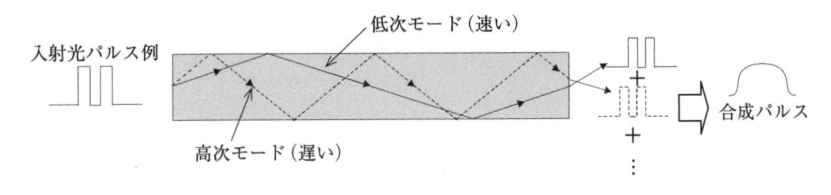

図 4.8 多モード分散

屈折率が波長によって変化することに起因する材料分散が挙げられる．石英ガラスの屈折率 n は波長が長いほど低くなるため，c/n で与えられる媒質中の伝搬速度が増大し，波長の長い光ほど速く受信端に到達する．この材料分散は石英ガラスを使用している限り不可避なものである．

波長分散のもう一つの原因として，導波構造から生じる導波路分散がある．コア・クラッド境界面で光が全反射する際に，光のエネルギーの一部がしみ出す**グースヘンシェンシフト**量が波長によって異なる．長波長の光ほどしみ出しが大きいために光が伝搬する経路が長くなり，結果として伝搬速度が低下する．

前述のモード分散はこれらの波長分散と比較してはるかに大きな値を持つが，光通信回線において通常使用されるのは単一モードファイバであるために，波長分散のみが特性に影響する．図 4.9 は単一モードファイバにおける材料分散と導波路分散の波長特性であり，それらの和で与えられるファイバ内における波長分散値もあわせて示した．この図からわかるように導波路分散は材料分散と比較して小さい値をとるために，材料分散が支配的であり，その値がゼロとなる波長 $1.3\,\mu m$ 付近で波長分散値がゼロとなる．この波長は前述の最低損失を与える波長 $1.55\,\mu m$ とならんで重要な波長である．

材料分散の値は操作することはできないが，導波路分散値はファイバの屈折率分布を制御することによって操作することが可能である．そのため波長分散値がゼロとなる波長を $1.55\,\mu m$ に移動させた**分散シフトファイバ**と呼ばれるものが開発されている．図 4.10 は分散シフトファイバの屈折率分布の例であり，このファイバの分散値をあわせて図 4.10 に示した．これにより負の値をとる導波路分散の絶対値が大きくなり，最低損失を与える波長 $1.55\,\mu m$ において零分散が得られることになる．

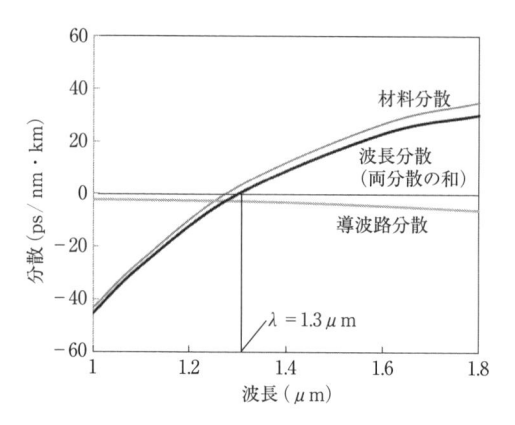

図 4.9 石英ガラスファイバにおける各種分散値

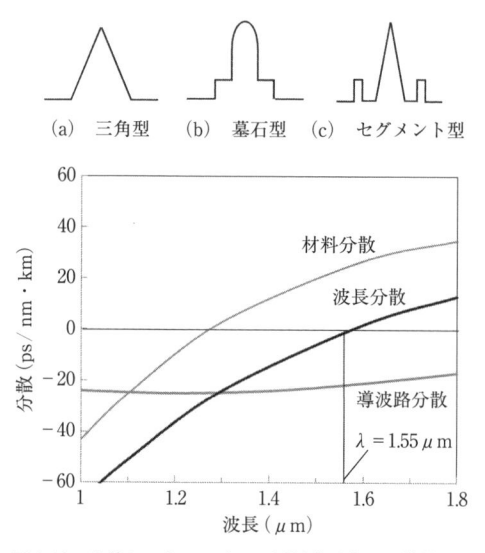

(a) 三角型　(b) 墓石型　(c) セグメント型

図 4.10 分散シフトファイバの屈折率分布と分散値の例

4.6　スラブ導波路の導波理論

最も単純な構造を持つ光導波路は図 4.11 に示すように，平面状の誘電体が層状に構成されたものであり，**スラブ導波路**（slab waveguides）と呼ばれる．この導波路のコア部分を伝搬するモードの界分布を求める．この導波路は yz

4.6 スラブ導波路の導波理論

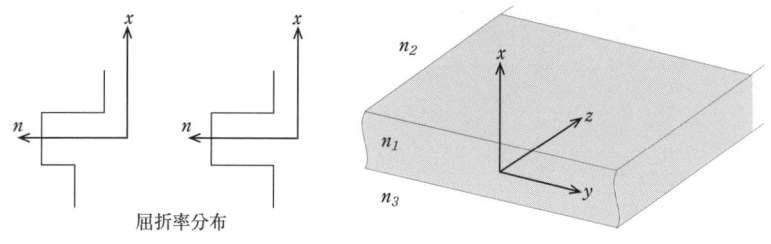

(a) 非対称形 ($n_2 < n_3$)　　対称形 ($n_2 = n_3$)

屈折率分布

図 4.11 スラブ導波路の構造と屈折率分布

平面には一様であり，x 軸方向のみに屈折率が変化し，光は z 軸方向に伝搬する．導波路内の光は自由空間とは異なる波数で伝搬し，それを伝搬定数 β とすれば，(1.18)，(1.19)式はそれぞれ

$$\boldsymbol{E} = E_0(x, y)\exp[i(\beta z - \omega t)] \tag{4.4}$$

$$\boldsymbol{H} = H_0(x, y)\exp[i(\beta z - \omega t)] \tag{4.5}$$

と表される．これを**マクスウェルの方程式** (1.9)，(1.10)式において，導波路が誘電体で構成されていることから

$$\mu = \mu_0 \tag{4.6}$$

$$\varepsilon = n^2 \varepsilon_0 \tag{4.7}$$

と置き換えたものに代入することにより

$$\begin{cases} \dfrac{\partial E_z}{\partial y} - i\beta E_y = i\omega \mu_0 H_x \\ i\beta E_x - \dfrac{\partial E_z}{\partial x} = i\omega \mu_0 H_y \\ \dfrac{\partial E_y}{\partial x} - \dfrac{\partial E_x}{\partial y} = i\omega \mu_0 H_z \end{cases} \tag{4.8}$$

$$\begin{cases} \dfrac{\partial H_z}{\partial y} - i\beta H_y = -i\omega n^2 \varepsilon_0 E_x \\ i\beta H_x - \dfrac{\partial H_z}{\partial x} = -i\omega n^2 \varepsilon_0 E_y \\ \dfrac{\partial H_y}{\partial x} - \dfrac{\partial H_x}{\partial y} = i\omega n^2 \varepsilon_0 E_z \end{cases} \tag{4.9}$$

が得られる．ここでスラブ導波路は，y 方向に一様な構造を持つため，$\partial/\partial y = 0$ とおける．これを (4.8)式に代入すると，2 つの独立したモードが得

られ，一方は電界が z 方向成分を持たない，すなわち $E_z=0$ となる **TE**（transverse electric）**モードであり，波動方程式**

$$\frac{dE_y^2}{dx^2}+(k_0^2n^2-\beta^2)E_y=0 \tag{4.10}$$

を満たす．各成分は

$$\begin{aligned}H_z&=-\frac{i}{\omega\mu_0}\frac{dE_y}{dx}\\H_x&=-\frac{\beta}{\omega\mu_0}E_y\\E_x&=E_z=H_y=0\end{aligned} \tag{4.11}$$

で表され，不連続媒質の境界においては，電磁界の接線方向成分 E_y, H_z が連続となる．

もう一方は z 方向に磁界成分を持たない，すなわち $H_z=0$ となる **TM**（transverse magnetic）**モード**であり次の波動方程式を満たす．

$$n^2\frac{d}{dx}\left(\frac{1}{n^2}\frac{dH_y}{dx}\right)+(k_0^2n^2-\beta^2)H_y=0 \tag{4.12}$$

電磁界の各成分は

$$\begin{aligned}E_z&=\frac{i}{\omega\varepsilon_0n^2}\frac{dH_y}{dx}\\E_x&=\frac{\beta}{\omega\varepsilon_0n^2}H_y\\E_y&=H_x=H_z=0\end{aligned} \tag{4.13}$$

で与えられ，接線方向 H_y, E_z が境界面で連続となる．

ここで図 4.11(b) に示すような対称構造を持つスラブ導波路について考える．ここでは TE モードについて詳細な解析を行うが，TM モードについても同様の方法で解析を行うことが可能である．TE モードの波動方程式は

$$\begin{cases}\dfrac{dE_y^2}{dx^2}+(k_0^2n_1^2-\beta^2)E_y=0 & |x|\leq T\\[6pt]\dfrac{dE_y^2}{dx^2}+(k_0^2n_2^2-\beta^2)E_y=0 & |x|>T\end{cases} \tag{4.14}$$

と表され，境界条件は，① $x=\pm T$ において E_y, H_z が連続，② $x=\pm\infty$ において界がゼロ，の 2 つである．微分方程式 $dF(x)^2/dx^2+K^2F(x)=0$ の一般解は

$$F(x)=\begin{cases}A\cos Kx+B\sin Kx & (K^2>0)\\C\exp(|K|x)+D\exp(-|K|x) & (K^2<0)\end{cases} \tag{4.15}$$

で与えられる．なお A, B, C, D は任意の定数であり，$A=0$ で偶モード，$B=0$ で奇モードとなる．上の2つの境界条件を満たし，有限のエネルギーがコア内に閉じ込められるためには，界はコア内では正弦関数に振動し，クラッド内では指数関数的に減少するものとなる必要がある．そのため，$x>T$ において $C=0$，$x<-T$ において $D=0$ となる．よって

$$k_0{}^2 n_1{}^2 - \beta^2 = \left(\frac{u}{T}\right)^2 > 0$$
$$k_0{}^2 n_2{}^2 - \beta^2 = -\left(\frac{w}{T}\right)^2 < 0 \tag{4.16}$$

と置くことができ，u はコア内の**正規化横方向位相定数**，w はクラッド内の**正規化横方向減衰定数**と呼ばれる．これらを用いれば $x>0$ の領域における界は E_y についての境界条件を用いて次のように表される．

$$E_y = \begin{cases} A\cos\left(\frac{u}{T}x - \frac{n\pi}{2}\right) & 0<x<T \\ A\cos\left(u - \frac{n\pi}{2}\right)\exp\left[-\frac{w}{T}(x-T)\right] & x>T \end{cases} \tag{4.17}$$

また，$x=T$ における H_z，すなわち dE_y/dx の連続より

$$w = u\tan\left(u - \frac{n\pi}{2}\right) \tag{4.18}$$

が得られる．なお，(4.16)式から

$$u^2 + w^2 = (n_1{}^2 - n_2{}^2)k_0{}^2 T^2 = v^2 \tag{4.19}$$

が得られ，v は**正規化周波数**と呼ばれ，前述のとおり**比屈折率差** $\Delta = (n_1 - n_2)/n_1$ を用いれば

$$v = k_0 n_1 T\sqrt{\Delta} \tag{4.20}$$

と記述される．(4.18), (4.19)式が**特性方程式**と呼ばれ，この連立方程式を解くことにより得られた u および w を (4.17)式に代入することにより，スラブ導波路における界分布を得ることができる．

(4.18), (4.19)式で表される u, w, v の関係を図4.12に示す．ファイバの構造パラメータにより決定される半径 v の円弧と曲線群との交点が解となるため，u, w はとびとびの値をとり，この値と (4.16)式から伝搬定数 β が得られる．曲線群は u の小さいものから順に TE$_0$, TE$_1$, TE$_2$, …モードと呼ばれ，$v<\pi/2$ においては TE$_0$ モードのみが存在することがわかる．この値 $v_c = \pi/2$ がスラブ導波路における高次モードの**カットオフ周波数**（cutoff frequency）

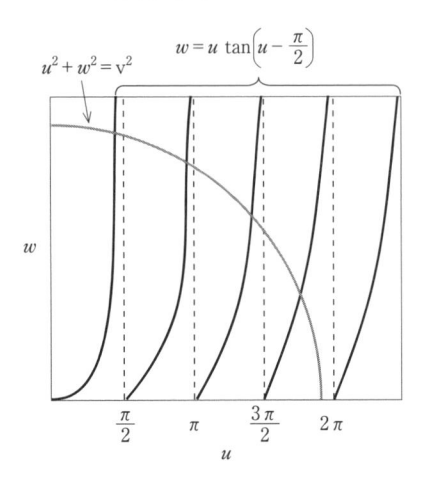

図4.12 固有値の図式解法

と呼ばれる．また，図から v が十分大きい場合は，TE$_n$ モードについて $u=(n+1)\pi/2$ と近似できることがわかる．

(4.16)式からわかるように**伝搬定数** β の取り得る範囲は

$$n_2 k_0 < \beta < n_1 k_0 \tag{4.21}$$

であり，この領域のみで各モードはコア内に光が閉じ込められて伝搬する**導波モード**となる．幾何光学的に見れば，各モードは図4.13に示すようにファイバ軸に対する角度

$$\theta = \cos^{-1}\frac{\beta}{n_1 k_0} = \sin^{-1}\frac{u}{n_1 k_0 T} \tag{4.22}$$

で伝搬する光線と考えることができる．(4.21)式より導波モードの伝搬定数の下限は $\beta = n_2 k_0$ である．このときの伝搬角は

$$\theta_c = \cos^{-1}\frac{n_2}{n_1} \tag{4.23}$$

となり，光線の全反射臨界角に一致する．つまり，導波モードを構成する光線

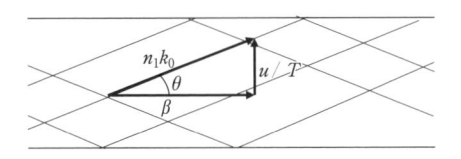

図4.13 伝搬定数と光線の対応

の伝搬角の最大値は全反射臨界角によって決定されるが，平面波の場合は連続的にさまざまな角度をとり得るのに対して，導波路内では，図4.12上に，v値とu-w曲線との交点として示される，特定のとびとびの値を持つ角度のみをとるようになる．

4.7　ステップインデックス型光ファイバの導波理論

図4.14に示すように円柱状構造を持ち，階段状の屈折率分布を持つ**ステップインデックス型光ファイバ**についてもスラブ導波路と同様にマクスウェルの方程式に基づく解析が可能である．なお，クラッドは十分厚く，界が外部にしみ出さないものとすれば，その厚みを考慮する必要はない．

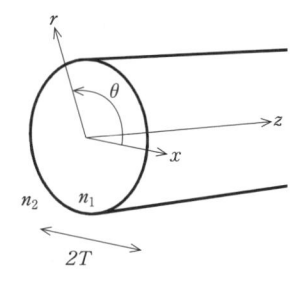

図4.14　光ファイバの構造と円柱座標系

ファイバ中の電磁界を図4.14に示した**円柱座標系**を用いて次のように表す．

$$E = E(r, \theta) \exp i(\beta z - \omega t)$$
$$H = H(r, \theta) \exp i(\beta z - \omega t) \quad (4.24)$$

これをマクスウェルの方程式

$$\nabla \times E = i\omega\mu_0 H$$
$$\nabla \times H = -i\omega\varepsilon_0 n^2(x) E \quad (4.25)$$

に代入することにより，電界および磁界を求めるが，導出には比較的複雑な計算を必要とするため，ここでは割愛して結果の一部のみを示す．電界および磁界のz方向成分は，モード次数をn ($n=0, 1, 2, \cdots$)とすれば次のとおりとなる．

$$E_z = \begin{cases} AJ_n\left(u\dfrac{r}{T}\right)\cos n\theta & : r \leq T \\ CK_n\left(w\dfrac{r}{T}\right)\cos n\theta & : r > T \end{cases} \quad (4.26)$$

$$H_z = \begin{cases} BJ_n\left(u\dfrac{r}{T}\right)\sin n\theta & : r \leq T \\ DK_n\left(w\dfrac{r}{T}\right)\cos n\theta & : r > T \end{cases}$$

ここでA, B, C, Dは任意の定数であり，uおよびwは，スラブ導波路と同

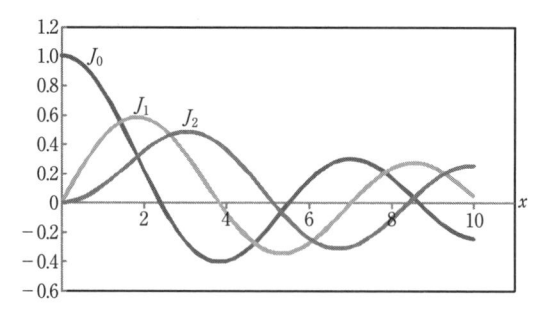

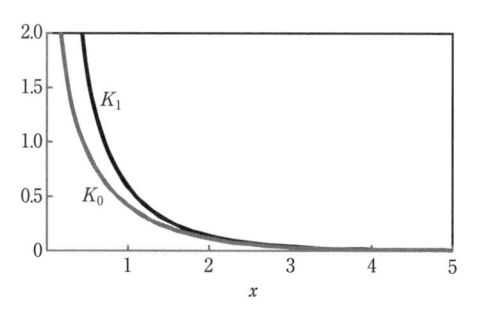

図 4.15　各種ベッセル関数

様に次のように表される．

$$u=\sqrt{(n_1k_0)^2-\beta^2}\,T$$
$$w=\sqrt{\beta^2-(n_1k_0)^2}\,T \quad (4.27)$$

なお J_n は**第 1 種ベッセル関数**，K_n は**第 2 種変形ベッセル関数**と呼ばれるもので，低次の関数の概形を図 4.15 に示す．(4.17)式で示されるスラブ導波路の界分布と比較すれば，コア中の界は振動的な J_n，クラッド中の界は遠方でゼロに収束する K_n に従い，コア中に有限な界が閉じ込められる．

u および w を求めるための特性方程式の一つはスラブ導波路のそれ (4.19) 式と同じく

$$u^2+w^2=(n_1{}^2-n_2{}^2)k_0{}^2T^2=v^2 \quad (4.28)$$

であり，もう一つは式のとおりやや複雑なものとなる．

$$\left[\frac{J_n'(u)}{uJ_n(u)}+\frac{K_n'(w)}{wK_n(w)}\right]\left[\frac{J_n'(u)}{uJ_n(u)}+\left(\frac{n_2}{n_1}\right)^2\frac{K_n'(w)}{wK_n(w)}\right]=n^2\left(\frac{1}{u^2}+\frac{1}{w^2}\right)\left[\frac{1}{u^2}+\left(\frac{n_2}{n_1}\right)^2\frac{1}{w^2}\right] \quad (4.29)$$

ここで，通常のファイバではコアとクラッドの屈折率差が小さいため，上式で

$n_1/n_2 \cong 1$ とすることができ，次のように簡単化できる．このような条件を弱導波条件と呼ぶ．

$$\left[\frac{J_n{}'(u)}{uJ_n(u)} + \frac{K_n{}'(w)}{wK_n(w)}\right] = \pm n^2\left(\frac{1}{u^2} + \frac{1}{w^2}\right) \quad (4.30)$$

TE，TM，HE，EH の各モードは周回方向のモード次数 n と径方向の次数 m を用いて分類され，TE_{nm} モードのように表される．TE および TM モードは子午光線であるから周回方向に一様なモードのみが存在し，TE_{0m} および TM_{0m} モードのみとなる．ゆえにこれらのモードに対しての**固有方程式**は

$$\frac{J_1(u)}{uJ_0(u)} = -\frac{K_1(w)}{wK_0(w)} \quad (4.31)$$

である．一方 HE_{nm}，EH_{nm} モードに対しては，それぞれ

$$\frac{J_{n-1}(u)}{uJ_n(u)} = \frac{K_{n-1}(w)}{wK_n(w)} \quad : \quad HE_{nm} \quad (4.32)$$

$$\frac{J_{n+1}(u)}{uJ_{n+2}(u)} = \frac{K_{n+1}(w)}{wK_{n+2}(w)} \quad : \quad EH_{nm}$$

と表される．これからわかるようにいくつかの異なるモードの固有方程式が一致する．つまり z 方向の伝搬定数がこれらのモードではほとんど等しくなり，このような状態を**縮退**しているという．

　弱導波条件においては縮退するモードが線形結合することにより，界の z 方向成分が消えて，見かけ上，直線偏波を持つ子午光線となる．このような縮退関係にあるモードをまとめてあらたに **LP モード**（linear polarized modes）として分類することが可能であり，その対応を表 4.1 に示した．

　図 4.16 には低次の LP モードのファイバ軸に垂直な面内での一方向の電界のパワー分布の概形を示す．最低次モードは LP_{01} モードであり，そのカットオフ周波数はベッセル関数 J_0 の最初のゼロ点に一致し，$v = 2.405$ となる．この条件で得られるカットオフ波長より長波長側においては LP_{01} モードのみが導波モードとなり，このようなファイバが 4.1 節に記載のシングルモード光フ

表 4.1　LP モードとの対応

縮退モード	LP モード
HE_{1m}	LP_{0m}
TE_{0m}, TM_{0m}, HE_{2m}	LP_{1m}
HE_{3m}, EH_{1m},	LP_{2m}
HE_{4m}, EH_{2m}	LP_{3m}
⋮	⋮

| LP$_{01}$ | LP$_{02}$ | LP$_{11}$ | LP$_{12}$ |

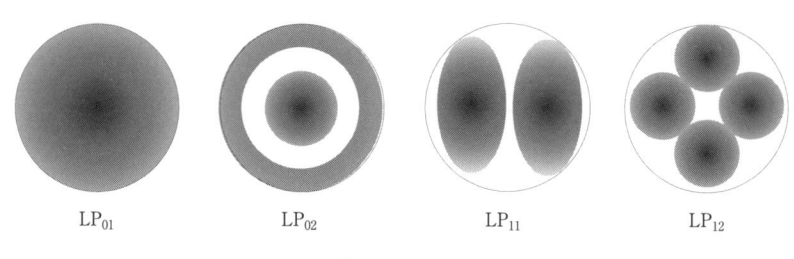

図 4.16 各種モードのパワー分布

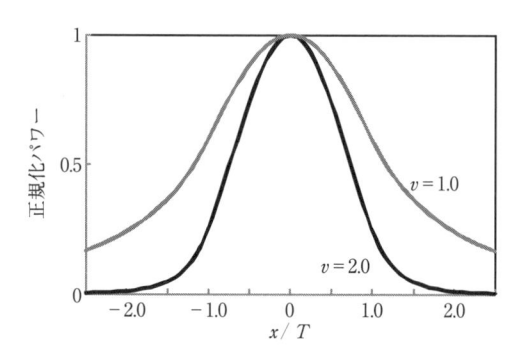

図 4.17 LP$_{01}$ モードのパワー分布

ァイバとなる．

　LP$_{01}$モードの径方向のパワー分布を図 4.17 に示す．図には異なる v 値に対するパワー分布を示しであるが，v 値が小さくなるほどビーム径は増加し，クラッド部分にしみ出すパワーが増加する．つまり (4.28)式からわかるように，屈折率差が小さい，もしくは波長が長いほど，光をコアに閉じ込める力が弱くなる．一方，屈折率差を大きく，もしくは波長を短くすれば閉じ込めは強くなるが，v 値が 2.405 を超えると単一モード条件が失われ，高次のモードが伝送可能となる．

演 習 問 題

1. 比屈折率 0.3 ％の通信用石英ガラスファイバについて，次の問いに答えよ．なお波長は 1.55 μm でありその波長における石英ガラスの屈折率は 1.445 とする．
   ① 通常はコアにゲルマニウムがドープされているが，その場合のコアおよび

クラッドの屈折率を求めよ．
② コアとクラッドの界面における臨界角を求め，このファイバの NA を求めよ．
③ このファイバがシングルモードとなるための条件を求めよ．

参考文献

1) 川上彰二郎，白石和男，大橋正治：「光ファイバとファイバ型デバイス」，培風館，1996．
2) 大越孝敬，岡本勝就，保立和夫：「光ファイバ」，オーム社，1983．
3) 宮城光信：「光伝送の基礎」，昭晃堂，1991．

5　光デバイス

5.1　半導体レーザ

a.　はじめに

　半導体レーザ（semiconductor laser or laser diode：LD）は，各種レーザの中でも小型・軽量で，また乾電池2本程度の電源電圧，電流のみでレーザ光が得られる手軽さなどから，身のまわりにある光ディスク装置やレーザプリンター，プロジェクターなどに多用されている．また，レーザを駆動する電流を直接変調することにより，10 Gbps 程度の速い伝送速度で情報が送れるため，光ファイバ通信などにおいても不可欠のデバイスとなっている．本章では，このように身近でわれわれの生活にとっても不可欠なものとなった半導体レーザについて，その動作原理と構造，諸特性について述べる．

b.　半導体レーザの動作原理
(1)　半導体 pn 接合への電流注入

　半導体レーザや発光ダイオード（LED）などの半導体発光素子には，AlGaInP や InGaAsP，InGaN などの**直接遷移型**の化合物半導体 pn 接合が用いられる．LSI などに用いられている Si や Ge などのⅣ族半導体は，バルク状態においては間接遷移型であるために，光との相互作用においては格子振動（フォノン）などを介在する必要がある[1]．したがって，これら間接遷移型半導体の発光遷移確率は直接遷移型半導体に比べると非常に小さい．図 5.1 に，比較的高濃度に不純物を添加（ドープ）したこれら半導体 pn 接合のエネルギーバンド図を示す．

　p 型半導体と n 型半導体とを接触させると，図 5.1(a) に示すように，p 型，n 型おのおのの領域の**フェルミ準位**（Fermi-level）E_F が一致する形で伝導帯

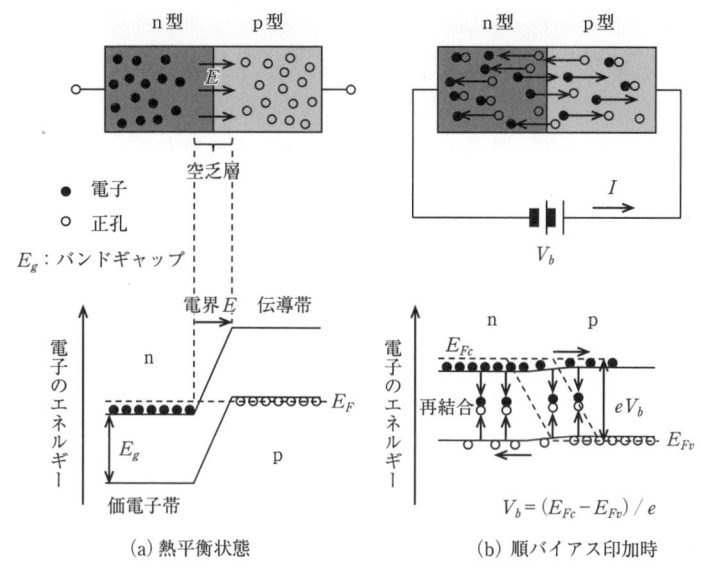

図5.1 半導体pn接合のエネルギーバンド図

および価電子帯が折れ曲がり，pn接合界面には拡散電位による電界が生じている．この電界により，電子および正孔はおのおのn型およびp型半導体領域に留まろうとし，pn接合界面には電子および正孔の枯渇した空乏層が形成されている．したがって半導体pn接合に外部から何ら電圧を印加していない熱平衡状態では，pn接合界面を通して定常的に電子および正孔が移動して電流が流れることはない．

これに対して，pn接合に順方向に電圧 V_b を印加（順バイアス）すると，フェルミ準位は図5.1(b)に示すように，印加電圧に相当するエネルギー（$E_{Fc}-E_{Fv}=eV_b$）分だけ折れ曲がり，pn接合界面を通して電子はp型領域に，正孔はn型領域に移動することによって電流が流れる．p型およびn型領域に注入された電子および正孔は，おのおのの領域に元来存在していた多数キャリヤ（p型領域ならば正孔，n型領域ならば電子）と再結合することによってやがて消滅する．この場合，pn接合界面付近での伝導帯の電子および価電子帯の正孔の密度は，熱平衡状態のそれに比べてともに高くなっているために，もはや熱平衡状態のように1本のフェルミ準位で表すことはできない．したがって，pn接合界面付近では，伝導帯の電子分布を表すフェルミ準位 E_{Fc} と価電

子帯の正孔分布（電子分布）を表すフェルミ準位 E_{Fv} とに分けて表す必要がある．これらを**擬フェルミ準位**（quasi-Fermi-level）と呼んでいる．

ところで直接遷移型半導体の場合は，電子と正孔が再結合する場合に，多くはそのバンドギャップエネルギー E_g に対応する振動数 $\nu(=E_g/h)$（h はプランク定数）の光子が放出される．これを**発光再結合**と呼んでいる．これに対して，格子欠陥や界面準位などを介しての再結合や，伝導帯の電子やスピン分裂軌道価電子帯の電子がより高いエネルギー準位に励起されるオージェ（Auger）過程のように，光子を放出しない再結合の過程も存在し，**非発光再結合**と呼ばれている（第2章2.2節参照）．一般的に発光素子の発光効率は，この発光再結合と非発光再結合との割合で決まっており，非発光再結合の割合が多くなると発光効率の低下を招くため，できる限りこれを抑制する必要がある．

(2) 反転分布

半導体内での電子および正孔密度のエネルギー分布は，伝導帯および価電子帯における電子の状態密度関数 $\rho_c(E)$ および $\rho_v(E)$ に，フェルミ-ディラック（Fermi-Dirac）分布関数 $f(E)$ を掛けたものになる．フェルミ-ディラック分布関数 $f(E)$ は以下の式で与えられる．

$$f(E) = \frac{1}{1+\exp\{(E-E_F)/kT\}} \tag{5.1}$$

ここで，k はボルツマン定数（$8.617 \times 10^{-5}\mathrm{eV \cdot K^{-1}}$）であり，$T$ は絶対温度，E_F はフェルミ準位である．フェルミ準位は，電子（正孔）の占有確率が1/2となるエネルギーであることは，式の形からも明らかである．

一方，伝導帯および価電子帯における電子の状態密度関数 $\rho_c(E)$ および $\rho_v(E)$ の形は，半導体バルクにおいては以下の式で与えられるような放物線状の関数となることが知られている（後述する半導体量子井戸構造の場合は，これとは異なる階段状の状態密度関数となる）．

$$\rho_c(E) = \frac{1}{2\pi^2}\left(\frac{2m_e}{\hbar}\right)^{\frac{3}{2}}\sqrt{E-E_c} \quad (\text{ただし，} E \geq E_c) \tag{5.2}$$

$$\rho_v(E) = \frac{1}{2\pi^2}\left(\frac{2m_h}{\hbar}\right)^{\frac{3}{2}}\sqrt{E_v-E} \quad (\text{ただし，} E \leq E_v) \tag{5.3}$$

ここで，m_e および m_h はおのおのの伝導帯における電子および価電子帯における電子（正孔）の有効質量であり，E_c および E_v はおのおのの伝導帯および価電子帯のバンド端エネルギーである．また，$\hbar$ は $\hbar = h/2\pi$ である．したがって，

5.1 半導体レーザ

(a) 熱平衡状態

熱平衡状態のバンド図 　pn接合(J点)での状態密度関数 　電子の分布関数 　電子密度の分布

(b) 反転分布

順バイアス時のバンド図 　pn接合(J点)での状態密度関数 　電子の分布関数 　電子密度の分布

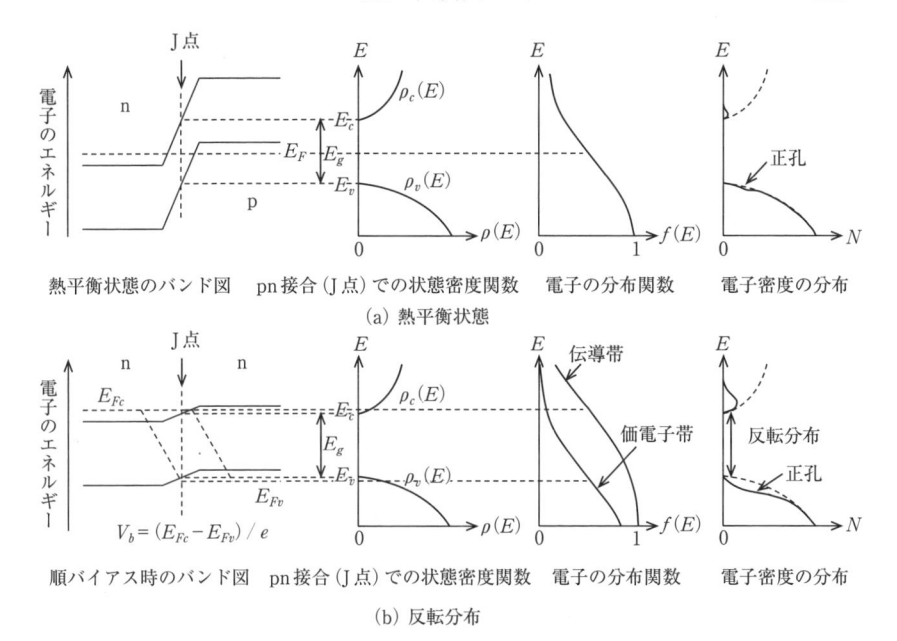

図5.2 　pn接合界面における電子密度分布

熱平衡状態においては図5.2(a)に示すような電子密度の分布となる．

前項b(1)で述べているように，pn接合を順バイアスすると，pn接合界面付近での電子および正孔の分布は，もはや図5.2(a)に示すような熱平衡状態でのそれとは異なり，おのおのの擬フェルミ準位に従って分布するようになる．したがって，pn接合領域における電子および正孔（正確には価電子帯の電子）の密度は図5.2(b)に示すように，伝導帯および価電子帯における電子の状態密度関数に，おのおのの擬フェルミ準位によって決まるフェルミ-ディラック分布関数を掛けたものになる．

ここで，印加電圧が大きくなると図5.2(b)に示すように，あるエネルギー間での電子の分布に反転分布（伝導帯の電子密度 > 価電子帯の電子密度となること）が生じるようになる．このような反転分布が生じると2.5節で述べられているように，誘導放出が起こる確率が，光の吸収が起こる確率を上回るようになり，光を増幅することができるようになる．つまり，光学利得が生じる．したがって，光共振器などを用いて適当な光学的正帰還を行えば，レーザ発振が得られる．ところで，反転分布が生じて光増幅が起きるためには，以下

のBernard-Duraffourgの**条件**が満たされる必要がある（本条件式の導出は章末演習問題）．

$$E_g \leq h\nu < E_{Fc} - E_{Fv} \tag{5.4}$$

つまり，光増幅を起こすためには印加電圧を大きくして行き，$E_g < E_{Fc} - E_{Fv}$ ($=eV_b$) となったとき，上記の条件が満たされる振動数νの光に対してのみ可能となる．

(3) ダブルへテロ構造

前項で述べた半導体pn接合は，同種の半導体からなる接合であるため，ホモ接合と呼ばれる．ホモ接合においては，順バイアス下においてp型およびn型半導体から接合領域に注入された正孔および電子は，pn接合界面を挟んでおのおのの拡散長（数〜数十 μm）分だけ広がって分布し，この広い領域で互いに再結合して発光する．したがって，電子と正孔が再結合する領域（**活性領域**と呼ぶ）も，接合界面を挟んで数十 μmに及ぶ．このようなホモ接合構造に対して図5.3に示すような，バンドギャップの大きな半導体によってバンドギ

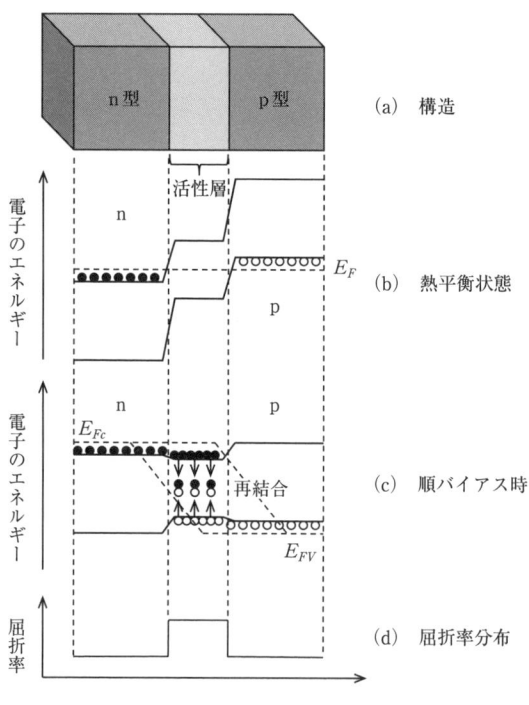

図5.3 ダブルへテロ接合

ャップの小さな半導体を挟みこんだ，異種半導体の接合（ヘテロ接合）によるpn接合構造を考える．なお，中央部のバンドギャップの小さな半導体には通常は不純物をドープしない．この場合，順バイアスの印加によってpn接合界面を通して注入された電子と正孔は，ヘテロ接合界面のポテンシャル障壁によってそれ以上の拡散を妨げられるため，2つのヘテロ接合界面によって挟まれた（通常$0.2\mu m$程度の）狭い領域に留まることになる．したがってこの場合，キャリヤ（電子および正孔）の再結合が起こる活性領域（active region）は，バンドギャップの小さな半導体層の厚みに相当する非常に狭い領域となる．また，通常の化合物半導体においては，バンドギャップエネルギーが小さいほど屈折率が大きくなるので，活性領域の屈折率は，それを挟み込む半導体の屈折率よりも高くなり，活性領域をコアとする光導波路としても機能するために，光を活性領域に閉じ込めることもできる．したがって，活性領域を挟んだ両側の半導体層をクラッド層と呼んでいる．

このように，注入キャリヤと光をともに狭い活性領域に効果的に閉じ込めることによって，発光再結合や誘導放出を効率よく起こさせる構造としての**ダブルヘテロ**（double heterostructure：DH）構造が実際のLDやLEDなどの発光素子では広く使われている（ダブルヘテロ構造は，1969年に林，PanishおよびAlferovによって提案され，これにより半導体レーザの室温連続発振が可能となった[2]．Alferovはこの業績により，2000年のノーベル物理学賞を受賞している）．

c. 半導体レーザの構造
(1) 基本構造

半導体レーザの基本構造を図5.4に示す．GaAsやInPなどの半導体基板上に，エピタキシャル成長により，AlGaAsやInGaAsPなどによる半導体ダブルヘテロpn接合構造を形成する．この後，電流注入領域を幅数μm程度のストライプ状にするためのさまざまな電流狭窄構造が作られ，

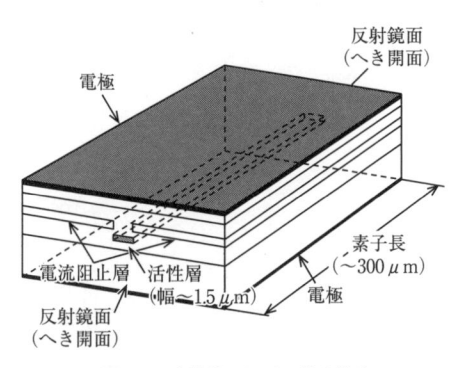

図5.4 半導体レーザの基本構造

電極を形成した後，長さ300 μm程度の素子として切り出される．光が出射される端面は，通常はへき開によって形成され，結晶面による平行平面鏡を利用した**ファブリー–ペロー**（Fabry-Perot：FP）型の光共振器が形成された構造となっている．

(2) 活性層構造

半導体レーザにおいて**活性層**（active layer）は，自動車に例えればエンジンに相当する部分であり，電流注入により光学利得を発生させて光を増幅する非常に重要な機能を担う部分で，その設計は半導体レーザの特性に最も大きな影響を及ぼす．半導体レーザの活性層の基本構造としては，前述のように光と注入キャリヤの両者を効率よく閉じ込めて，強い相互作用を起こすことができるダブルヘテロ構造が用いられる．活性層の構造は，半導体バルク構造から半導体**多重量子井戸**（<u>m</u>ultiple <u>q</u>uantum <u>w</u>ell：MQW）構造に置き換わってきた．活性層を，バルクから**量子井戸**（QW）構造にすることにより，電子およ

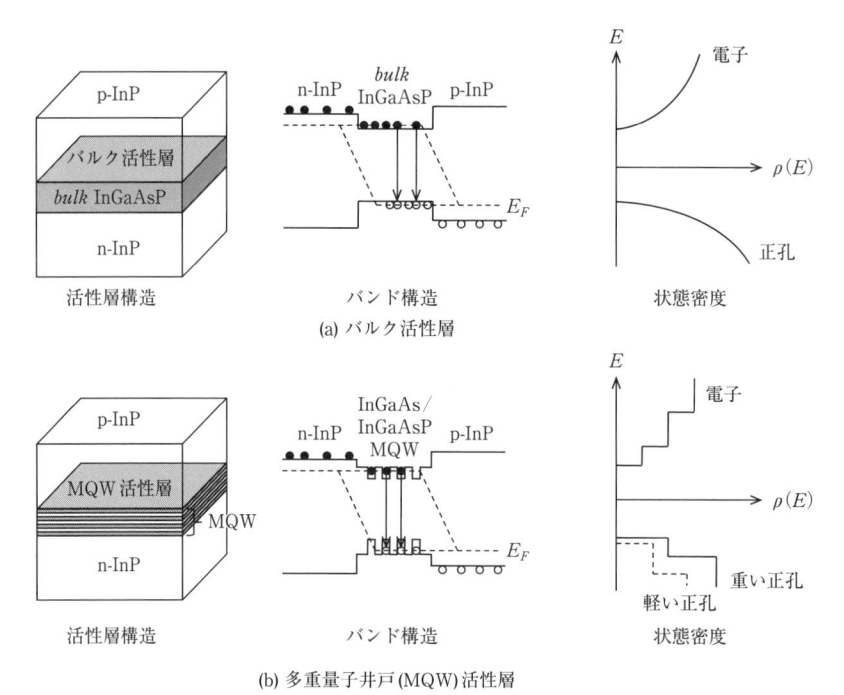

図5.5 半導体レーザの活性層構造

び正孔の運動の自由度が3次元から2次元へと変化するため，状態密度関数が図5.5に示すように放物線状から階段状に変化することはよく知られている．このことが，キャリヤのエネルギー分布に特徴的な変化をもたらし，少ない電流注入によって大きな光学利得を効率よく発生させることが可能となる．最近では，キャリヤ閉じ込めの次元がさらに低い量子細線（1次元）や量子ドット（0次元）レーザも試作されており，良好な特性が得られるようになってきた．また，キャリヤ閉じ込めの次元に加えて，量子井戸に格子歪を加えることによっても，主に価電子帯の状態密度に変化がもたらされるため，レーザ特性を向上させることができる[3]．このような**歪量子井戸**活性層を有する**歪量子井戸**レーザもすでに実用化されている．

(3) 電流狭窄構造

電流狭窄構造も，半導体レーザの特性に大きな影響を及ぼす部分である．半導体レーザでは，活性層の幅が $10\,\mu m$ 以上と広い場合には，結晶のわずかな不均一性のために，発光する部分がフィラメント状になり，均一な発光が得られない．したがって，活性層の幅を狭くすることにより，このようなフィラメンテーションが起きるのを防止している．また，電流を注入する部分を活性層の幅に対応してストライプ状にすることにより，発振に寄与しない注入キャリヤの割合を少なくすることにより，注入電流を効率よく発振に回すことができる．

このような電流狭窄構造は，レーザ発振時の電磁界横モード分布を制御する上でも非常に重要な役割も果たしており，横モード制御の機構上大きく分けて**利得導波型**と**屈折率導波型**に分けられる．利得導波型は図5.6(a)に示すように，構造上の屈折率分布は特に設けられてはいないが，電流注入によって利得が生じた部分に沿ってのみ光が増幅され，したがってこの部分が活性領域となるものである．これに対して屈折率導波型は，図5.6(b)に示すように構造上の屈折率分布を有しているもので，光を閉じ込めながら導波する光導波路構造を有しており，発振モードの安定性の点でも望ましい．併せて注入電流もこの部分に狭窄されて流れるようにもなっているため，注入された電流を効率よくレーザ発振に寄与させることができる．このような電流狭窄構造に関しては，半導体レーザ製造各社がさまざまな構造を提案し，さまざまな名称を付けて製品化しているが，その代表的なもの（屈折率導波路型として，電極ストライプ型およびZn拡散プレナーストライプ型，利得導波路型として，リッジ導波路

(a) 利得導波型　　　　　　　　　　(b) 屈折率導波型

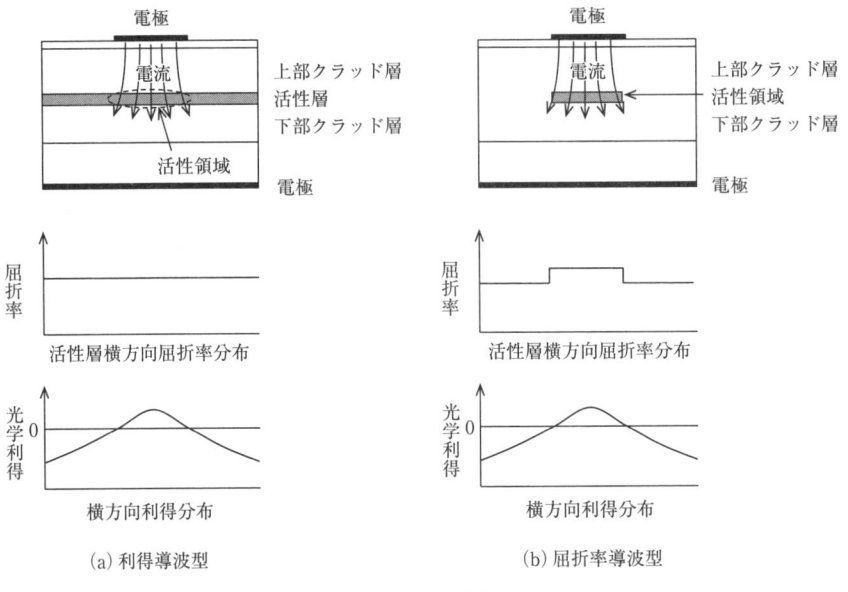

図 5.6　電流狭窄構造

電極ストライプ型　　　　　　　　リッジ型

Zn 拡散プレナーストライプ型　　　　BH 型

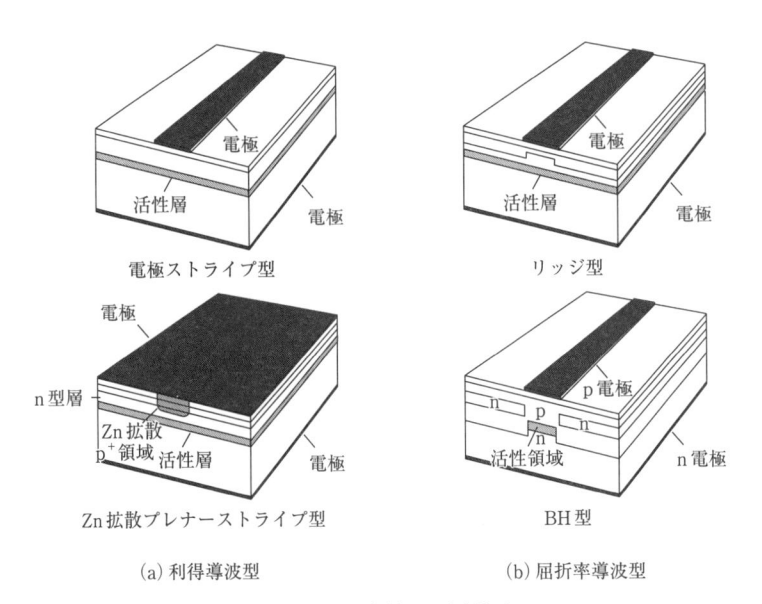

(a) 利得導波型　　　　　　　　　　(b) 屈折率導波型

図 5.7　LD の各種電流狭窄構造

型および buried heterostructure：BH 型）を図 5.7 に示す．

(4) 光共振器構造

半導体レーザにおいて光共振器は，自動車に例えれば車体に相当する部分であり，ミラーの反射率や共振器長によって決まる光共振器損失（光子寿命の逆数に比例）が車体の重さに相当する．つまり，大きな車体の車には大きなエンジンが必要なように，光共振器損失の大きな光共振器に対しては，レーザ発振にいたるまでには大きな光学利得を必要とする．したがって，光共振器損失の大きさに見合った光学利得を発生できる活性層の設計が重要となる．光共振器の構造にも，図 5.8 に示すようにさまざまなものがあり，半導体基板に平行方向に光共振器軸を配置して，基板の端面から光を取り出す通常の端面放射型や，基板に垂直方向に光共振器軸を配置して，基板に垂直に光を取り出す垂直共振器**面発光レーザ**（vertical cavity surface emitting laser：VCSEL と呼ばれている）などがある．また，端面放射型の中でも，素子をへき開することにより形成される光出射端面を反射鏡として用いるファブリー–ペロー型の光共振器から，活性領域に沿うように共振器軸方向に回折格子を形成し，回折格子による光の分布帰還によって発振を得る**分布帰還**（distributed feedback：DFB）型，活性領域の外部に回折格子を設けた**分布反射**（distributed Bragg reflector：DBR）型まで，さまざまなものがある．

ファブリー–ペロー型光共振器の光共振器損失（単位時間あたりに光が減衰

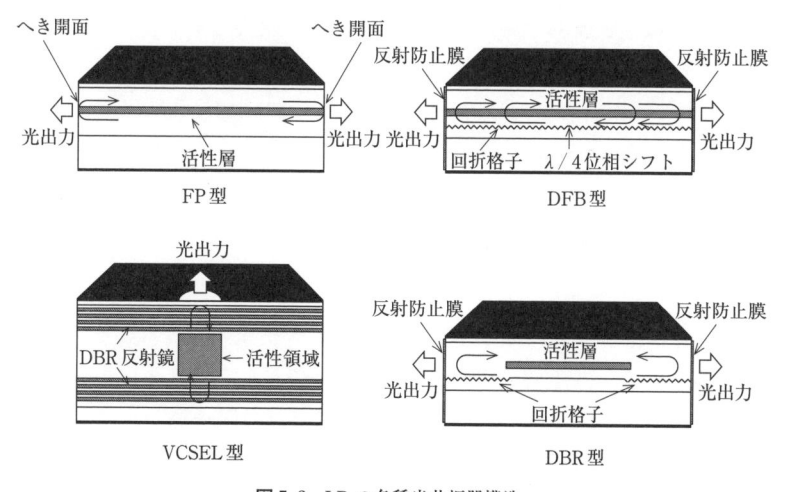

図 5.8 LD の各種光共振器構造

する割合）α_m は，両端のミラーの反射率をおのおの R_1, R_2, 共振器長（ミラーの間隔）を L, 共振器内媒質の屈折率を n（空気ならば $n=1$），真空中での光速度を c とすると，以下の式で与えられる（本式の導出は章末演習問題）．

$$\alpha_m = \frac{c}{n}\frac{1}{2L}\ln\frac{1}{R_1R_2} \tag{5.5}$$

d. 動作特性
(1) レート方程式

2.5節で述べられているように，レーザの動作特性を記述する上で，**レート方程式**は最も基本的な方程式であり，後述する半導体レーザの動作のうちで，電流-光出力特性や，直接変調時における光出力波形などはこのレート方程式によってある程度記述できる．一方，レート方程式では光共振器内の光を光子数のみで記述しており，光の位相に関しては考慮されていないため，光の位相に対して敏感な反射戻り光に対する振る舞いなどはレート方程式では扱うことができない．また，発振スペクトル特性や雑音特性などについてもレート方程式では限界がある．それにもかかわらず，半導体レーザのかなりの動作がレート方程式で記述できるので，ここでは半導体レーザに特化したレート方程式について述べることにする．

半導体レーザにおいては，伝導帯と価電子帯のあるエネルギー準位間遷移における2準位系として考えることができ，したがってこのエネルギー準位での，伝導帯の電子密度あるいは価電子帯の正孔密度に対するレート方程式を立てればよい．(5.6)式および(5.7)式は，2.5節で述べられたレート方程式(2.2)式および(2.3)式に対応しているが，おのおのの活性領域におけるキャリヤ密度および発振モードの光子密度に対するLDのレート方程式である．

$$\frac{dn}{dt} = \frac{I}{eV} - g_0(n-n_0)(1-\varepsilon S)S - \frac{n}{\tau_s} \tag{5.6}$$

$$\frac{dS}{dt} = \Gamma g_0(n-n_0)(1-\varepsilon S)S - \frac{S}{\tau_p} + \Gamma\beta\frac{n}{\tau_s} \tag{5.7}$$

ここで，n は活性領域内のキャリヤ（電子でも正孔でもどちらでも同じ）密度，I は活性領域への注入電流の値，e は素電荷，V は活性領域の体積，g_0 は**光学利得係数**，n_0 は利得がゼロ（つまり，媒質が吸収→透明）になるために必要な活性領域内キャリヤ密度，ε は**利得飽和係数**，S は発振モードにおける

光子密度（発振モードにおける光子数をモード体積で割ったもの），τ_s はキャリヤ寿命時間，Γ は活性領域への光閉込め係数，τ_p は**光子寿命時間**，β は**自然放出光係数**（自然放出光が発振モードに混入する割合で，通常は非常に小さな値）である．これらの定数の値は，LD の活性領域の材料系や構造，光共振器構造によっても異なるが，表 5.1 には通信用長波長 LD におけるこれら定数の代表的な値をまとめた．

これら LD に特化したレート方程式の各パラメータと，2.5 節で述べられた一般的なレーザのレート方程式でのパラメータとの対応関係について述べておくと，キャリヤ密度 n は反転分布密度 N に，注入電流 I はポンピングレート P に，キャリヤ寿命時間 τ_s は緩和レート γ_N の逆数に，光子寿命時間 τ_p は光子の消失レート γ_S の逆数に，そして自然放出光係数 β は C にそれぞれ対応している．また，2.5 節のレート方程式と異なる点としては，利得飽和の効果 $(1-\varepsilon S)$ を現象論的に付け加えていることである．この効果を加えることにより，後述する (5.12) 式の直接変調時の緩和振動周波数の振る舞いなどがより正確に表現できるようになる．

キャリヤ密度に関するレート方程式 (5.6) 式の意味するところは，左辺の活性領域内のキャリヤ密度の時間的変化は，右辺第 1 項で与えられる電流注入による増加分から，右辺第 2 項の誘導放出による減少分と，右辺第 3 項の自然放出による減少分を引いたもので与えられるというものである．一方，(5.7) 式の光子密度に関するレート方程式の意味するところは，左辺の発振モードにおける光子密度の時間的変化は，右辺第 1 項の誘導放出による増加分と，右辺第 3 項の自然放出光が発振モードに混入することによる増加分から，右辺第 2 項の光共振器の損失として失われる（そのうち一部は光出力となる）光子密度を引いたもので与えられるというものである．したがって，これらのレート方程式を連立させて解いてやれば，(2.5 節で学習したと同様に) LD のさまざまな

表 5.1 通信用長波長 LD の代表的な物性定数および構造定数

活性領域の体積：V	$0.2 \times 1.5 \times 300 \, \mu m^3$
光閉込め係数：Γ	0.1
光学利得定数：g_0	$2 \times 10^7 \, \mu m^3 s^{-1}$
ゼロ利得キャリヤ密度：n_0	$1 \times 10^6 \, \mu m^{-3}$
利得飽和係数：ε	$6 \times 10^{-5} \, \mu m^3$
自然放出光係数：β	1×10^{-4}
キャリヤ寿命時間：τ_s	2×10^{-9} s
光子寿命時間：τ_p	3×10^{-12} s

基本動作を記述できる[4]．

なお，(5.5)式で与えられる光共振器損失 α_m とそれによる光子寿命 τ_p との間には，以下の関係がある．

$$\tau_p = \frac{1}{\alpha_m} \tag{5.8}$$

(2) 電流-光出力特性

LDの特性の中で最も基本的なものとして，図5.9に示す注入**電流-光出力**(**I-L**)**特性**が挙げられる．LDは，順方向に電流 I を注入していくとしだいに発光出力 P が増大していき，ある発振しきい値を超えると発振にいたる．しきい値以下では，主に自然放出による発光が支配的であり，弱い出力光しか得られないが，しきい値を超えると誘導放出が支配的となり，発光効率，光出力ともに著しく高くなる．しきい値以上での I-L 曲線の傾き $\Delta P/\Delta I$（単位は W/A）を**スロープ効率**と呼んでいる．また，LDの I-L 特性は，温度とともに通常図のように変化する．温度上昇に伴ってフェルミ-ディラック分布関数が平坦化することから光学利得の低下が起こり，さらに温度上昇に伴う注入キャリヤの運動エネルギーの増加から，活性領域からクラッド層へのキャリヤオーバーフローも起こり，しきい値が増加する．また，温度上昇に伴う自由キャリヤの増加による光吸収の増加によって光共振器損失の増加も起こり，スロープ効率の低下を招く．LDでは，温度変化に対するしきい値電流の変化の割合は現象論的に次の式で与えられる．

$$I_{th} = I_0 \exp\{T/T_0\} \tag{5.9}$$

T_0 は**特性温度**と呼ばれており，T_0 の値が大きいほど，温度安定性に優れたLDとされている．AlGaInP系の赤色LDや短波長のAlGaAs系LDでは，T_0

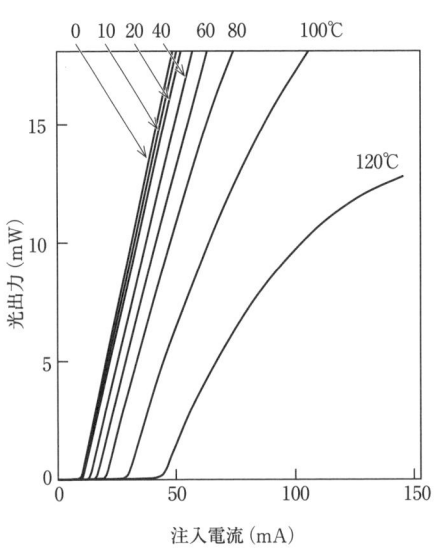

図5.9 LDの電流-光出力特性

の値は通常 100〜150 K 程度，InGaAsP 系の長波長 LD では 50〜70 K 程度である．ちなみに，図 5.9 に示す I-L 特性は InGaAsP 系の長波長 LD のものであるが，この場合の T_0 の値は約 65 K である．また高温で注入電流が特に大きい場合には，活性領域での発熱の影響により，I-L 特性曲線は図に示すようにサブリニアな曲線となり，光出力は飽和する．

(3) 出力光スペクトル特性

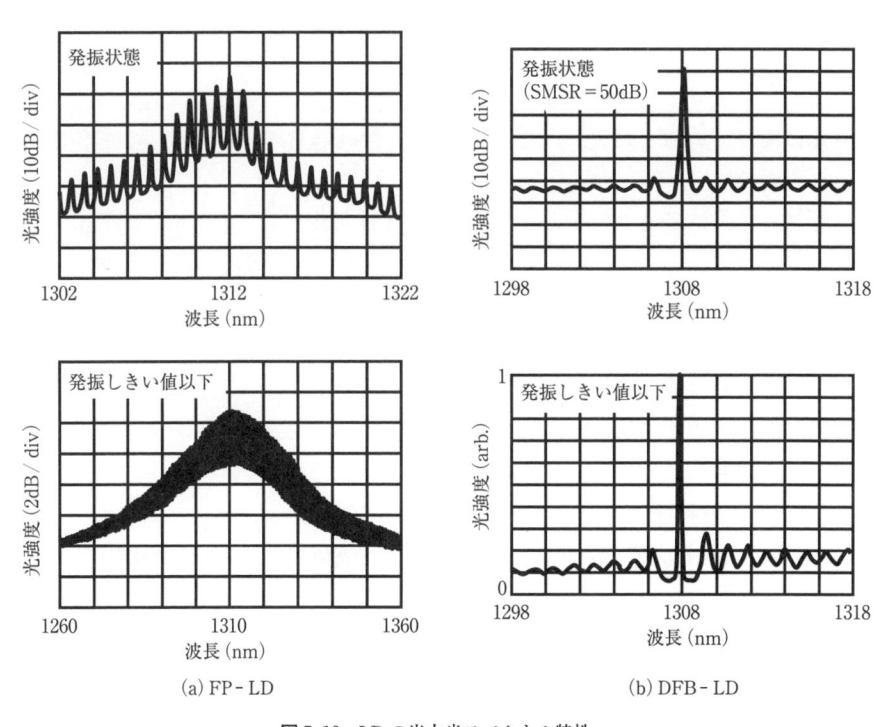

LD の出力光スペクトルは注入電流値とともに変化し，発振しきい値以下では自然放出光が支配的であるため，発光ダイオードのように活性領域の光学利得を反映したブロードなスペクトルとなっているが，発振しきい値以上ではレーザ発振を起こすことにより，図 5.10 に示すように光共振器の共振特性を反映した鋭いスペクトルとなる．図(a)に示すものは FP 型光共振器を有する LD（FP-LD）のもので，FP 型共振器の共振周波数に対応した複数の周波数で発振する（2 章 2.4 節参照）．これら鋭い発振スペクトルの 1 本 1 本を発振モードと呼んでいるが，特に波長スペクトル領域に現われる発振モードのこと

(a) FP - LD

(b) DFB - LD

図 5.10 LD の出力光スペクトル特性

を縦モードと呼ぶ．したがってこの場合，縦多モード発振していることになる．FP-LD の発振縦モード間隔 $\Delta\lambda$ は，発振波長の中心値を λ_0，光共振器内媒質の実効屈折率を n_{eff}，共振器長を L とすると，次の式で与えられる（本式の導出は章末演習問題）．

$$\Delta\lambda = \frac{\lambda_0^2}{2n_{\text{eff}}L} \tag{5.10}$$

これに対して，DFB レーザや DBR レーザでは，光共振器の共振周波数が，回折格子のブラッグ波長で決まる単一の波長となるために，図(b)に示すように波長スペクトル上では1本の発振スペクトルとなる．したがってこの場合は，単一縦モード発振と呼ぶ．DFB レーザや DBR レーザの発振波長は，共振器軸方向に沿って刻まれた回折格子の周期を Λ，光共振器内媒質の実効屈折率を n_{eff} とすると，次式で与えられる．

$$\lambda = 2n_{\text{eff}}\Lambda \tag{5.11}$$

単一縦モード発振では，発振スペクトルの単色性および単一モード動作の安定性を示す指標として，**副モード抑圧比**（side-mode suppression ratio：SMSR）が使われている．これは図に示すように，発振主モードとそのすぐ脇の副モード間での光強度の差を dB で測ったもので，この値が大きいほうが単色性に優れているといえ，DFB レーザなどでは通常 40 dB 程度以上の値が得られている．

ところで，波長 0.8 μm 帯の AlGaAs 系 LD の中には，FP レーザであっても単一モード発振するものもある．これは，光学利得の飽和や抑制効果（非線形光学効果の一種）によって，発振モード以外の利得が低下することによるものであることが知られている[5]．このようなレーザは，CW 動作においては単一モード発振が得られるが，直接変調をかけた場合には，活性層内のキャリヤ密度が激しく変動するために多モード発振となってしまう．したがって，後で述べる**動的単一モードレーザ**とは区別される．

(4) 光出射特性

LD からの光出力ビームは，その他のレーザ装置（気体レーザや固体レーザなど）とは異なり，大きな角度に広がって出てくる．その理由は，半導体レーザの場合，活性領域の光導波路断面サイズが波長と同程度かむしろそれよりも小さいために，端面から出力されるときに光が大きく回折されるためである．したがって，通常のレーザ装置のようにコリメート（平行）光ビームを得るた

めには，出力光をコリメートするためのレンズが必要となる．通常 LD の光放射パターンは図 5.11(a) に示すように，基板に垂直方向に 30〜40°，基板と平行方向には 20〜30°の広がりをもって出力される．これを**遠視野像**（far-field pattern：FFP）と呼んでいる．

一方，LD の光出射端面での光強度分布は図 (b) に示すようになっており，それを**近視野像**（near-field pattern：NFP）と呼んでいる．NFP と FFP は，空間的なフーリエ変換の関係にある．

図に示した NFP と FFP は，ともに単峰性のプロファイルであるが，このような単峰性のプロファイルを得るためには，活性領域としての光導波路が単一モード導波路であることが望ましい．活性領域の幅を広くしていくと，単一モード条件が満たされなくなるため，空間的に高次のモードでの発振が起こるようになる（多モード発振）．この場合，NFP や FFP には複数のピークが現われるようになる．この場合の発振モードは，前項で述べた縦モードに対して横モードと呼ばれている．したがって，レンズなどで光を小さなスポットに絞る場合は，単一横モードであることが望ましい．

横モードと縦モードは独立のものではなく，DFB レーザのように縦単一モードで発振する LD であっても，横モードが単一でない場合には，発振スペク

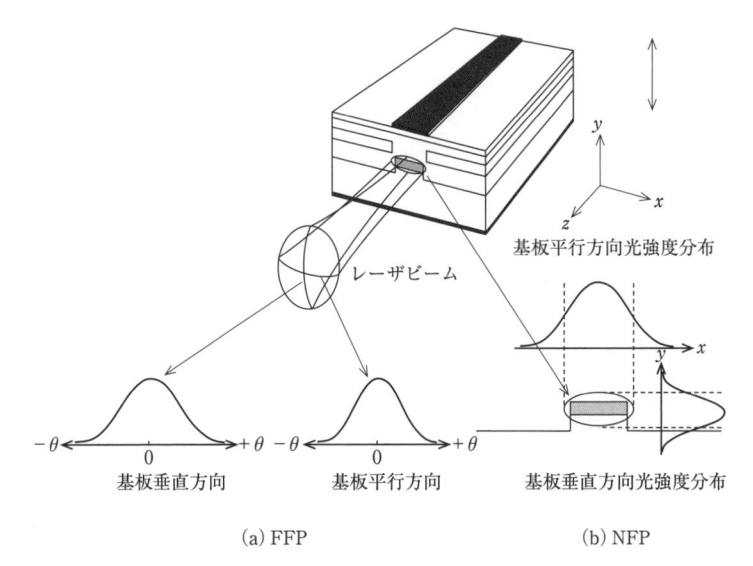

(a) FFP (b) NFP

図 5.11 LD からの光出射特性

トルが分離を起こし，単一縦モードではなくなる．したがって，きれいな単一スペクトルでの発振を得ようとするならば，横モード制御も重要となる．

(4) 動 特 性

1) LD の直接変調

LD は，図 5.12 に示すようにその注入電流を発振しきい値以上に DC バイアスした状態で，数 GHz 程度の高周波電流を注入電流に重畳させてやると，光出力に強度変調をかけることができる．この点が他のレーザ装置と大きく異なる点であり，LD の注入電流を**直接変調**するといった簡便な方法により，数 Gbps 程度の情報を光に載せて送り出すことができるため，光通信を始めとする光源として広く用いられるようになった．実際には，注入電流を変調することによって活性領域内のキャリヤ密度も変動するので，それに伴うキャリヤ・プラズマ効果により活性層の屈折率が変動するため，強度変調と同時に**周波数変調**（この場合の周波数は光の周波数のことで，したがって LD の発振波長が変動することを意味している）もかかる．したがって，これを積極的に用いてやれば，FM 変調をかけることもできるが，一般的にはこのような**チャーピング現象**（変調に伴い発振波長が変動する現象）は，長距離光ファイバ伝送時には伝送距離が制限される要因となり，抑制すべきものである．

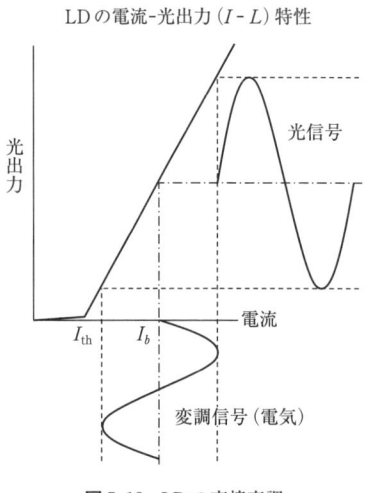

図 5.12 LD の直接変調

2) 小信号変調特性

LD に注入する DC バイアス電流 I_b に比べて重畳させる交流電流の振幅が非常に小さい場合には，図 5.13 に示すような変調周波数応答特性が得られる．これは，レート方程式による解析で，注入キャリヤ密度の交流成分が直流成分に比べて十分小さいとする微小信号近似によっても得ることができ，したがって**小信号変調**特性と呼ばれている．小信号変調においては，しきい値電流値 I_{th} に対して I_b を大きくしていくと，高周波まで変調をかけられるようになる．変調光強度が DC のときの値に比べて 3 dB 低下したときの変調周波数をもっ

て変調帯域と呼んでいる．ここで特徴的なことは，数 GHz 程度の周波数において変調効率が特に高くなる共鳴状のピークが現われることであり，それよりも高い周波数では，変調効率が急激に低下する．この周波数のことを**緩和振動周波数**（relaxation oscillation frequency）と呼び，f_r などの記号で扱われている．したがって，緩和振動周波数よりも

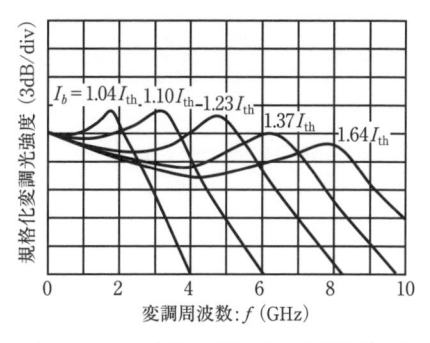

図 5.13 LD の小信号変調における周波数応答特性

低い周波数においては，直接変調による光強度変調が可能となる．緩和振動周波数 f_r は，レート方程式の微小信号近似から次の式で与えられる[6]．

$$f_r \approx \frac{1}{2\pi}\sqrt{\frac{g_0(1-\varepsilon S)}{\tau_p}S} \approx \frac{1}{2\pi}\frac{1}{\sqrt{\tau_p\tau_s(1-n_0/n_{\text{th}})}}\sqrt{\frac{I_b}{I_{\text{th}}}-1} \quad (5.12)$$

ここで，g_0 は光学利得係数，ε は利得飽和係数，S は発振モードにおける光子密度，τ_p は光共振器内の光子寿命時間，τ_s は活性層内キャリヤ寿命時間，n_0 は活性層媒質が透明になるために必要なキャリヤ密度，n_{th} はしきい値キャリヤ密度である．右辺の最後の近似式では，利得飽和の効果を無視している．

この式より f_r は，バイアス電流のしきい値からの増加分に対して，その平方根（つまり光出力の平方根）に比例して増大することがわかる．図に示す実際の周波数応答特性では，主に電極容量によるロールオフも見られ，これも変調効率を低下させる要因となる．

3) 大信号変調特性

デジタル通信に用いられるパルス変調においては，LD をしきい値の直下に DC バイアスしておき，DC バイアス電流の値に比べて決して小さくないパルス電流を印加すると，図 5.14 に示すような光出力波形が現われる．これを**大信号変調**特性と呼ぶ．ここで光出力パルスに現われる減衰振動の周期はおよそ $1/f_r$ である．このような光出力波形における振動や先に述べた小信号変調における共鳴状のピークが現われる機構としては，以下のように説明できる．

LD に，発振しきい値以下の状態から高周波変調による急速な電流注入を行うと，活性層内のキャリヤ密度が急激に増加して発振しきい値に達するので，発振が開始する．この場合，キャリヤの寿命時間が 10^{-9} sec 程度であるので，

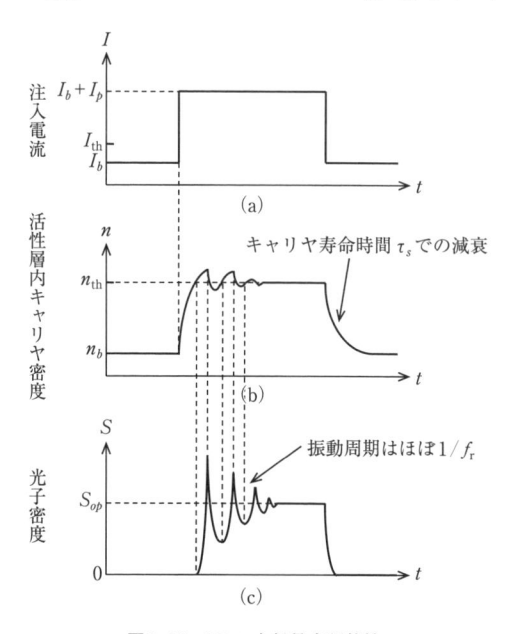

図 5.14 LD の大信号変調特性

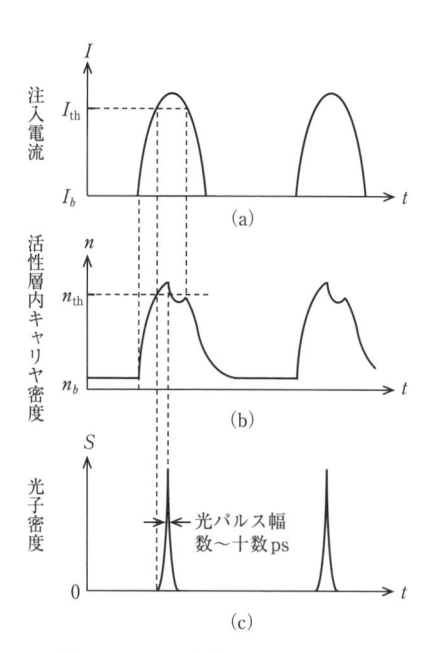

図 5.15 LD の利得スイッチング動作

これよりも早い時間内での電流注入を行う必要がある．ところが，いったんレーザ発振が起きると，活性領域内のキャリヤは先に述べた光子寿命時間による 10^{-12} sec 程度の非常に短い時間で消費され，しきい値キャリヤ密度以下にまで低下することにより発振が停止する．発振が停止すると，キャリヤの急速な消費はなくなり（自然放出による 10^{-9} sec 程度の緩やかな消費はあるが），再び急速な電流注入によって発振にいたるようになる．この過程を繰り返すことにより，先に述べた共鳴状のピークや光出力における振動が現われる．したがって，このような緩和振動が現われる条件としては，キャリヤ寿命時間と光子寿命時間が大きく異なっていること，およびキャリヤ寿命時間よりも短い時間内で急速に電流注入を行う場合である．

4）利得スイッチ動作

図 5.15 に示すように，LD をしきい値以下にバイアスしておき，数 GHz 程度の周波数でさらに大振幅の高周波変調を行うことで，活性層内でのキャリヤ密度の急速な増加が起こっていったんは発振にいたるものの，発振によるキャリヤの急速な消費と，次の変調サイクルによる急速なキャリヤの引き

抜きが起こることにより，もはや光出力の持続的な振動は起こらなくなり，時間幅数〜十数 psec 程度の非常に短い光パルスが得られるようになる．これを**利得スイッチ動作**と呼んでおり，簡便な方法で比較的短い光パルスを得る方法として，2 章 2.6 節で述べられている Q スイッチ動作やモード同期動作とともに用いられている．

e. 半導体レーザの作製方法

本項では，半導体レーザの作製方法についてごく簡単に紹介する．図 5.16 は BH 型半導体レーザの作製工程を大まかに示したものである．最初に図 5.16(a)に示すように，GaAs や InP などの半導体基板上に，レーザの活性層となるダブルヘテロ（DH）構造を結晶成長により作製する．結晶成長の方法としては，以前は Ga や In などの金属の中に結晶成長させる材料を混ぜ，数 100 ℃の高温で溶融させた後に可飽和状態にして基板と接触させることにより基板上に成長させる液相成長（liquid-phase epitaxy：LPE）法が用いられていたが，量産性と制御性の観点から，次に述べる気相成長（vapor-phase epitaxy：VPE）法や**分子線エピタキシー**（molecular-beam epitaxy：MBE）法にしだいに置き換わっていった．

　気相成長法では，結晶成長させる材料を気体の原料ガスとして供給して成長させるもので，その代表的なものに**有機金属気相成長**（metalorganic VPE：MOVPE）法がある．MOVPE（OMVPE または MOCVD ともいう）法では，

(a) DH ウエハの成長

(b) メサストライプの形成

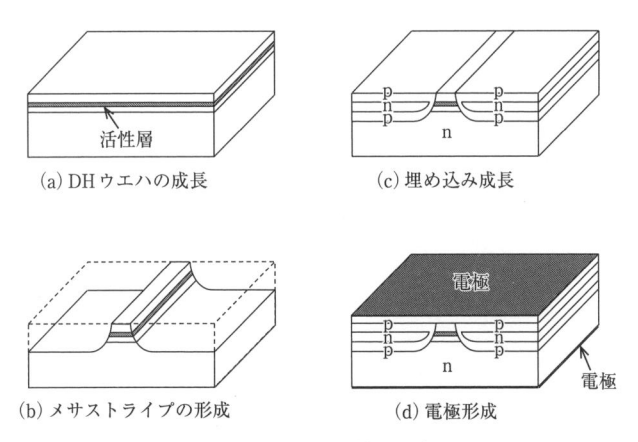

(c) 埋め込み成長

(d) 電極形成

図 5.16 BH-LD の製造工程

半導体基板を数 100 ℃ の高温にして，トリメチルインジウム（trimethyl indium：TMI）やトリエチルガリウム（triethyl garium：TEG），アルシン（AsH$_3$）やホスフィン（PH$_3$）などの原料ガスを吹き付けることにより，その上に半導体薄膜を成長させる方法である．この方法では，原料ガスの流量を制御することにより，異なる組成の層を何層も成長させることが可能で，制御性に富んでいる．また大きなリアクターで成長することにより，2インチあるいは3インチウエハを複数枚同時に成長できる量産性も備えており，現在では主流となっている．

MBE 法では，超高真空のチャンバー内において，やはり数 100 ℃ の高温にした基板に，原料となる物質をクラスター状の粒子ビームにしてぶつけることにより成長を行うもので，制御性，量産性に富んでいるため，多く用いられるようになってきている．

このような方法によって得られた DH ウエハに対して，次に図 5.16(b) に示すように活性領域となるメサストライプを形成する．メサストライプの形成は，活性領域となる幅約 1～1.5 μm の領域を残して，残りの部分の活性層をエッチングによって除去する工程である．

次に BH レーザの場合は図 5.16(c) に示すように，メサストライプの脇に埋め込み（buried heterostructure：BH）成長を行い，エッチングにより除去した部分を平坦化すると同時に，この部分には電流が流れないような工夫を施している．つまり，Fe などをドープした高抵抗の InP で埋め込んだり，p 型半導体と n 型半導体とで交互に埋め込むことにより，pnpn 構造を形成して電流をブロックするものなど，さまざまな埋め込み構造が考えられている．埋め込み成長も当初は LPE 法により行われていたが，最近では VPE による方法に置き換わってきている．

最後に図 5.16(d) に示すように，オーミックコンタクトをとるための半導体キャップ層を成長し，基板の表面と裏面に電極を形成し，へき開により光出力端面を形成しながら素子を切り出せば LD チップが得られる．

f. 各種半導体レーザ
(1) 動的単一モードレーザ（DFB，DBR レーザ）

5.1 節 d 項(3) の出力光スペクトル特性の項でも述べたように，FP 共振器型 LD は一般的に縦多モード発振となるので，光ファイバ伝送においては，波

長分散の影響を強く受けるために長距離伝送には向かない．長距離光ファイバ伝送には，高速変調時においても安定な単一縦モード発振が持続可能な LD が望まれる．その候補の一つは，図 5.8 に示したように活性領域全体にわたって回折格子を有する DFB レーザである．DFB レーザは，回折格子の周期によって決まる Bragg 波長で単一縦モード発振し，高周波変調時においても安定に単一モード動作を維持できるため，**動的単一モードレーザ**とも呼ばれる．回折格子は，LD の製造過程において，一般的に活性層の上部または下部に形成される．なお，より安定な単一モード動作を得るために，回折格子の中央部分に $\lambda/4$ 位相シフト構造を設けたものもある[7]．

DBR レーザも動的単一モードレーザとしての一形態であり，DFB レーザとの違いは，光を増幅する活性領域と回折格子領域が一体となっているのか，あるいは別々の領域となっているかである．したがって，DBR レーザの場合，回折格子領域は光を増幅する作用のない受動光導波路である．

(2) **面発光レーザ（VCSEL）**

これまでに述べてきた LD は，基板に平行方向に長い活性領域および光共振器軸を有しており，光出力は基板に垂直な端面から基板に平行方向に取り出されるため，端面放射型と呼ばれている．これに対して，基板に垂直方向に活性領域および光共振器軸を有し，光出力は基板に垂直方向に取り出される VCSEL が近年用いられるようになってきた．VCSEL は端面放射型 LD と異なり，へき開による光出力端面の形成を必要としないため，ウエハレベルでの製品検査が可能で，かつ量産対応も可能で低コスト化が期待できるメリットがある．また，光共振器長が短く（数 μm 程度），半導体または誘電体多層膜による DBR 光共振器を有する構造では，動的単一モード動作も得られるので，光通信用としても用いられるようになってきた．また最近では，光学マウスやレーザプリンターなどにも用いられつつある．

(3) **各種波長 LD**

本章では主に光通信用の InGaAsP/InP 系の長波長帯（波長 1 μm 以上の波長帯のことをこのように呼んでいる）の LD を具体例として述べてきたが，GaAs 基板上に AlGaAs 系の材料を用いて作製する波長 0.75〜1 μm の短波長帯の LD（コンパクトディスクなどで使用）や，GaAs 基板上に AlGaInP 系の材料を用いて作製する波長 0.6 μm 帯の赤色 LD（DVD やレーザポインター，プロジェクターなどで使用），サファイヤ（Al_2O_3）基板上に AlGaInN 系の材

料を用いて作製する波長 0.4 μm 帯の青色 LD（Blue-ray disc やレーザポインター，プロジェクターなどで使用）なども開発され，実用化されている．

g． おわりに

半導体レーザは，トランジスターと並び 20 世紀最大の発明の一つにも数えられている．これまで述べてきたように，半導体レーザは他のレーザ装置に比べてさまざまな点で優れた特徴を有しており，現在では情報通信（ICT）分野を始めとするさまざまな分野で多用されている．今後もさらに高性能を追及して新しい構造や，新しい材料系による新しい波長帯でのレーザ実現のための研究が精力的に行われていくものと思われる．

5.2 フォトダイオード

a． はじめに

光を検知して，主に電気信号を出力するデバイスは，受光素子あるいは光検出器と呼ばれている．光検出器にもさまざまなものがあるが，スーパーカミオカンデなどでニュートリノ検出にも用いられている**光電子増倍管**（photomultiplier：PMT）は，1 個の光子を検出できる高感度を有しているが，数千 V の駆動電圧が必要なことと，応答速度が遅いことから，光通信には適さない．これに対してフォトダイオード（photo diode：PD）は，小型かつ低電圧で動作し，数 GHz 以上の高い応答速度を有しているため，LD と並んで光通信には不可欠なデバイスとなっている．PD には，pn 接合あるいはショットキー（Schottky）接合を用いたものがあるが，一般的には pn 接合をベースとする PD が用いられているので，以下ではこれについて述べる．

b． フォトダイオードの動作原理
（1） 半導体の光吸収

本項では，PD の動作を理解するために，半導体に光を照射した場合の振る舞いについて最初に述べる．半導体にそのバンドギャップ エネルギーよりも大きな光子エネルギーの光を照射すると図 5.17 に示すように，価電子帯から伝導帯へ電子が励起され，伝導帯に電子が，価電子帯には正孔が生成されると同時に光の吸収が起こる．このように，光照射によって生成される電子や正孔

をフォトキャリヤ（photocarrier）と呼んでいる．PDは，この光照射によって生成されるフォトキャリヤを電流として取り出すことにより，光信号の検出を行うものである．したがって，ある波長の光を検出するためには，その波長の光を吸収することができる光子のエネルギーよりも小さなバンドギャップエネルギーを有する半導体が必要となる．図5.18には主な半導体材料の吸収係数 α と光の波長との関係を示した[8]．LSIなどで広く用いられているSiは間接遷移型半導体であり，そのバンドギャップエネルギーは約1.2 eVである．そのため，可視光波長域の光に対しては大きな吸収係数を有しており，PDとしての感度を有するが，波長1 μm 以上の近赤外域の光はほとんど吸収されないため，PDとしての感度は得られない．したがって，光通信で用いる波長1.3 μm の光に対してはGeやInGaAsが，波長1.55 μm の光に対してはInGaAsが主に用いられる．因みに，SiやGeは間接遷移型半導体であり，InGaAsは直接遷移型半導体であるが，PDとしてはどちらも用いることができる．

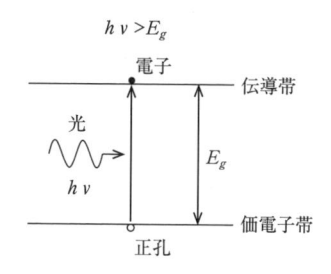

図5.17 光吸収による電子-正孔対の生成

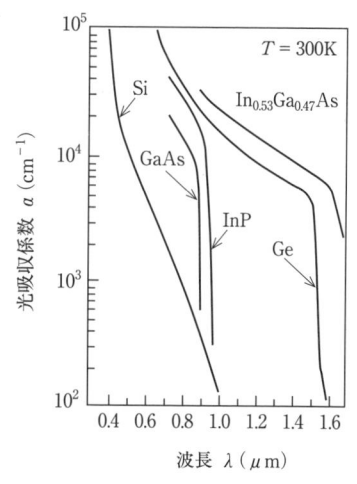

図5.18 主な半導体材料の光吸収係数[8]

(2) 半導体pn接合への光照射と光起電力

次に，半導体pn接合に光を照射した場合の振る舞いについて述べる．半導体pn接合界面には，（光を照射していない）熱平衡状態においては図5.19(a)に示すように空乏層が広がっており，拡散電位による電界 E が存在する．したがって，pn接合部分に光を照射すると，光吸収により生成された電子と正孔は図5.19(b)に示すように，この電界によって電子はn型領域に，正孔はp型領域に拡散して行く．p型あるいはn型領域の空乏化されていない部分でも，光吸収によってフォトキャリヤが生成されるが，それらは領域内を拡散し

図中:

(a) 熱平衡状態

p型領域　n型領域
空乏層
拡散電位による電界
伝導帯
フェルミレベル
価電子帯

(b) 光照射による光起電力

光起電力: V_{ph}
V_{ph}: 光照射によって生じる電圧(光起電力)

(c) 逆バイアスを印加して光照射

I_{ph}: 光電流
V_b: 逆バイアス電圧

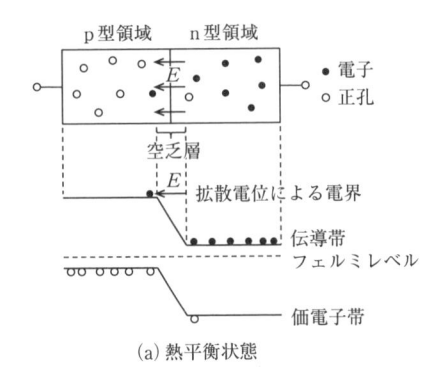

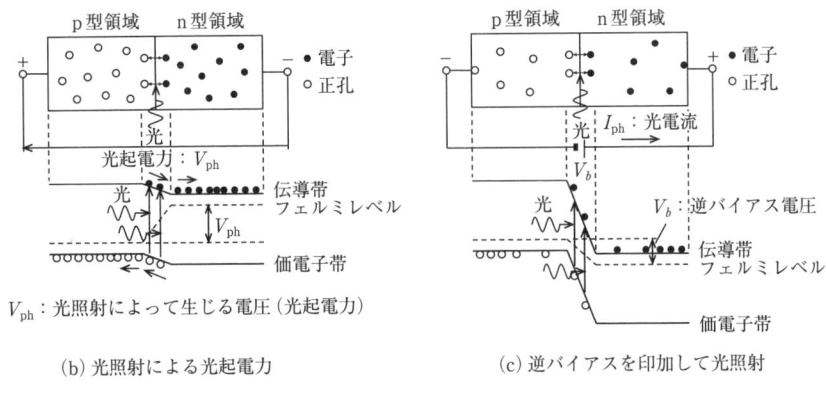

図 5.19　半導体 pn 接合への光照射と光起電力

ていく間に多数キャリヤと再結合し,多くは消滅してしまう.したがって,最終的に電流として取り出されるのは,主に空乏化された領域で生成されるフォトキャリヤのみである.

このように光照射を行うと,p型半導体領域には正孔が,n型半導体領域には電子が熱平衡状態に比べて多くなり,pn 接合ダイオードの両端には電圧が生じる.このように,半導体 pn 接合に光を照射することによって電圧が生じる現象を**光起電力**(photovoltaic)効果という.したがって,p型領域とn型領域におのおの電極を設けて導線で結べば,電流(電力)が取り出せる.太陽電池(solar cell)などはこの効果を用いている.

次に,pn 接合に逆バイアス電圧 V_b を印加した状態で光を照射すると,図 5.19(c) に示すように pn 接合界面には拡散電位による電界に加えて,逆バイ

アス電圧による電界が加わり，大きな電界が生じることになる．したがって光照射によって生成されたキャリヤ（電子と正孔）は，この電界により速やかに分離され，**光電流**（photocurrent）として外部回路に取り出すことができる．PDは通常，このように逆バイアスを印加した状態で用いる．

c．pinフォトダイオード
(1) pinフォトダイオードの構造

PDの構造としては図5.20に示すように，pn接合の間に，不純物をドープしていない真性半導体による光吸収層（i層）を挟んだ構造のpin接合構造が通常用いられるので，pin-PDと呼ばれている．i層による光吸収層を挟むことにより，pn接合領域に広い空乏層が形成されるため，i層のないpn接合PDに比べて量子効率が高くなったり応答速度が速くなるなど特性改善がなされる．図には波長 $1.55\,\mu\mathrm{m}$ の光通信に用いられるInGaAs系pin-PDの構造の一例について示している．n-InP基板上に n^{+}-InP層，i-InGaAs光吸収層，n^{-}-InPウインドウ層を順次積層し，n^{-}-InPウインドウ層の一部にZnを選択的に拡散することにより p^{+}-InP領域を形成する（上付き添字＋は不純物濃度が $10^{18}\,\mathrm{cm}^{-3}$ 程度以上の高濃度ドープを意味しており，添字－は不純物濃度が 10^{14}〜$10^{16}\,\mathrm{cm}^{-3}$ 程度の低濃度ドープを意味する）．こうすることによってpin接合が限定された領域に形成されるため，接合容量を小さくすることができ，光通信用としての数GHz以上の高速応答が可能となる反面，受光面の面

(a) InGaAs系 PIN-PDの構造　　(b) pin-PDの動作原理

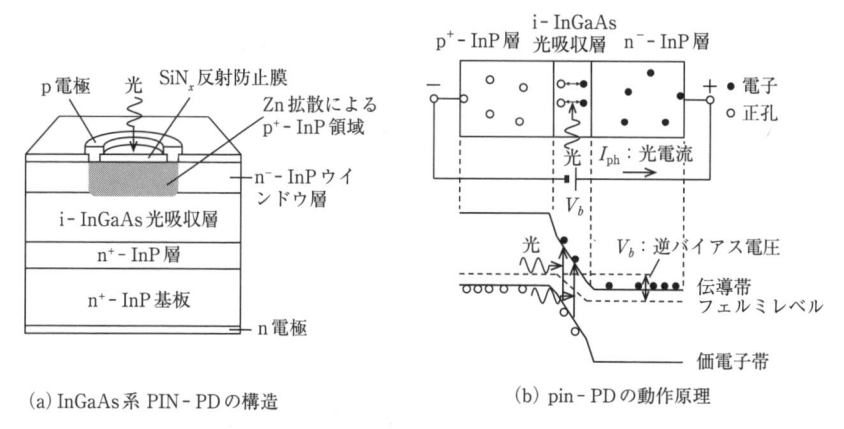

図5.20 pin-PDの構造と動作原理

積は小さくなるため，光を受光面に絞って照射する必要がある．

素子に逆バイアスを印加した状態で光を照射すると，光は空乏化された i-InGaAs 光吸収層で吸収され，電子-正孔対が発生する．生成された電子および正孔は空乏層内の電界でおのおの n 型および p 型領域へドリフト走行して行き，電流として取り出される．

(2) pin フォトダイオードの特性

図 5.21 に InGaAs 系 pin-PD の逆バイアス電圧-電流特性を示す[9]．PD に光を照射していない場合も，逆バイアスを印加するとわずかながら電流 I_d が流れ，これを**暗電流**（dark current）と呼んでいる．暗電流の主な要因としては，少数キャリヤの拡散電流の飽和電流，素子表面を介したリーク電流，空乏層内に存在する結晶欠陥などのキャリヤトラップに起因する電流（**発生再結合電流**），キャリヤのトンネリングによる電流（トンネル電流）などが挙げられる．暗電流は，温度上昇とともに増加するが，これは主に発生再結合電流の温度依存性によるものと考えられる．光を照射した場合には，光の強さに比例した電流が流れるが，0 V 付近から 40 V あたりまではほぼ一定の光電流 I_{ph} が流れる．あまり高電圧（この場合 40 V 以上）をかけると**降伏現象**（breakdown）を生じるので，通常は 5 V 程度で用いる．

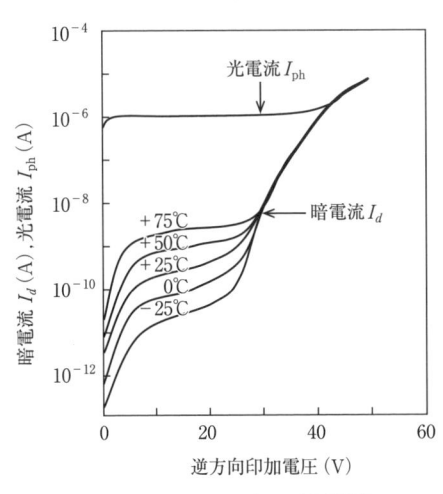

図 5.21 pin-PD の電圧-電流特性[9]

PD において，光子 1 個あたりから何個の電子が信号として取り出されるのかを表す指標として，**量子効率** η が用いられ，次の式で与えられる．

$$\eta = \frac{I_{ph}/e}{P_i/h\nu} \approx 1 - \exp(-\alpha W) \quad (5.13)$$

ここで，e は素電荷，P_i は光吸収層への入射光パワー，h はプランク定数，ν は光の振動数，α は光吸収係数，W は光吸収層の厚さである．ただし，2つめの等号 ≈ では光吸収層で吸収された光がすべて光電流に寄与するものと仮

定している．吸収係数が十分に大きく，十分に厚い光吸収層であれば $\eta > 80$ %の高い量子効率も実現されている．

PDの応答速度は，接合容量と負荷抵抗によるCR時定数と，空乏層内の**キャリヤ走行時間**で定められる．このうちCR時定数による遮断周波数（cutoff frequency）f_c は，主にpn接合容量 C_j と負荷抵抗 R_L により次式で与えられ，高速光通信用のpin-PDでは数十GHz以上になるものもある．

$$f_c \approx \frac{1}{2\pi C_j R_L} \tag{5.14}$$

一方，空乏層内のキャリヤ走行時間 t_{tr} は，空乏層の厚さ W と空乏層でのキャリヤの飽和ドリフト速度 v_{ds} により，$t_{tr} = W/v_{ds}$ で与えられる．したがって，空乏層を薄くしたほうがキャリヤ走行時間は短くなり高速応答が可能となるが，空乏層を薄くすると接合容量の増大を招くため，先のCR時定数による遮断周波数の低下をもたらす．したがって，CR時定数とキャリヤ走行時間の両者を考慮したデバイス設計が高速応答には求められる．

d．アバランシェ・フォトダイオード
(1) アバランシェ・フォトダイオードの構造

ダイオードの逆バイアス電圧を数十V程度以上に大きくしていくと，ある電圧から急激に電流が増加し始める．これは，空乏層内にもごく少数存在する伝導電子や正孔が，逆バイアスによる大きな電界によって加速され，材質内の原子と衝突してこれを**衝突電離**（イオン化）し，新たに伝導電子や正孔が生まれるために，この過程が連鎖的に繰り返されることによって大きな電流が流れるようになる．この現象を**雪崩降伏**（avalanche breakdown）という．衝突イオン化が起きるためには，バンドギャップ エネルギーのおよそ1.5倍の運動エネルギーが必要であることが知られている．

アバランシェフォトダイオード（avalanche photodiode：APD）はこの現象を利用し，雪崩降伏が生じ始める直前の電圧にバイアスして動作させることにより，光電流を増幅させることによって感度を稼ぐ光検出器である．

光通信に用いるInGaAs系APDの構造を図5.22に示す．基本素子構造はpin-PDとよく似ているが，増倍領域を有する点が異なる．素子に雪崩降伏が起こり始める直前の逆バイアス電圧を印加した状態で光を照射すると，光吸収によって光吸収層で生成された電子−正孔対のうちの正孔が増倍領域にドリフ

(a) InGaAs系APDの構造

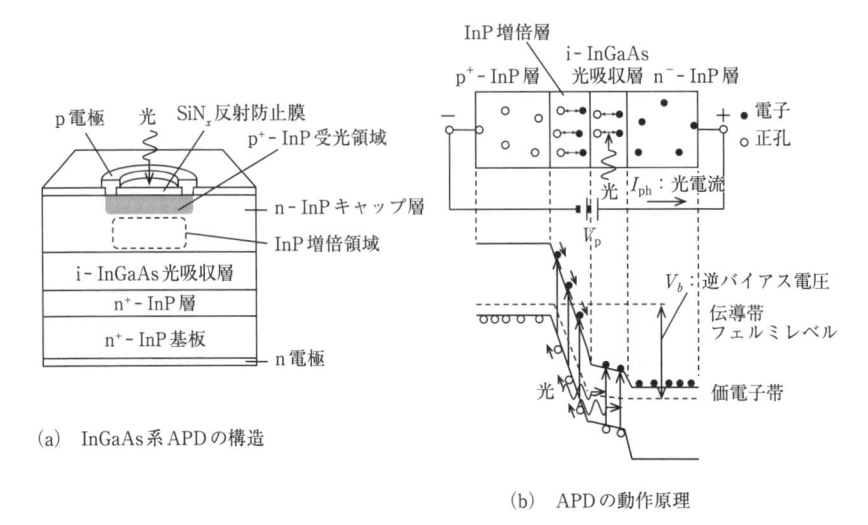

(b) APDの動作原理

図5.22 APDの構造と動作原理

ト走行して行き，増倍領域に入ると逆バイアスによる大きな電界により加速されてドリフト走行していく間に，材質（InP）を構成する原子との衝突を繰り返すことにより，多くの電子-正孔対を生成する．したがって，光吸収領域で生成された1対の電子-正孔が種となって多くの電子-正孔対が生成されるために大きな電流を取り出すことができ，高い受光感度が得られる．

(2) アバランシェ・フォトダイオードの特性

図5.23にInGaAs系APDの逆バイアス電圧-電流特性を示す[9]．pin-PDの場合と同様に，逆バイアス電圧 V_b を印加した状態で光照射を行うと光電流が流れるが，PDの場合と異なるのは，0V付近ではほとんど感度がなく，逆バイアス電圧を高くしていくと，ある電圧（この素子の場合は約15V）になって初めて光電流が流れるようになる．これは，この素子の場合 pn 接合界面は InP 増倍領域内に形成されており，逆バイアス電圧の増加に伴って空乏層は厚くなっていくが，

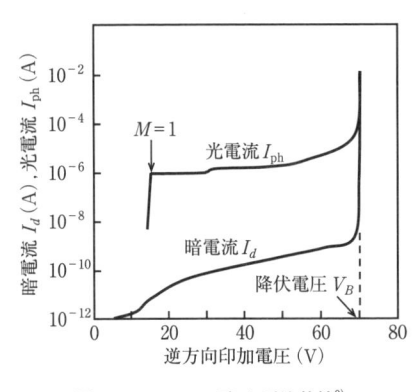

図5.23 APDの電圧-電流特性[9]

空乏化領域が光吸収層に到達して初めて光に対して感度を有するようになるためである．またこの素子の場合，降伏電圧 V_B は約 70 V であり，V_B 直下にバイアスした場合には，15 V のとき（増倍率 $M=1$ となる）と比べて大きな光電流が得られており，高い**増倍率**が得られることがわかる．増倍率 M は経験的に次式で与えられる．

$$M = \frac{1}{1 - \left|\dfrac{V_b}{V_B}\right|^n} \quad (n=3\sim 6) \tag{5.15}$$

APD の応答速度も，PD と同様に接合容量による CR 時定数の影響を受けるが，APD の場合は特に，キャリヤの増倍作用による時間遅れが応答速度を決める要因となっている．図 5.24 には，APD の増倍率 M に対する遮断周波数 f_c の関係を示す[9]．この素子の場合，f_c は最大で約 3 GHz であるが，増倍率を稼ごうとすると f_c は小さくなり，両者の間には一定の関係がある．ここで，M と f_c の積を**利得帯域幅積**（gain bandwidth product：GB 積）と呼んでおり，この素子の場合，GB 積は 40GHz 程度である．

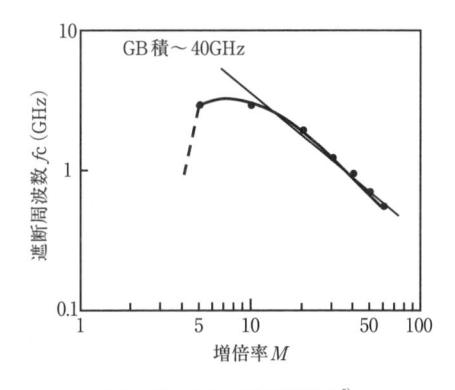

図 5.24　APD の高周波特性[9]

APD では，衝突イオン化によるキャリヤ増倍作用を利用して感度を稼いでいるが，イオン化が生じる頻度を**イオン化率**として次のように定義している．すなわち，1 個の電子が単位距離を走行したときに生成する電子-正孔対の数が電子のイオン化率 α であり，1 個の正孔が単位距離を走行したときに生成する電子-正孔対の数が正孔のイオン化率 β と定義している．また $k=\beta/\alpha$ をイオン化率比と呼び，Si の場合の k の値は 0.02〜0.1 であるのに対して，Ge や InP では 2 程度，InGaAs では 0.5 程度の値をとることが知られている．信号対雑音（S/N）比の観点からは，この値が 1 から大きくかけ離れた値（すなわち，$k \ll 1$ あるいは $k \gg 1$）となっているほうがよいことがわかっている．

e. おわりに

以上，本節では pin-PD と APD について述べてきた．これらは共に光通信用途などでは不可欠なデバイスであるが，40 Gbps などの超高速伝送用途には主に PD が，また応答速度よりも高感度が必要な場合には APD が用いられる．またこれらは，各種光検出器の中でも小型で感度も高く，低電圧で駆動できるため，光通信以外にも光ストレージ，光センサなどでも数多く用いられている．

最後に，NEC ナノエレクトロニクス研究所の牧田紀久夫博士には，本節で述べたデバイスの測定データのご提供および本節全般にわたるレビューをいただいた，ここに深謝します．

演 習 問 題

1. 5.1 節 b 項(2)（p.100）において，Bernard-Duraffourg の条件式(5.4)式を導出せよ．
2. 5.1 節 c 項(4)（p.107）において，光共振器損失を与える (5.5)式を導出せよ．
3. 5.1 節 d 項(3)（p.111）において，FP-LD の発振縦モード間隔を与える (5.10)式を導出せよ．

参考文献

1) キッテル固体物理学入門など．
2) I. Hayashi, M. B. Panish, P. W. Foy and A. Sumski：Junction lasers which operate continuously at room temperature, *Appl. Phys. Lett.*, vol. **17**, No. 3, pp. 109-111 (1970).
3) J. Shimizu, H. Yamada, S. Murata, A. Tomita, M. Kitamura and A. Suzuki：Optical-confinement-factor dependencies of the K factor, differential gain, and nonlinear gain coefficient for 1.55 μm InGaAs/InGaAsP MQW and strained-MQW lasers, *IEEE Photon. Technol. Lett.*, vol. **3**, No. 9, pp. 773-776 (1991).
4) 山田博仁，"半導体レーザの SPICE モデル"，電子情報通信学会誌，vol. 85, No. 6, pp. 434-437, 2002 年 6 月．
5) 山田 実著：「光通信工学」，培風館，1940, p. 117, 7.3.4 利得飽和と縦モード選択．
6) R. S. Tucker：High-speed modulation of semiconductor lasers, *IEEE J. Lightwave Technol.*, vol. **LT-3**, pp. 1180-1192 (1985).

7) 応用物理学会編:「半導体レーザーの基礎」, オーム社, 1987, p. 123, 6.5 分布帰還型レーザー.
8) 米津宏雄著:「光通信素子工学——発光・受光素子——」, 工学図書, 1984.
9) PD や APD の測定データは, NEC ナノエレクトロニクス研究所の牧田紀久夫博士よりご提供いただいた.

6 光通信システム

6.1 はじめに

　1970年代前半の低損失光ファイバの実現ならびに半導体レーザの室温連続発振を端緒として，光ファイバ通信技術がここ30年余りで飛躍的な発展を遂げ，大容量の情報がネットワークを行き交う今日のブロードバンド社会の隆盛を築いてきた．最近では**光ファイバ増幅器**（erbium-doped fiber amplifier：EDFA）および**波長分割多重**技術（wavelength division multiplexing：WDM）などの数々の技術革新により，伝送容量は拡大の一途を遂げ，現在では40 Gbit/sのシステムが実用化されるにいたっている．さらに光通信の適用範囲も基幹伝送網から，FTTH（fiber to the home）をはじめとして，アクセス網にいたるまで急速に浸透している．

　光通信システムの一般的な構成を図6.1に示す．送信側ではレーザ光源を光変調器でデータ変調（E/O変換）し，光ファイバ伝送路に入射する．伝送路では光ファイバの損失を補償するために一定間隔（陸上系では80〜100 km，海底系では30〜40 kmおき）でEDFAを挿入し，多中継伝送を行う．受信側では伝送後の光信号を光検出器により電気信号に変換（O/E変換）し受信する．多重伝送では光領域での多重化（MUX）と多重分離（DEMUX）を行う．この図では最も簡単な2点間のリンクを示しているが，これを基本として，波長分割多重（WDM）もしくは時分割多重（time division multiplexing：

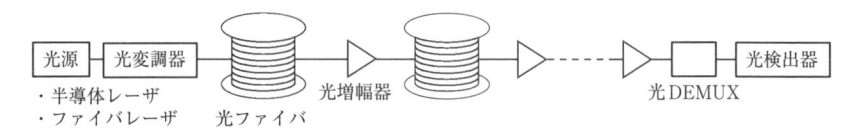

図6.1 光通信システムの構成とその主要な要素技術

TDM）による大容量化，さらには光クロスコネクト，光ルータなどの光ノード技術を用いたフォトニックネットワークへの展開も盛んに進められている．

　光通信の特徴は，従来の同軸ケーブルを用いたマイクロ波伝送と比べて，格段に広帯域でかつ長距離の伝送が可能であることである．伝送帯域を広げるためには高い周波数を通信の搬送波に用いることが不可欠であり，光はマイクロ波（周波数 1〜10 GHz）に比べて 10^4〜10^5 倍の帯域がある．同軸（メタル）ケーブルでは表皮効果により周波数が高くなるほど伝送損失が増大するという問題があったが，光通信では誘電体導波路である光ファイバを伝送路として用いることにより，このような高い周波数でも損失の低い伝送が可能である．

　光通信システムを構成する主要な要素技術としては，図 6.1 に示すように，**光ファイバ**，**レーザ**（半導体レーザ，ファイバレーザ），**光変調器**（LN，EA），**光増幅器**（EDFA，半導体光増幅器），**光 DEMUX** ならびに**光検出器**（APD，pin-PD）が挙げられる．本章ではまずこれら光通信の要素技術について，その構造，原理ならびに動作特性を述べる．次に光伝送の基礎として，光ファイバ中の信号の伝搬，光通信に用いられる変調方式ならびに大容量化のための**光多重化方式**（WDM，TDM）について述べる．

6.2 光ファイバ

a. 光ファイバの構造

　現在光通信に主に用いられている光ファイバはシリカファイバであり，通常 SiO_2 に GeO_2 を添加することで**コア**の屈折率を大きくし，その周辺部である**クラッド**との屈折率差を用いて**全反射**により光を導波している．光ファイバはその屈折率分布の違いから，**ステップインデックス型**と**グレーデッドインデックス型**の 2 種類に大別される．ステップインデックス型は図 6.2(a)，(b) に示すようにコアの屈折率が断面内で一定であるものを指す．ステップインデックス型ファイバはさらに，**多モードファイバ**（図 6.2(a)）と**単一モードファイバ**（図 6.2(b)）とに大別できる．標準的な多モードファイバはコア径が 50 μm，比屈折率差 Δ が 1 % であり，図 6.2(a) に示すように多数の伝搬モードが存在しそれぞれが異なる速度で伝搬する．そのためモード間の群遅延差（**モード分散**）が生じ，高速伝送において障害となる．そこで，単一モード動作を実現するために，図 6.2(b) に示すようにコア径を 10 μm，屈折率差 Δ を約

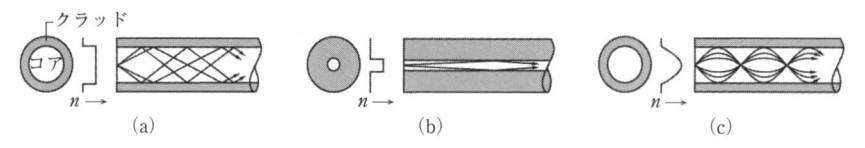

図6.2 光ファイバの構造と伝搬するビームの様子

0.3％と小さくしたものが単一モードファイバである．一方，グレーデッドインデックス型ファイバは，図6.2(c)に示すように，コアの屈折率が半径方向に放物線状の分布を有している．次数の高いモードはコアの中心から離れたところをより低い屈折率で（すなわち速い速度で）伝搬する．これによりモード間の群遅延差を等しくしモード分散を抑えている．モード間の群遅延差が最小となる屈折率分布は，

$$n(r) = \begin{cases} n_0\left[1-2\Delta\left(\dfrac{r}{a}\right)^\alpha\right]^{\frac{1}{2}} & r \leq a \\ n_0[1-2\Delta]^{\frac{1}{2}} & r > a \end{cases} \quad (6.1)$$

で与えられる[1]．ここでn_0はコア中心の屈折率，aはコア半径を表し，$\alpha=2(1-\Delta)$である．長距離大容量光伝送用ファイバとしては図6.2(b)の単一モードファイバが用いられる．

b. 光ファイバの伝送特性

光信号がファイバ中を伝搬すると，光ファイバの損失により光信号強度は減衰する．また，**波長分散**および**偏波分散**によりパルス広がりや歪みを受ける．さらに，強度の高い光パルスを入射すると**非線形光学効果**の発生が問題になる．ここではこれら光ファイバ中の信号歪みの要因について述べる．個々の具体的な波形歪みについては6.8節を参照されたい．

(1) 伝送損失

光ファイバの損失要因は，

① ガラス材料に固有のもの，
② 不純物に起因するもの，
③ 構造的要因によるもの，

に大別される．

①の損失のうち**レイリー散乱**はガラスの屈折率のミクロな揺らぎに起因するもので，溶融状態におけるガラスの熱的な揺らぎが残ったまま固化されることにより，波長より十分小さい領域で屈折率の揺らぎが生じる．レイリー散乱損失は，

$$\alpha_R = \frac{A}{\lambda^4} \quad (A：レイリー散乱係数\ \ 0.7\sim0.9\,\mathrm{dB/(km\,\mu m)^4}) \quad (6.2)$$

で与えられ，波長の4乗に反比例して増加する．その他に，赤外波長におけるSiO_2またはGeO_2の振動吸収に起因する吸収損失

$$\alpha_{IR} = C\exp\left(-\frac{D}{\lambda}\right) \quad (C,\ D は材料固有の定数) \quad (6.3)$$

が存在する．

　②の要因としては，ガラス材料に含まれる遷移金属元素（Cr, Cu, Co）ならびにOH基による吸収が挙げられる．

　③にはファイバの寸法揺らぎによる**構造不整損失，曲げ損失**ならびに**接続損失**が含まれ，①，②とは異なり波長に依存しない損失である．

　典型的なシリカファイバの損失スペクトルを図6.3に示す．波長$1.55\,\mu m$付近において約$0.2\,\mathrm{dB/km}$の最低損失が存在する．それよりも短波長側ではレイリー散乱が，長波長側では赤外吸収が支配的となる．$1.38\,\mu m$に見られる損失のピークはOH基によるもので，ファイバ母材の脱水を十分に行うことにより小さく抑えられるようになっている．

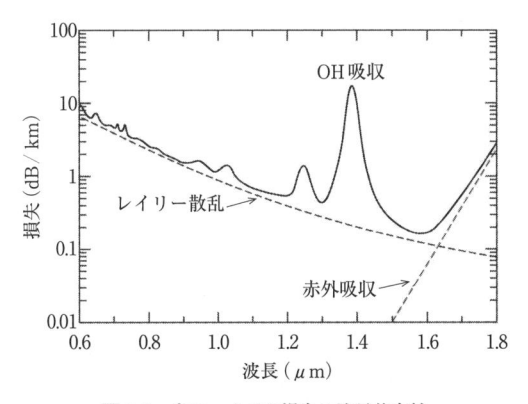

図6.3　光ファイバの損失の波長依存性

(2) 波長分散

波長分散とは，光の伝搬定数が波長によって異なる現象であり，光ファイバにおいては，ガラス材料の屈折率の波長依存性に起因する**材料分散**と，光ファイバの導波構造に起因する**構造分散**（**導波路分散**）の2種類がある．伝搬定数の波長依存性により，ファイバ中を伝搬する光信号の群速度も波長によって変化する．その結果，スペクトル幅の広い短光パルスを伝搬させると，周波数成分によって異なる速度で伝搬するため，パルス広がりを生じる．

群速度分散（group-velocity dispersion：GVD）は以下のように定義される．まず伝搬定数 β を中心周波数 ω_0 の周りでテイラー展開すると，

$$\beta(\omega) = \beta_0 + \beta_1(\omega - \omega_0) + \frac{\beta_2}{2}(\omega - \omega_0)^2 + \cdots, \quad \text{ただし} \quad \beta_1 = \left.\frac{d\beta}{d\omega}\right|_{\omega_0}, \beta_2 = \left.\frac{d^2\beta}{d\omega^2}\right|_{\omega_0} \tag{6.4}$$

と表される．このとき群速度は，

$$v_g = \frac{d\omega}{d\beta} = \frac{1}{\beta_1} \tag{6.5}$$

で与えられ，さらに β_2 が群速度 v_g の周波数依存性を表す．

$$\beta_2 = \frac{d\beta_1}{d\omega} = \frac{d}{d\omega}\left(\frac{1}{v_g}\right) = -\frac{1}{v_g^2}\frac{dv_g}{d\omega} \tag{6.6}$$

$\beta_2 > 0$ （$dv_g/d\omega < 0$ すなわち周波数が高いほど v_g が小さい）のときを**正常分散**，$\beta_2 < 0$ （$dv_g/d\omega > 0$ すなわち周波数が高いほど v_g が大きい）のときを**異常分散**という．光ファイバの分散パラメータは通常 β_1 の波長依存性として次式で定義される．

$$D = \frac{d\beta_1}{d\lambda} = -\frac{2\pi c}{\lambda^2}\beta_2 \tag{6.7}$$

(6.7)式より正常分散および異常分散はそれぞれ $D<0$，$D>0$ に対応する．分散 D は ps/nm/km の単位で表わされる．例えば 1 ps/nm/km とは，波長が 1 nm 離れた2つの信号が 1 km 伝搬したとき，短波長側の光が 1 ps 速く到達することをいう．典型的な単一モード光ファイバの波長分散特性を図6.4に示す．シリカファイバにおいて材料分散（D_m）は波長 1.3 μm 付近でゼロになる．一方，導波路分散（D_w）は材料分散に比べて十分小さいため，全波長分散（$D = D_m + D_w$）も 1.3 μm 付近でほぼゼロになる．**分散シフトファイバ**（dispersion-shifted fiber：DSF）は後に述べるが，屈折率分布を調整して導波

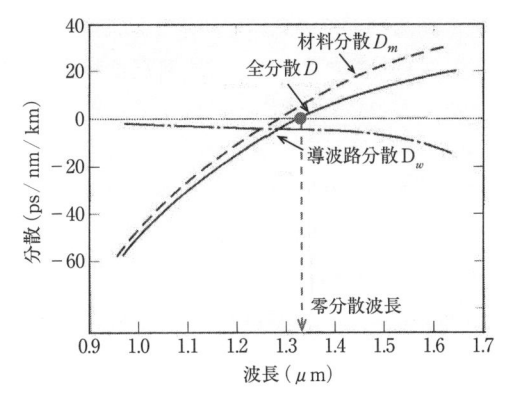

図6.4 光ファイバの波長分散特性

路分散を大きくし，波長$1.5\,\mu$m帯でDがゼロになるファイバである．

(3) 非線形光学効果

石英ガラスは本来光学非線形性が非常に小さい材料であるが，光をファイバの細径コアに閉じ込めるためパワー密度が大きいこと，ならびに低損失であるため相互作用長が長くなることから，非線形光学効果が容易に発現する．光ファイバ中の非線形光学効果は，

① 非線形屈折率に起因するものと，

② 誘導散乱現象に起因するもの

との2つに大別される．

①は**カー効果**（Kerr effect）とも呼ばれ，ファイバ中の光強度Iが増大すると屈折率nがIに比例して，

$$n = n_0 + n_2 I \tag{6.8}$$

と変化するものである．(6.8)式の第2項が非線形屈折率を表しており，シリカファイバにおける非線形屈折率は約$n_2 = 3.0 \times 10^{-20}\,\text{m}^2/\text{W}$である．その結果，強度の高いパルスが入射するとカー効果により光パルス自身が屈折率変化を誘起し，光パルスの位相が時間とともに変化する．この非線形効果による光の位相変化は，

$$\phi_{NL} = n_2 I k_0 z \tag{6.9}$$

で与えられる．このとき瞬時周波数は(6.9)式を時間微分して

$$\delta\omega = -\frac{\partial \phi_{NL}}{\partial t} = -n_2 k_0 z \frac{dI}{dt} \tag{6.10}$$

となる．すなわち光パルスの内部においてそのパルス波形に応じた周波数変化（チャーピング）が生じる．このような現象を**自己位相変調**（self phase modulation：SPM）という．SPMの重要な応用の一つに**光ソリトン**がある．光ソリトンとは異常分散（$D>0$）におけるパルス広がりとSPMによるパルスの位相変調とが釣り合うことにより形成される安定な光パルスである．すなわち，光ファイバに分散が存在してもSPMと相殺させることにより，波形を保持したまま光ファイバ中を安定に伝搬することができる．あるいは分散をうまく利用してSPMとのバランスにより無歪みパルスを遠くに伝送することができる．

2つの波長の異なる光をファイバに入射すると，一方の光の強度変化により非線形屈折率変化が誘起されもう一方の光の位相を変化させることができる．この現象を**相互位相変調**（XPM）という．XPMは6.6節で詳細に述べるように超高速全光スイッチへの応用において重要な役割を果たす．

異なる3つの周波数（$\omega_1, \omega_2, \omega_3$）の光をファイバに入射すると，3次の非線形分極 $\boldsymbol{P}_{NL}=\varepsilon_0\chi^{(3)}\boldsymbol{EEE}$ を介して3つの光が結合し，第4の新しい光（周波数 ω_4）が発生する．この現象を**四光波混合**（FWM）という．$\chi^{(3)}$ は非線形感受率と呼ばれ，カー係数と $n_2=\dfrac{3}{8n_0}\chi^{(3)}$ の関係にある．FWMはWDM伝送においてチャネル間のクロストークを発生させて伝送性能を劣化する要因となる．一方でFWMは波長変換や光位相共役などの新たな光信号処理応用に有効である[2]．

②の誘導散乱現象に起因する非線形光学効果には，**誘導ラマン散乱**（SRS）と**誘導ブリルアン散乱**（SBS）の2種類がある．SRSは高強度の励起光と石英ガラスにおける格子振動の光学フォノンとの相互作用に起因する[3]．入射光強度が弱いときは，固有な量だけ波長のシフトした光がランダムに散乱される（自然ラマン散乱）．それに対し，光強度が強くなると入射光と散乱光が非線形分極を介して結合し，さらにそれが格子振動をコヒーレントに励振して散乱光がさらに増大する．その結果位相の揃ったコヒーレントな散乱光が生じる．これがSRSと呼ばれる現象である．同様にSBSとは励起光と石英ガラスの音響フォノンとの相互作用による後方散乱光の発生である[4]．SRSは1.48 μm の半導体レーザで励起することにより波長1.55 μm 帯に増幅機能を持たせることができるため，広帯域光増幅器（**ラマン増幅**）として利用されている[5]．

c. **各種光ファイバとその特性**

これまでは標準的な単一モードファイバ（single-mode fiber：SMF）に関しその主要な伝送特性を述べてきたが，この節では光通信に用いられる SMF 以外のファイバとして，分散シフトファイバ（dispersion-shifted fiber：DSF），**分散補償ファイバ**（dispersion-compensating fiber：DCF）ならびに新しい構造の光ファイバである**フォトニック結晶ファイバ**（photonic crystal fiber：PCF）について簡単に述べる．

(1) **分散シフトファイバ（DSF）**

前項 b(1) で述べたように，シリカファイバの損失が最小となる波長は 1.55 μm であるが，前項 b(2) で述べたようにその波長分散がゼロとなる波長は 1.3 μm であり，1.55 μm 付近における波長分散は約 17 ps/nm/km と大きい．そのため，1.55 μm 帯での伝送においては分散によって伝送速度が制限されてしまう．そこで 1.55 μm 付近で分散がゼロとなるように構造を工夫したものが DSF である．DSF は SMF に比べてモードフィールド径を 8.0 μm まで細くし，屈折率差 Δ も 1% 近くまで高くする．ただし，前項 b(3) で述べたように，WDM 伝送においては零分散波長付近で FWM が高い効率で発生してしまう欠点もある．そこで，分散値をゼロ以外の有限の値にする NZ-DSF（non-zero dispersion-shifted fiber）[6]，あるいは次に述べる分散補償ファイバと SMF を組み合わせて伝送路全体で零分散を実現する分散マネージメント[7]が代わりに用いられる．

(2) **分散補償ファイバ（DCF）**

通常の SMF を 1.55 μm 帯での伝送路として用いると，(1) で述べたように分散が大きいため伝送速度が制限される．そこで 1.55 μm 帯で逆符号の分散（正常分散）を持たせたファイバが開発され，両者を用いることにより分散を抑える方法がよく利用されている．この逆分散ファイバを分散補償ファイバ（DCF）という．DCF は，コアに GeO_2 を高濃度に添加し屈折率を増加させ，クラッドにはフッ素を添加し屈折率を減少させた第1層と，それよりも高い屈折率を有する第2層を設けた，いわゆる W 型と呼ばれる屈折率分布を有している．これによりコアとクラッドの屈折率差を大きくし，さらにコア径を小さくして導波路分散を負の方向に増大させることにより，大きな正常分散を実現している．

(3) フォトニック結晶ファイバ (PCF)

フォトニック結晶ファイバ (PCF) とは，図 6.5 に示すように，シリカコアの周りに多数の空孔が規則的に配列されたファイバで，従来のステップインデックス型ファイバとは全く異なる構造を有するファイバである．光の導波原理は従来ファイバと同様で，シリカの屈折率 1.45 に対し，空気の屈折率は 1 でありクラッドの屈折率がコアよりも等価的に小さくなるため，全反射により光を導波できる．PCF の特徴は，ファイバ断面の空孔構造を変えることにより，従来ファイバでは実現が困難な光学特性を実現できることである[8]．例えば空孔の比率を大きくして Δ を大きくすることにより光を強く閉じ込めることができるため，低曲げ損失や高い非線形光学係数が得られる．また零分散波長を広帯域にわたって変化させることもでき，従来ファイバでは大きな分散であったため実現が難しかった $1.3\,\mu m$ 以下での高速通信用低分散ファイバを PCF により実現することができる．PCF はこのような数々の新しい可能性を有する光ファイバとして精力的に研究されている．

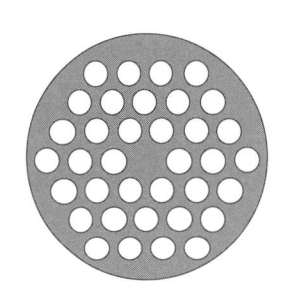

図 6.5　フォトニック結晶ファイバ

6.3 光　　源

代表的な光通信用光源として**半導体レーザ**ならびに**ファイバレーザ**がある．第 5 章で半導体レーザについて詳しく述べているので，ここではファイバレーザについて取り上げる．

a. 単一波長ファイバレーザ

エルビウムは波長 $1.55\,\mu m$ 帯に遷移を有する 3 準位系の希土類元素（原子番号 68）であり，波長 $1.48\,\mu m$ あるいは $0.98\,\mu m$ の励起光により光増幅が可能である．このエルビウムを光ファイバにドープした EDF (erbium-doped fiber) を利得媒質とし，さらに共振器も光ファイバで構成したレーザがファイバレーザである[9]．

共振器はファイバの両端で反射させる FP 型と，リング型の 2 種類がある．

共振器長は一般に数 m から数十 m と長いため，発振可能な縦モード間隔（free spectral range：FSR）が短くなり，一般に多モード発振する．また環境変動の影響を受けやすくモードホッピングも生じる．したがって，光ファイバに回折格子を形成したファイバブラッググレーティング（fiber bragg grating：FBG）を共振器に挿入するか，あるいは EDF 自身に FBG を形成することにより，単一モード発振を実現している．

b. 短パルスファイバレーザ

ファイバレーザと**モード同期**を組み合わせることにより，高速光通信用短パルス発生を実現できる．モード同期とは，発振縦モード間の位相を揃える手法であり，能動モード同期と受動モード同期の 2 種類がある[10]．能動モード同期は共振器を周回する光の振幅または位相を外部から変調するものであり，変調周波数を共振器の FSR またはその整数倍に設定することにより各縦モードの位相を同期させる．その結果 10〜40 GHz の高い繰り返し周波数で 1〜2 ps 程度の短光パルスを発生することができる[11]．

一方，受動モード同期は，**可飽和吸収光学効果**（入射する光の強度が大きいほど吸収が減少し光が透過しやすくなる性質）を利用して，共振器を周回する光の中から，強度の高い光パルスのみを共振させる方法である．可飽和吸収効果を得る方法として，特殊な色素や半導体における飽和現象を利用するもの（例えば SESAM）[12]，もしくは光ファイバ中のカー効果を利用して光強度に依存した位相変調や偏波回転を与える方法（NOLM，カーシャッター）[13] がある．最近ではカーボンナノチューブも新たな可飽和吸収素子として注目されている[14]．受動モード同期法では利得帯域を広く用いることができるため，フェムト秒の超短パルスを容易に発生できるが，繰り返し周波数は共振器長によって決まるため，100 MHz 以下と低くなる．

6.4 光 変 調 器

半導体レーザから出力される光は注入電流の変化によりその強度を直接変調することが可能であるが，長距離光伝送においては直接変調に伴う周波数チャープが伝送性能の劣化要因となる．そのため高速変調を行う場合にはレーザ出力光をレーザの外部で変調する**外部変調**方式が用いられる．本節では外部変調

器として広く用いられているLiNbO₃(LN)**変調器**ならびに**電界吸収型**（electro-absorption：EA）**変調器**について述べる．

a． LN変調器

LN変調器は**ポッケルス効果**（Pockels effect）（電界を印加するとその強さに比例して屈折率が変化する現象で，1次の**電気光学効果**とも呼ばれる）を利用した光変調器である．LiNbO₃は強誘電体結晶であり，電気光学定数が大きく，さらにTiを拡散させることによって低損失な単一モード光導波路が容易に得られることから，光変調器に適した材料として古くからデバイス化の検討が進められてきた．

LiNbO₃は光学的異方性を有する一軸性結晶であり，x，y軸とz軸とで屈折率が異なる．電気光学定数はr_{33}が最大の値をとることから，z軸に電界を印加すると，z方向に偏光した光に対して最も大きな屈折率変化を与えることができる．そこで，図6.6に示すようにLiNbO₃結晶に電界Eを印加すると，x方向に伝搬する光に対して次式で表される屈折率変化を与えることができる．

$$\delta n = -\frac{1}{2} r_{33} n^3 E \tag{6.11}$$

ここでnは結晶の屈折率である．したがって長さLの結晶に電圧Eを印加すると次式で与えられる光位相変調を実現することができる．

$$\delta\phi = -\frac{2\pi}{\lambda} \delta n \, L = \frac{\pi L}{\lambda} r_{33} n^3 E \tag{6.12}$$

光変調器の性能を表す重要な指標として，**半波長電圧**V_πと呼ばれるパラメータがある．これは伝搬光にπの位相変化を与えるために必要な電圧の大きさであり，特に高周波変調においてはV_πの低減が重要である．V_πは(6.12)式より

$$V_\pi = \frac{\lambda d}{L r_{33} n^3} \tag{6.13}$$

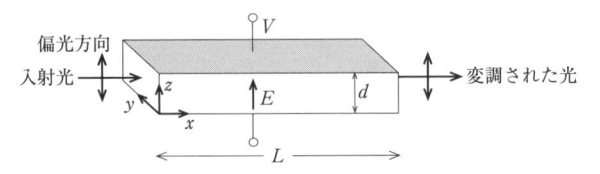

図6.6 LiNbO₃結晶による光位相変調

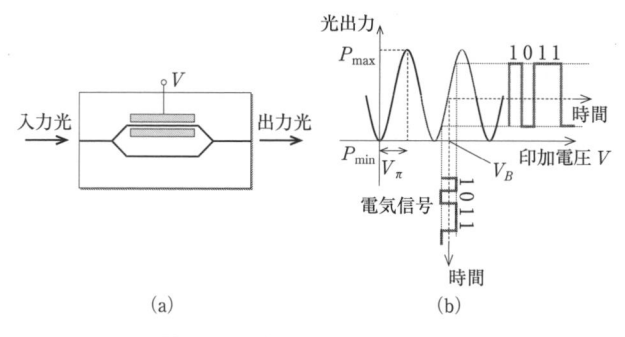

図6.7 LN 変調器による光強度変調

で与えられる．ここで d は結晶の z 方向の厚さである．

　LN 変調器で強度変調を実現するためには，上記の位相変調を**マッハツェンダ干渉計**を介して強度変調に変換すればよい．LN 強度変調器の基本的な構成とその動作原理を図6.7に示す．図(a) に示すように，入力光は Y 分岐された導波路によりマッハツェンダ干渉計の両側の光路に入射される．片側の光路に電極を設け電圧信号 $V(t)$ を印加し位相変調 $\delta\phi(t)$ を与えると，マッハツェンダ干渉計の出力では，2 つの光の干渉により，次式で与えられる強度変化が得られる．

$$P(t) = P_{max} \sin^2 \frac{1}{2}[\delta\phi(t)+\phi_0] = P_{max}\sin^2 \frac{1}{2}[\kappa V(t)+\phi_0] \quad (6.14)$$

ここで $\kappa = \lambda d / \pi L r_{33} n^3$，$\phi_0$ は位相シフトのオフセット量である．印加電圧と光出力の関係を図(b) に示す．電圧 V_π を印加すると π の位相変化が得られることから，強度変調としては最大の**消光比**（P_{max}/P_{min}）が得られる．このとき，図(b) に示すように，光出力が $P_{max}/2$ となるようなバイアス電圧 V_B の周りで，外部から変調信号を印加すると，変調器の出力からは強度変調された光信号が得られる．ただし図(a) の構成では，強度変調された光信号はチャープを伴ってしまうという問題がある．そこでマッハツェンダ干渉計の両側の光路に電極を設け，それぞれに $\delta\phi$，$-\delta\phi$ の位相変化を与えプッシュプル動作を行うことにより，強度変調に伴うチャープをゼロにすることができる．

　LN 強度変調器は通常の OOK（on-off keying）変調だけではなく，バイアス電圧や電圧信号の振幅を適切に設定することにより，CS-RZ（carrier-suppressed return-to-zero）や DPSK（differential phase shift keying）などの新

しい変調方式も実現することができる．また最近では，マッハツェンダ干渉計の各光路にさらにもう一つのマッハツェンダ干渉計を入れ子状に配列した複合マッハツェンダ変調器が開発されている[15]．この変調器では，それぞれのマッハツェンダ干渉計で独立に強度変調ができることから，それぞれを光の同位相 (in-phase) 成分，直交位相 (quadrature-phase) 成分に対応させることによりベクトル変調器 (IQ 変調器) として利用でき，コヒーレント通信用の光変調器に利用される[16]．

b． EA 変調器

LN 変調器が干渉型の光変調器であるのに対し，EA 変調器は半導体の**フランツ-ケルディッシュ効果**（Franz-Keldysh effect）を利用した吸収型の光変調器である．フランツ-ケルディッシュ効果とは，バルク半導体に強い電界を印加すると，電子および正孔のトンネル確率が増大し，禁制帯にも電子・正孔を見出す確率が増えるため，吸収端波長 λ_g が長波長側にシフトする（等価的に禁制帯幅が狭くなる）現象である．その結果，電界の印加により光吸収の大きさを制御することができる．印加電圧に対する光吸収特性の一例を図 6.8 に示す．吸収特性が非線形であることから，正弦波電圧を印加することにより CW 光から sech^2 型のような光パルスを直接生成することができる．この方法は 6.8 節 c 項で述べる光ソリトンの発生に用いられている[17]．また，半導体レーザと EA 変調器をモノリシックに半導体基板上に集積化し，小型かつ高速なトランシーバが実現されている．

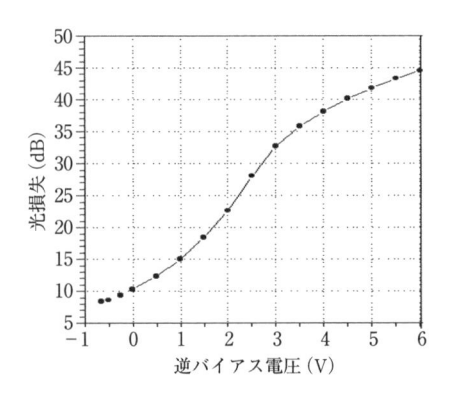

図 6.8　EA 変調器の電圧-光吸収特性

6.5 光増幅器

光増幅器が実用化される以前の長距離光通信においては,光信号をいったん電気信号に変換してから信号処理を行う**再生中継**が用いられてきた.しかし光信号を光のまま増幅する光増幅器が80年代後半に実現され,特に1989年に優れた性能を有する小型 EDFA が開発されてからは,光ファイバ通信の高性能化が著しく進展した[18].ここでは代表的な光増幅器として EDFA と**半導体光増幅器**(semiconductor optical amplifier:SOA)の2種類を取り上げる.

a. エルビウム添加光ファイバ増幅器(EDFA)

EDFA は,6.3節a項でも簡単に述べたように,光ファイバのコア部に添加した**エルビウムイオン**からの誘導放出を利用した光増幅器である.光ファイバ増幅器の研究は1960年代に遡る.当初は大型の励起光源が必要であり実用化が困難とされていたが,1989年に励起光源として $1.48\,\mu m$ 高出力半導体レーザを用いることにより小型で実用性の高い EDFA が実現されて以来,光通信システムに広く用いられるようになり今では長距離大容量伝送に欠かせない存在となっている[19].EDFA の特徴としては,高利得,高効率,かつ低雑音であり,さらに偏波依存性が少なく,ファイバ伝送路との接続も容易であることが挙げられる.また,増幅に伴う信号歪みが小さくパターン依存性が少ないことも大きな利点である.

(1) 構成と動作原理

EDFA による光増幅の原理は,誘導放出を利用するという点でレーザと同じであるが,レーザとは異なり,共振器構造を用いず進行波形の構成である.エルビウムイオンのエネルギー準位を図6.9に示す.$^4I_{15/2}$ を基底準位とし,$^4I_{13/2}$ との間の誘導放出により,$1.55\,\mu m$ 帯の光増幅を実現している.励起光源には主に波長 $1.48\,\mu m$ のものと,$0.98\,\mu m$ の半導体レーザ光が用いられる.

$1.48\,\mu m$ 励起では,イオンは $^4I_{13/2}$ 準位の最上位のレベルに励起され,その後複数の副準位の間に分布し,その最下位のレベルと $^4I_{15/2}$ 準位との間で誘導放出が起こる.$0.98\,\mu m$ 励起では3準位系になっており,イオンはいったん $^4I_{11/2}$ 準位に励起され,その後 μs の緩和時間で $^4I_{13/2}$ 準位に非放射で遷移し,$^4I_{15/2}$ との間で誘導放出が生じる.

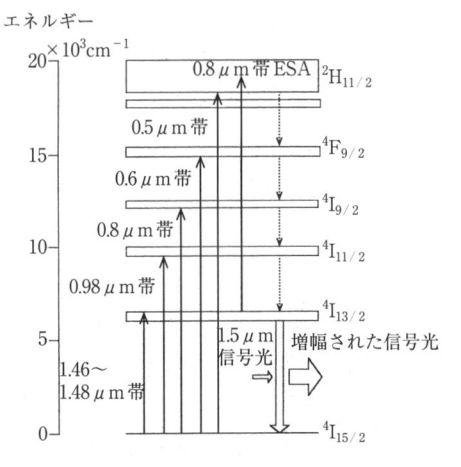

図 6.9 Er^{3+} イオンのエネルギー準位

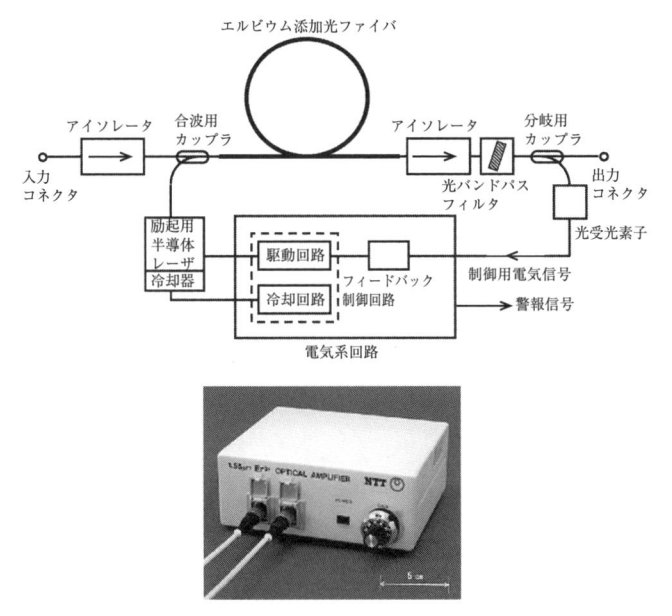

図 6.10 EDFA の基本構成とその外観

一般的な EDFA の基本構成を図 6.10 に示す．励起用 LD からの高出力励起光を WDM カプラで信号光と合波し EDF に入射する．EDF 長は通常数十 m 程度，エルビウムの濃度は数十〜数千 ppm である．入出力両端でのレーザ発

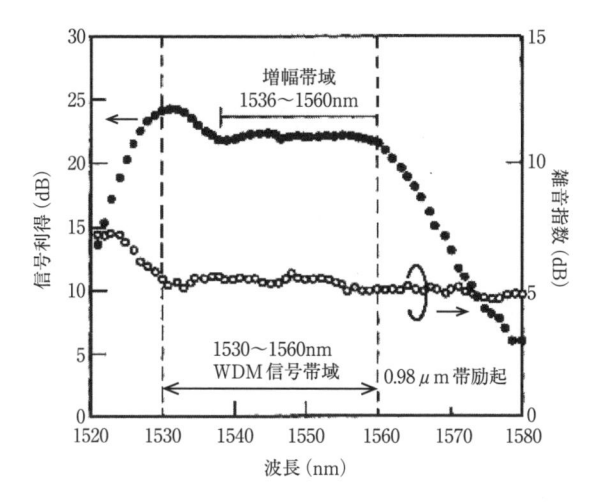

図 6.11 EDFA の利得の波長依存性

振を防ぐために光アイソレータを挿入している．光フィルタで励起光を除去した後，増幅した信号光が得られる．同図は信号光と励起光が同一方向に伝搬する前方励起型の構成を示しているが，それとは逆の後方励起型や両者を組み合わせた双方向励起型もある．

0.98 μm 励起における利得の波長依存性を図 6.11 に示す．波長 1536 nm, および 1552 nm に利得のピークが存在し，利得幅は約 30 nm である．

(2) 利得特性

光増幅器における重要な特性として**利得飽和**がある．入力信号光パワーと利得の関係を図 6.12(a) に示す．この図からもわかるように，光増幅器では一般に，入力光パワーが小さい場合には一定の利得が得られるが，信号光パワーを大きくするにつれて利得が減少し飽和する．飽和を含めた利得係数は，

$$g = \frac{g_0}{1 + P_i/P_{sat}} \tag{6.15}$$

と表される[20]．ここで g_0 は飽和がない場合の利得（すなわち小信号利得）であり，P_{sat} は利得係数が半分になるときの入力光パワーである．P_{sat} は励起光パワーに比例して増大し，図 6.12(b) に示すように励起光パワーを大きくすると飽和出力パワーも増大し，利得が増加する．

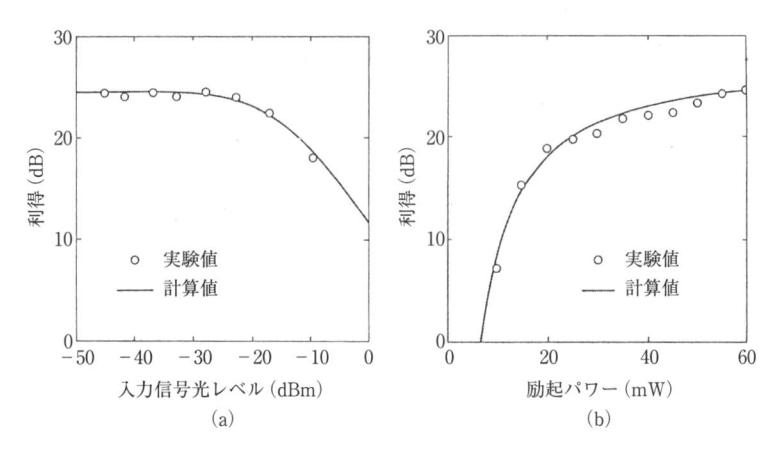

図6.12 EDFAの増幅特性 (a) 利得の入力信号光レベル依存性, (b) 利得の励起パワー依存性

(3) 雑音特性

光増幅器においては誘導放出と同時に, 入力光に関係なく**自然放出**が常に生じる. 自然放出光の一部がファイバのモードに結合し, 誘導放出による増幅を受けることにより, 増幅後の信号光には雑音が重畳される. このような雑音を**自然放出光** (amplified spontaneous emission: ASE) **雑音**と呼ぶ.

光増幅器の雑音特性は**雑音指数** NF (Noise Figure) で評価される. NF は光増幅器の入出力における S/N の比で定義され,

$$NF = \frac{(S/N)_{\text{In}}}{(S/N)_{\text{Out}}} \quad (6.16)$$

で与えられる. 利得が十分大きく信号光と ASE のビート雑音が支配的であるとすると NF は,

$$NF = 2\mu \quad , \quad \mu = \frac{N_2}{N_2 - N_1} \quad (6.17)$$

と表される. μ は**反転分布係数**と呼ばれるパラメータであり, N_1, N_2 はそれぞれ基底準位および上準位のイオン密度を表す. 反転分布が十分生じ $\mu=1$ にすることができれば $NF=2$ (3dB) となり, このとき NF は最小 (**量子限界**) となる. EDFA においては, 0.98μm 励起の場合, ほぼ完全な反転分布が得られ, 3 dB に近い NF を実現できる. 一方, 1.48μm 励起では $^4I_{13/2}$ 準位がシュタルク分裂して複数の副準位に分布しているため, $\mu=1.6$ において励起光

が透明になる．このとき，$NF=5$ dB であり，これが NF の最小値を与える．したがって雑音特性に関しては $0.98\,\mu$m 励起のほうが優れている．

b. 半導体光増幅器（SOA）

SOA の構成と動作原理も半導体レーザのそれと類似しており，電子と正孔の再結合による誘導放出を利用して光を増幅する．SOA は EDFA と比較して利得帯域が約 70 nm と広帯域であるが，NF は数 dB 程度大きくなる．また入射光の偏波方向によって光の閉じ込め係数が異なるため，利得が偏波依存性を有する．さらに，励起準位におけるキャリヤの寿命が ns 程度と短いため，Gbit/s 以上の高速信号を増幅する場合，利得飽和により波形に歪み（パターン効果）が生じる．すなわち，入力光信号の波形変化が励起準位の寿命と同程度であるため，利得飽和領域では励起準位のキャリヤ密度が入力光の波形変化に追随してしまい，その結果入力信号に応じて利得が変動し波形歪みが生じる．一方，EDFA はエルビウムイオンの寿命が 10 ms 程度であるため，利得は平均パワーのみで決まり，入力信号波形に関係なく一定の利得を示す．

このように SOA は光通信応用では EDFA に及ばないものの，小型で集積化が可能であることから他の半導体光デバイスとの一体集積化に用いられたり，あるいは相互利得変調や相互位相変調などの非線形光学効果を利用した高速光信号処理への応用などに利用される[21]．

6.6 光 DEMUX（多重分離）

次世代の光ネットワークにおいては光信号を電気信号に変換することなく高速にスイッチする技術が重要な役割を果たす．光 DEMUX は高速の OTDM 信号から低速の信号を抽出する技術であり，最も基本的な光スイッチの一つである．その他の光スイッチとしては，光中継ノードにおける光 ADM（add drop multiplexing），3R 再生，波長変換，さらに光サンプリングなどの計測技術が挙げられる．これらの信号処理機能を電気処理を介さず全光学的に実現できれば，電子回路の処理限界を超える超高速信号処理が可能になるだけでなく，ビットレートや波長に依存しないトランスペアレントな処理が可能となる．ここでは，光 DEMUX に用いられる半導体ならびにファイバ型デバイスを取り上げ，その動作原理とスイッチング特性を述べる．

a. EA 変調器

6.4 節 b 項で紹介した EA 変調器は，光強度変調器だけでなく，電気-光スイッチとして光 DEMUX にも利用することができる．図 6.8 に示したように EA 変調器は印加電圧に対して非線形な光学吸収特性を有するため，正弦波電圧を印加することによりゲート幅の狭い光スイッチング特性が容易に得られる．そのため EA 変調器は簡単かつ安価な構成で容易に多重分離を実現できるという特徴があり，160 Gbit/s の OTDM 信号を 40 Gbit/s に多重分離する場合に広く用いられている[22]．

b. SOA-SMZ 変調器

6.5 節 b 項で述べた SOA における非線形光学効果は DEMUX などの光スイッチングに有用であり，全光によるスイッチが実現できる．最も簡便な方法は，信号光と打ち抜き用の制御光との間の相互利得変調を用いるものである．利得飽和した SOA に制御光を入射すると信号光に対してトランスペアレントになるため，制御光と信号光が同時に SOA に入射したときのみ信号光を出力することができる．しかし SOA におけるキャリヤの回復時間は 100 ps 程度と低速であるため，高速動作は困難である．そこで，マッハツェンダ干渉計のそれぞれのアームに SOA を挿入した**対称マッハツェンダ**（symmetric Mach-Zehnder：SMZ）**構造**が提案されている[23]．

SMZ スイッチの構成を図 6.13 に示す．図に示すように SMZ はマッハツェンダ干渉計の 2 つのアームに SOA を挿入した干渉型の全光スイッチである．それぞれの SOA において，制御光と信号光の相互位相変調により，多重分離したいパルスに π の位相シフトを与えることができる．しかし位相シフトの緩和が低速であるため，1 台の SOA では高速 OTDM 信号の多重分離は困難である．そこで，図の SOA 1 で位相シフトを生じさせた直後に SOA 2 で位相

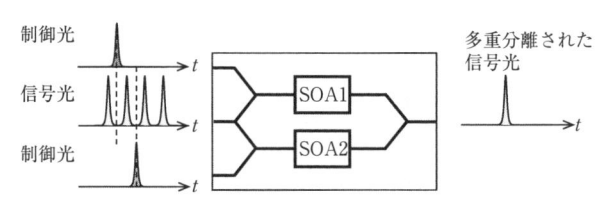

図 6.13 SMZ スイッチの構成

シフトを生じさせることにより，SOA 1 における低速な緩和成分を打ち消すことができる．その結果，それぞれの SOA に入射する制御光パルスのパワー P_1, P_2 および相対的な時間差 τ を適切に設定することにより，ゲート幅が 3 ps 以下の超高速光スイッチングを実現することができ，160～320 Gbit/s から 40 Gbit/s あるいは 10 Gbit/s の多重分離が実証されている．

c．ファイバ型 DEMUX

さらに高速の OTDM 信号に対する DEMUX を実現するためには，1.2 節 c 項で述べた光ファイバ中のカー効果が用いられる．特にシリカファイバのカー効果はフェムト秒程度の応答速度を有するため，超高速かつ広帯域なスイッチングが期待されている．

XPM を用いた DEMUX として，**非線形ファイバループミラー**（nonlinear optical loop mirror：NOLM）を用いる方法がある[24]．NOLM は，図 6.14 に示すように，ファイバカプラの 2 つのファイバ端部に長尺の光ファイバを接続し，ループを構成したものである．信号光はカプラを介して 2 分岐され，ファイバループ中を互いに逆方向に回る．このとき

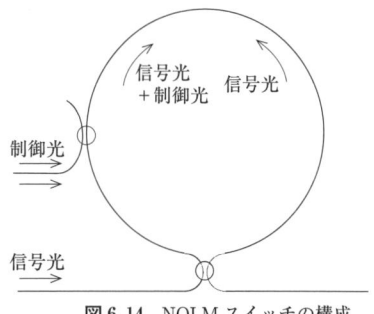

図 6.14　NOLM スイッチの構成

打ち抜き用の制御光パルスをループの途中から入射し，信号光と同時に伝送させる．その結果，制御光と同方向に伝搬する信号光に XPM が生じる．ここで XPM により π の位相シフトが与えられれば，ループを 1 周した後，左回りと右回りの信号光は位相が反転する．制御光が存在しないときは左回りと右回りは同位相である．その結果，位相差 π の信号のみを抽出することにより DEMUX 動作が実現できる．この原理により 640 Gbit/s から 10 Gbit/s の DEMUX が実現されている．

6.7　光検出器

光信号を電気信号に変換する受光素子としては，**pin-PD**（photo diode）ならびに**アバランシェフォトダイオード**（avalanche photo diode：APD）など

の半導体光検出器が用いられる．これらの構成と動作原理は5.2節で述べている．

6.8 光ファイバ中の信号伝搬

6.2節b項で述べたように光ファイバ中を信号光が伝搬すると，光ファイバの損失，波長分散，非線形光学効果により信号歪みが生じ，伝送可能な距離やビットレートを制限する要因となる．ここでは，光ファイバ中のパルス伝搬を記述する方程式を導出し，分散によるパルス広がりを定量的に記述するとともに光ソリトンと呼ばれる光伝送に適した非線形波動伝搬について述べる．

a. 伝搬方程式の導出

よく知られているように，**マクスウェルの方程式**を変形すると，次式の波動方程式を導くことができる．

$$\nabla^2 \boldsymbol{E} = \frac{1}{c^2}\frac{\partial^2 \boldsymbol{E}}{\partial t^2} + \mu_0 \frac{\partial^2 \boldsymbol{P}_L}{\partial t^2} + \mu_0 \frac{\partial^2 \boldsymbol{P}_{NL}}{\partial t^2} \tag{6.17}$$

ここで分極 $\boldsymbol{P}$ は電界 $\boldsymbol{E}$ に比例する線形分極 $\boldsymbol{P}_L$ と電界 $\boldsymbol{E}$ の3乗に比例する3次の非線形分極 $\boldsymbol{P}_{NL}$ とに分けて表している．パルスの光電界 $\boldsymbol{E}$ を，搬送波である光の周波数 ω_0 と緩やかに変化する包絡線の複素振幅 E_0 を用いて

$$\boldsymbol{E}(\boldsymbol{r},t) = \frac{1}{2}\boldsymbol{e}_x[E_0(\boldsymbol{r},t)e^{-i\omega_0 t} + c.c.] \tag{6.18}$$

と表す．このとき**線形分極** $\boldsymbol{P}_L$ は電気感受率 $\chi^{(1)}$ を用いて

$$\boldsymbol{P}_L(\boldsymbol{r},t) = \varepsilon_0 \chi^{(1)} \boldsymbol{E} = \frac{1}{2}\boldsymbol{e}_x[\varepsilon_0 \chi^{(1)} E_0(\boldsymbol{r},t)e^{-i\omega_0 t} + c.c.] \tag{6.19}$$

となる．一方，**非線形分極** $\boldsymbol{P}_{NL}$ は，6.2節b項(3)でも述べたように，3次の非線形感受率 $\chi^{(3)}$ を用いて

$$\boldsymbol{P}_{NL}(\boldsymbol{r},t) = \varepsilon_0 \chi^{(3)} \boldsymbol{EEE} \tag{6.20}$$

で与えられる．(6.18)式を(6.20)式に代入すると，周波数 ω_0 の成分と $3\omega_0$ の成分が得られる．$3\omega_0$ の成分は位相整合がとれないため通常無視することができ，ω_0 の成分のみを抽出すると，

$$\boldsymbol{P}_{NL}(\boldsymbol{r},t) = \frac{1}{2}\boldsymbol{e}_x\left[\frac{3}{4}\varepsilon_0\chi^{(3)}|E_0(\boldsymbol{r},t)|^2 E_0(\boldsymbol{r},t) + c.c.\right] \tag{6.21}$$

となる．(6.18)，(6.19)，(6.21)式を (6.17)式に代入すると

$$\nabla^2 E_0 = -\frac{\omega_0^2}{c^2}E_0 - \varepsilon_0\mu_0\chi^{(1)}\omega_0^2 E_0 - \frac{3}{4}\varepsilon_0\mu_0\chi^{(3)}\omega_0^2|E_0|^2 E_0$$

$$= -\frac{\omega_0^2}{c^2}\left(1+\chi^{(1)}+\frac{3}{4}\chi^{(3)}|E_0|^2\right)E_0$$

$$= -k_0^2\varepsilon(\omega,|E_0|^2)E_0 \tag{6.22}$$

を得る．ここで

$$\varepsilon(\omega,|E_0|^2) = 1 + \chi^{(1)}(\omega) + \frac{3}{4}\chi^{(3)}|E_0|^2 \tag{6.23}$$

である．ここで $\chi^{(1)}$ の ω 依存性は後で示すように波長分散に起因するものである．以下ではまず周波数領域で光パルスの伝搬を記述し，その後時間領域での伝搬方程式を導出する．

　光パルスが長手方向に伝搬する様子を記述するために，電界の複素振幅 $E_0(\boldsymbol{r},t)$ およびそのフーリエ変換 $\widetilde{E}_0(\boldsymbol{r},\omega)$ を以下のように表す．

$$E_0(\boldsymbol{r},t) = A(z,t)F(x,y)\exp(i\beta_0 z) \tag{6.24}$$

$$\widetilde{E}_0(\boldsymbol{r},\omega) = \widetilde{A}(z,\omega)F(x,y)\exp(i\beta_0 z) \tag{6.25}$$

すなわち，z 方向の伝搬を，伝搬定数 β_0 による位相回転 $\exp(i\beta_0 z)$ と包絡線振幅 $A(z,t)$ の伝搬とに分けて表現し，また光ファイバ断面 (x,y) のモード分布 $F(x,y)$ は，長手方向に一様であるとして $A(z,t)$ と分離している．(6.25)式を(6.22)式に代入すると，

$$\frac{\partial^2 F}{\partial x^2} + \frac{\partial^2 F}{\partial y^2} + [\varepsilon(\omega,|E_0|^2)k_0^2 - \beta_0^2]F = 0 \tag{6.26}$$

$$\frac{\partial^2 \widetilde{A}}{\partial z^2} + 2i\beta_0\frac{\partial \widetilde{A}}{\partial z} + [\varepsilon(\omega,|E_0|^2)k_0^2 - \beta_0^2]\widetilde{A} = 0 \tag{6.27}$$

が得られる．(6.26)式はモード分布を記述する方程式であり，(6.27)式がパルスの伝搬を表している．ここで $\widetilde{A}$ の z 方向の変化は $\exp(i\beta_0 z)$ に比べて十分緩やかであるので $|\partial^2\widetilde{A}/\partial z^2| \ll \beta_0^2|\widetilde{A}|$ であることから，$\partial^2\widetilde{A}/\partial z^2$ の項を無視することができる．その結果，(6.27)式は

$$2i\beta_0\frac{\partial \widetilde{A}}{\partial z} + [\varepsilon(\omega,|E_0|^2)k_0^2 - \beta_0^2]\widetilde{A} = 0 \tag{6.28}$$

となる．(6.28)式の $\widetilde{A}$ の係数は (6.23)式より

$$\varepsilon(\omega,|E_0|^2)k_0^2 - \beta_0^2 = (1+\chi^{(1)}(\omega))k_0^2 - \beta_0^2 + \frac{3}{4}\chi^{(3)}k_0^2|E_0|^{(2)}$$

$$= \beta^2(\omega) - \beta_0^2 + \frac{3}{4}\chi^{(3)}k_0^2|E_0|^2 \tag{6.29}$$

と書ける．ここで $\beta^2 - \beta_0^2 \approx 2\beta_0(\beta - \beta_0)$ と近似し，(6.29)式を(6.28)式に代入し，$\beta_0 = nk_0$ を用いると

$$\frac{\partial \tilde{A}}{\partial z} = i(\beta(\omega) - \beta_0)\tilde{A} + in_2 k_0 |\tilde{A}|^2 \tilde{A} \tag{6.30}$$

を得る．ここで $n_2 = \dfrac{3}{8n}\chi^{(3)}$ であり，6.2節 b 項(3) でも述べたようにこれは**非線形屈折率**と呼ばれる．(6.30)式が周波数領域で光パルスの伝搬を記述する方程式である．

ここで波長分数を考慮すると，(6.30)式の $\beta(\omega)$ は (6.4)式で表される．ただしここでは電界の包絡線を扱っているので(6.4)式の $\omega - \omega_0$ はここでは ω に対応している．β_2 までの項を取り (6.30)式に代入すると

$$\frac{\partial \tilde{A}}{\partial z} = i\left(\beta_1 \omega + \frac{\beta_2 \omega^2}{2}\right)\tilde{A} + in_2 k_0 |\tilde{A}|^2 \tilde{A} \tag{6.31}$$

となる．(6.31)式を逆フーリエ変換すると，$\dfrac{\partial}{\partial t} \leftrightarrow -i\omega$ に注意して

$$\frac{\partial A}{\partial z} = -\beta_1 \frac{\partial A}{\partial t} - i\frac{\beta_2}{2}\frac{\partial^2 A}{\partial t^2} + i\gamma |A|^2 A \tag{6.32}$$

が得られる．ここで $\gamma = k_0 n_2 / A_{\text{eff}}$ はファイバの非線形光学係数であり，A_{eff} は光ファイバの実効コア断面積である（$|A|^2$ が光パワーに等しくなるよう電界振幅 A を A_{eff} で規格化している）．(6.32)式の右辺第1項は，$\beta_1 = 1/v_g$ に注意すると，光パルスが群速度 v_g で z 方向に伝搬していることを表している．右辺第2項が2次分散，第3項がカー効果を表している．(6.32)式が分散および非線形光学効果を考慮したときの光ファイバ中の信号伝搬を記述する基本方程式である．特に (6.32)式で $\beta_1 = 0$ とおいた方程式は**非線形シュレディンガー方程式**（nonlinear Schrödinger equation：NLS）と呼ばれる．

b. 分散によるパルス広がり

実際に (6.32)式を用いて $\gamma = 0$ の場合すなわち線形信号伝搬の様子を解析してみよう．まず初めに分散 β_2 によるパルス広がりを考える．(6.32)式において β_2 の項のみを抽出し，

$$\frac{\partial A}{\partial z} = -i\frac{\beta_2}{2}\frac{\partial^2 A}{\partial t^2} \tag{6.33}$$

すなわち周波数領域で

$$\frac{\partial \tilde{A}}{\partial z} = i\frac{\beta_2 \omega^2}{2}\tilde{A} \tag{6.34}$$

を解く．具体例として，入力パルスがガウス型の波形

$$A(0,t) = A_0 \exp\left(-\frac{t^2}{2T_0^2}\right) \tag{6.35}$$

の場合を解析する．(6.35)式で T_0 は電界強度 $|A(0,t)|^2$ が $1/e$ となる半幅を表しており，パルスの半値全幅（$|A(0,t)|^2$ が $1/2$ になるパルス幅）T_{FWHM} と以下の関係がある．

$$T_{FWHM} = 2\sqrt{\ln 2}\ T_0 \tag{6.36}$$

(6.35)式のフーリエ変換は

$$\tilde{A}(0,\omega) = A_0 T_0 \sqrt{2\pi} \exp\left(-\frac{T_0^2}{2}\omega^2\right) \tag{6.37}$$

となる．(6.37)式を初期条件として(6.34)式を解くと

$$\tilde{A}(z,\omega) = \tilde{A}(0,\omega)\exp\left(i\frac{\beta_2 z}{2}\omega^2\right)$$

$$= A_0 T_0 \sqrt{2\pi} \exp\left(-\frac{\omega^2}{2}(T_0^2 - i\beta_2 z)\right) \tag{6.38}$$

となる．したがって(6.38)式を逆フーリエ変換して，距離 z 伝搬後のパルス波形 $A(z,t)$ が以下のようにして得られる．

$$A(z,t) = \frac{1}{2\pi}\int_{-\infty}^{\infty} \tilde{A}(z,\omega)\exp(-i\omega t)d\omega$$

$$= A_0 \frac{T_0}{\sqrt{T_0^2 - i\beta_2 z}} \exp\left[-\frac{t^2}{2(T_0^2 - i\beta_2 z)}\right] \tag{6.39}$$

(6.39)式を振幅（絶対値）と位相に分けて表現すると

$$A(z,t) = \frac{A_0 T_0}{(T_0^4 + \beta_2^2 z^2)^{1/4}} \exp\left[-\frac{t^2}{2(T_0^2 + \beta_2^2 z^2/T_0^2)}\right]$$

$$\times \exp\left[-\frac{i\beta_2 z}{2(T_0^4 + \beta_2^2 z^2)}t^2 + \frac{1}{2}\tan^{-1}\left(\frac{\beta_2 z}{T_0^2}\right)\right] \tag{6.40}$$

となる．(6.40)式が分散による波形歪みを表している．

まずパルス幅の変化に着目する．(6.40)式のガウス波形を $\exp(-t^2/2T_1^2)$ とみなすと，

$$T_1^2 = T_0^2 + \beta_2^2 z^2/T_0^2 \tag{6.41}$$

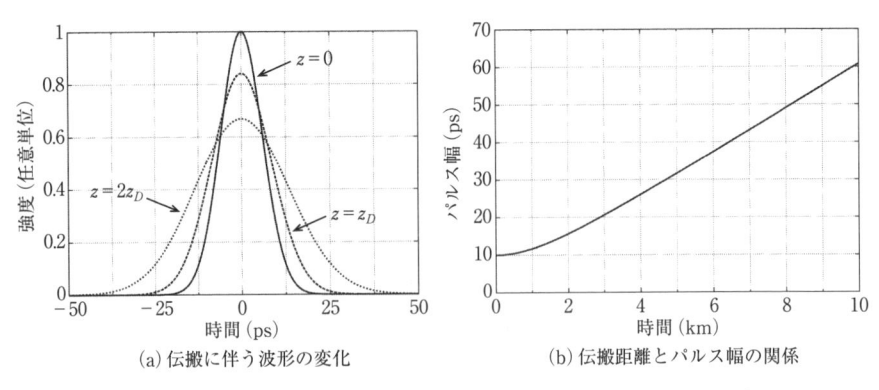

図 6.15 分散によるパルス広がり（$D=17$ ps/nm/km, $T_{FWHM}(0)=10$ ps）

すなわち

$$T_1 = T_0 \sqrt{1 + \left(\frac{\beta_2 z}{T_0^2}\right)^2} \quad (6.42)$$

となる．したがってパルス幅は伝搬とともに単調に増加する．特に $z = T_0^2/|\beta_2|$ のときパルス幅は T_0 の $\sqrt{2}$ 倍に広がり，この距離を分散距離 z_D と呼ぶ．分散によるパルス広がりの様子を図 6.15 に示す．図(a)は半値全幅 10 ps（$T_0 = 6$ ps）のガウス型パルスを $D = 17$ ps/nm/km（$\beta_2 = -21.6$ ps^2/km）の分散を有する SMF に入射し，距離 z_D（1.67 km）および $2z_D$（3.33 km）伝搬させたときの波形を示している．このとき長手方向のパルス幅の変化を図(b)に示している．3.8 km 以上伝搬させるとパルス幅が 25 ps 以上に広がり，これは 40 Gbit/s のパルス伝送（パルス間隔 25 ps）を考えると 4 km 程度で隣接パルスと重なり合ってしまうことを示している．

一方，(6.40)式において位相項に着目すると，t^2 に比例する位相成分

$$\phi(z, t) = -\frac{\beta_2 z}{2(T_0^4 + \beta_2^2 z^2)} t^2 \quad (6.43)$$

が含まれている．これはパルスが分散によって t^2 に比例する位相変調を受けることを表している．$\phi(z, t)$ を時間微分すると瞬時周波数

$$\delta\omega(z, t) = -\frac{\partial \phi}{\partial t} = \frac{\beta_2 z}{T_0^4 + \beta_2^2 z^2} t \quad (6.44)$$

が得られ，パルスの中で周波数が変調を受けていることがわかる．その様子を

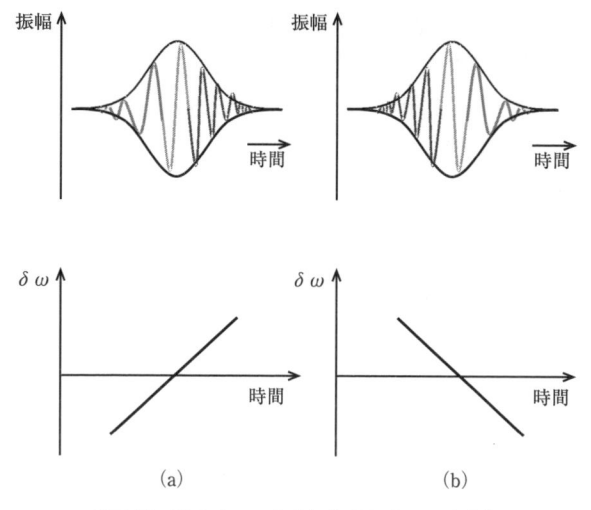

図 6.16 正のチャープ (a) と負のチャープ (b)

図 6.16 に示す．このようにパルスの周波数が搬送波周波数 ω_0 に対して局所的に $\delta\omega(t)$ だけ変化することをチャーピングと呼ぶ．(6.44)式の場合には時間に比例して瞬時周波数が t に比例して変化しているので，**線形チャープ**と呼ばれる．(6.44)式からわかるように，チャープの符号は分散 β_2 の符号で決まり，正常分散 ($\beta_2>0$) の場合は**正のチャープ**（up chirp），異常分散 ($\beta_2<0$) の場合は**負のチャープ**（down chirp）となる．

c. 自己位相変調と光ソリトン

次にカー効果による信号歪みとして自己位相変調と，光ソリトンの伝搬について解析する．まずはじめに簡単のため，(6.32)式において $\beta_1=\beta_2=0$ としてカー効果の項のみを残すと

$$\frac{\partial A}{\partial z}=i\gamma|A|^2 A \tag{6.45}$$

と表される．この式は，$\partial|A|^2/\partial z=0$ すなわちパルス強度の波形 $|A(z,t)|^2$ は距離によらず常に一定であるという性質を有する．これを用いると (6.45)式の解は

$$A(z,t)=A(0,t)\exp(i\phi_{NL}(z,t)) \tag{6.46}$$

$$\phi_{NL}(z,t)=\gamma|A(0,t)|^2 z \tag{6.47}$$

となる．すなわちカー効果によって光パルスは位相変調 $\phi_{NL}(z,t)$ を受ける．これは (6.9)式と同じであり，6.2節 b 項(3) でも述べたように，$\phi_{NL}(z,t)$ はパルス自身の強度 $|A(0,t)|^2$ に比例し，パルス波形に応じた位相変調が誘起されるので，これを**自己位相変調**（SPM）と呼ぶ．(6.47)式を時間微分し周波数チャープを求めると

$$\delta\omega = -\frac{\partial \phi_{NL}}{\partial t} = -\frac{\partial |A(0,t)|^2}{\partial t}\gamma z \tag{6.48}$$

となる．自己位相変調による周波数チャープとパルス波形の関係を図 6.17 に示す．パルスの立ち上がりではチャープが負（長波長側にシフト），立ち下がりでは正（短波長側にシフト）であり，パルスの中心付近では正のチャープとなっている．

ここまでは分散を考慮せずカー効果のみを考えたが，分散が存在すると以下のような現象が生じる．正常分散領域では，SPM により長波長側にシフトした立ち上がり成分はより速く，立ち下がり成分は逆により遅くなるため，パルス中心部のエネルギーは両翼に分配され矩形波に近づく．逆に異常分散領域ではパルスの立ち上がり部分での速度が遅く，立ち下がりでは速くなる．したがって入射パルスは圧縮され，最終的には GVD による広がりと SPM による圧縮の効果とが釣り合った安定なパルスになる．これが光ソリトンの原理である．

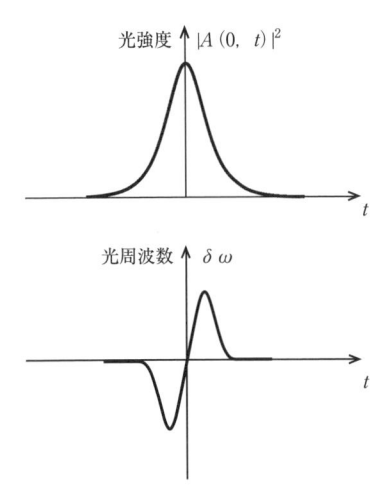

図 6.17 自己位相変調による周波数チャープ $\delta\omega$ とパルス波形 $|A(0,t)|^2$ の関係

ソリトンという言葉は，Zabusky と Kruskal が 1965 年に発表した論文に初めて用いられている[25]．彼らは非線形な 1 次元格子振動として知られている，Korteweg-deVries（KdV）の方程式の数値解を求めるとき，孤立した波が互いに衝突を繰り返しても，その形を変えないことを発見した．彼らは，そのパルスが"粒子的"な振る舞いをする孤立波という意味で，solitary wave の solit と，例えば，光の粒子性を表す言葉 photon に表れる on とを結びつけて，

soliton（ソリトン）と名づけた．1971 年には，Zakharov と Shabat は，非線形シュレディンガー方程式に逆散乱法という手法を適用し，その方程式が解析的に解けることを示しソリトン解を導出した[26]．1973 年にベル研究所の Hasegawa と Tappert は，この非線形シュレディンガー方程式で表されるソリトンパルスが，光ファイバ中においても作りだせることを提案した[27]．

光ソリトンは光パルスの包絡線ソリトンであり，(6.32)式において $\beta_1=0$ とし，その他の係数が1になるように規格化した以下の非線形シュレディンガー方程式によって記述される．

$$(-i)\frac{\partial u}{\partial q} = \frac{1}{2}\frac{\partial^2 u}{\partial s^2} + |u|^2 u \tag{6.49}$$

(6.49)式の最低次の解（規格化した $N=1$ ソリトン）は次のような sech パルスであることが容易に確かめられる．

$$u(q, s) = 2\eta\,\mathrm{sech}(2\eta s)e^{+i2\eta^2 q} \tag{6.50}$$

非線形シュレディンガー方程式の初期値問題は，Satsuma と Yajima によって解かれており，$u(0, s) = A\,\mathrm{sech}(s)$ の光パルスの入力に対しては

$$A - \frac{1}{2} < N \leq A + \frac{1}{2} \tag{6.51}$$

を満足する N ソリトンが存在する[28]．ただし，N は整数である．$A \leq 1/2$ の条件では，SPM よりも GVD（群速度分散）が支配的でソリトンではない．$N=1$ のソリトンの条件は

$$\frac{1}{2} < A \leq \frac{3}{2} \tag{6.52}$$

で与えられ，(6.50)式に示した sech の形を持つ．(6.50)式において $\eta=1/2$ のとき $N=1$ の標準ソリトンを表す．半値全幅が τ_{FWHM} である sech パルス入力に対して，規格化伝搬距離 z_0 は GVD が

$$|D| = \frac{2\pi c}{\lambda^2}|\beta_2| \tag{6.53}$$

で与えられることを用いると

$$z_0 = 0.322\left(\frac{2\pi c}{\lambda^2}\right)\frac{\tau_{FWHM}^2}{|D|} \tag{6.54}$$

であり，$N=1$ の標準ソリトンに対して，τ_{FWHM} のパルス幅を持つソリトンのピークパワー $P_{N=1}$ は

$$P_{N=1} = 0.776\frac{\lambda^3}{\pi^2 c n_2}\frac{|D|}{\tau_{FWHM}^2}A_{\mathrm{eff}} \tag{6.55}$$

で与えられる．

　光ソリトン伝送を行うためには，ソリトンパルスのパワーとして，どのくらいが必要なのか知っておくことが重要である．例えば，$\tau_{FWHM}=7$ ps, $|D|=6$ ps/km/nm, $\lambda=1.55\,\mu$m, $A_\mathrm{eff}=1\times10^{-6}$ cm^2 とすると $P_{N=1}$ は，(6.55)式より，約 1 W となる．光ソリトン用のファイバとして，1.5 μm 帯へ零分散がシフトした分散シフトファイバを用いると，$|D|=0.2$ ps/km/nm 程度に設定できるので，$P_{N=1}$ は 30 mW 程度まで小さくなる．ソリトン通信の実用化において重要なことは，数十 mW から 1 W 程度のピークパワーは，最近の半導体レーザと EDFA を用いることにより容易に達成できる．

6.9　光伝送方式

a．ディジタル伝送の基礎

　これまで述べてきたように，光ファイバ通信では，光源から出力され変調された光信号を光ファイバにより伝送させる．光にのせる信号は通常"1"と"0"の 2 値で表現されるディジタル信号である．ここではディジタル信号の符号化について簡単に述べた後，伝送中の信号歪みが受信側における信号の検出に及ぼす影響を符号誤り率の解析により明らかにする．

(1)　RZ 信号と NRZ 信号

　"1"と"0"の 2 値のディジタル信号は「ビット」と呼ばれる単位で数えられる．単位時間あたりに送信されるビット数を**ビットレート**あるいは**伝送速度**と呼び bit/s という単位で表される．"1"と"0"に対応する信号の表し方には，大きく分けて **RZ**（return-to-zero）と **NRZ**（non-return-to-zero）の 2 種類がある．その違いを図 6.18 に示す．RZ は，"1"を送り出すときにパルスの高さを一度必ず 0 に戻す方式である．一方 NRZ では"1"が連続していても，RZ のようにその都度パルスの高さを 0 に戻さず，パルスの高さを 1 に

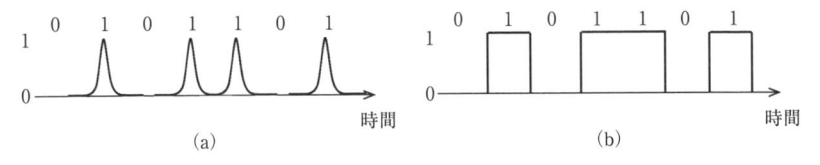

図 6.18　RZ 信号（a）と NRZ 信号（b）

保っておく方式である．

光通信システムでは受信側で伝送されてきた信号からクロック信号（タイミング信号）を抽出し，クロックに同期した時間周期で"1"か"0"かを判別する．RZ信号は"1"が連続していてもビットスロットの境界を判別しやすいのでNRZ信号に比べると信号の判定がしやすいが，1ビットのスロットの中でパルスの振幅が必ず0に戻るので，RZ信号の帯域はNRZの2倍になる．最近の長距離大容量の光通信ではRZが用いられることが多い．

(2) 雑音と受光限界

受信器では伝送後の光信号を光検出器により電気信号に変換する．ここで問題になるのは，受信信号の**信号対雑音比**（S/N比）である．光ファイバには損失があるので，信号強度が弱くなると光検出器で発生する雑音によりS/Nが大きく劣化する．光検出器で生じる雑音としては，**ショット雑音**と**熱雑音**の2種類がある．ショット雑音とは，1個の光子から1個の電子・正孔対を発生させる際，その電子・正孔対がランダムに発生することによる光電流の雑音である．一方，熱雑音は抵抗体の自由電子のランダムな熱運動によって発生するものである．さらに光検出器に入射光がなくても電流が流れる**暗電流**による雑音も加わる．

このような雑音が受信信号に重畳されると信号のS/Nが劣化し"1"と"0"を判別することが難しくなる．受信器で観測される信号の**アイパターン**（"1"と"0"のすべてのパターンを1周期のビットスロットに重ね書きした図）の一例を図6.19に示す．図(a)はS/Nが良い場合の例である．ビットスロットの真中で"1"と"0"がはっきり判別されており，瞳がはっきり開いていることにたとえてアイが開いていると表現する．一方，図(b)ではS/Nが悪い場

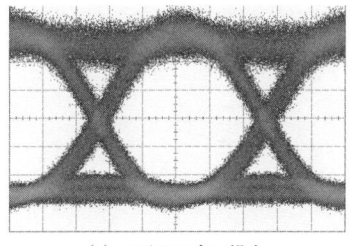

(a) S/Nの良い場合 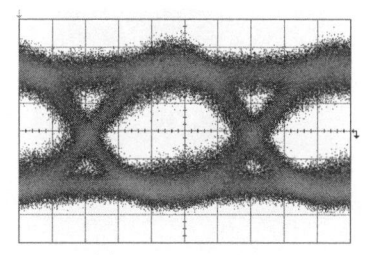　　　(b) S/Nの悪い場合

図6.19 アイパターンの一例

合の例であり，図(a) に比べて "1" と "0" が区別しづらくなっていることから，このときアイが閉じているという．広いアイ開口を得るためには十分高い受信電力を確保し良好な S/N 比が必要である．

(3) 符号誤り率

"1" と "0" の符号を誤って判定する確率を**符号誤り率**（bit error rate：BER）という．最も簡単な2値の OOK 信号に対する符号誤り率は以下のようにして求められる．"1" に対応する受信信号電流の平均値を i_1，"0" に対応する電流の平均値を i_0 とする．またそれぞれのレベルは雑音によって揺らいでおり，その確率密度関数は標準偏差 σ_1, σ_0 を有する**ガウス分布**であるとする．

$$p_1(i) = \frac{1}{\sqrt{2\pi}\,\sigma_1} \exp\left[-\frac{(i-i_1)^2}{2\sigma_1^2}\right] \quad \text{符号 "1" の場合} \quad (6.56)$$

$$p_0(i) = \frac{1}{\sqrt{2\pi}\,\sigma_0} \exp\left[-\frac{(i-i_0)^2}{2\sigma_0^2}\right] \quad \text{符号 "0" の場合} \quad (6.57)$$

その分布の様子を図 6.20 に示す．"1" と "0" の判別しきい値を i_{th} とするとき，符号誤り率は，"0" であるのに "1" と誤って判定する確率（図の p_0 のうち i_{th} より上の面積 E_{01} ）と，"1" であるのに "0" と誤る確率（図の p_1 のうち i_{th} より下の面積 E_{10} ）の和で与えられる．符号 "1" と "0" は 1/2 ずつの確率で発生しているとすると，符号誤り率は

$$BER = \frac{1}{2}\int_{i_{th}}^{\infty} p_0(i)di + \frac{1}{2}\int_{-\infty}^{i_{th}} p_1(i)di$$

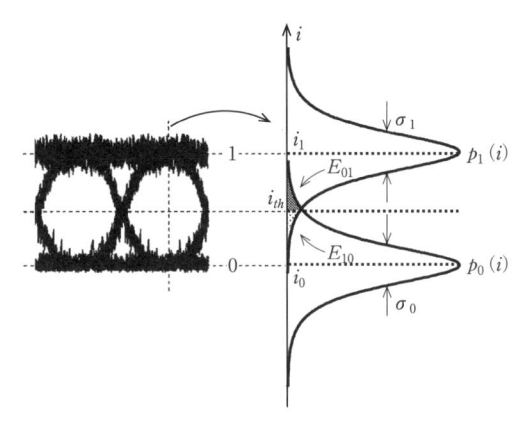

図 6.20　"1" と "0" の揺らぎとその確率密度関数

$$= \frac{1}{4}\left[\text{erfc}\left(\frac{i_{th}-i_0}{\sqrt{2}\sigma_0}\right)+\text{erfc}\left(\frac{i_1-i_{th}}{\sqrt{2}\sigma_1}\right)\right] \tag{6.58}$$

と求められる.ただし,$\text{erf}(x)=\frac{2}{\sqrt{\pi}}\int_0^x e^{-t^2}dt$ は**誤差関数**(error function)と呼ばれ,$\text{erfc}(x)=1-\text{erf}(x)$ は**補誤差関数**(complimentary error function)と呼ばれる関数である."0"を"1"と間違う確率と逆に"1"を"0"と間違う確率を同じにするよう判定しきい値を選ぶには,

$$\frac{i_{th}-i_0}{\sqrt{2}\sigma_0}=\frac{i_1-i_{th}}{\sqrt{2}\sigma_1} \tag{6.59}$$

を満たせばよいので,判定しきい値 i_{th} は

$$i_{th}=\frac{\sigma_1 i_0+\sigma_0 i_1}{\sigma_1+\sigma_0} \tag{6.60}$$

と設定すればよい.この場合には(6.58)式は次式となる.

$$BER=\frac{1}{2}\text{erfc}\left(\frac{Q}{\sqrt{2}}\right), \quad Q=\frac{i_1-i_0}{\sigma_1+\sigma_0} \tag{6.61}$$

Q は受信信号の S/N を表す量である.Q 値が大きいと符号誤り率は小さいが,S/N が劣化し Q 値が小さくなるに従って符号誤り率は大きくなる.この関係を,横軸に受信信号レベル(単位 dBm),縦軸に符号誤り率の対数をとってグラフにすると,図 6.21 のような直線になる.$BER=10^{-9}$ となる受光パワーを**最低受光レベル**と呼ぶ.

伝送性能を評価するためには,まず送信部と受信部を直結した状態で図 6.21 に示したような BER 特性を測定する.これは back-to-back と呼ばれる特性で,システムの最大性能を示しており,これを基準として長距離伝送させた後の BER 特性を評価する.長距離伝送を行うと,伝送路中に挿入した EDFA で発生する ASE 雑音や分散によるパルス歪みなどの要因により,back-to-back 時と比べて同じ誤り率を得るためにより大きなパワーを受光器に入射させる必

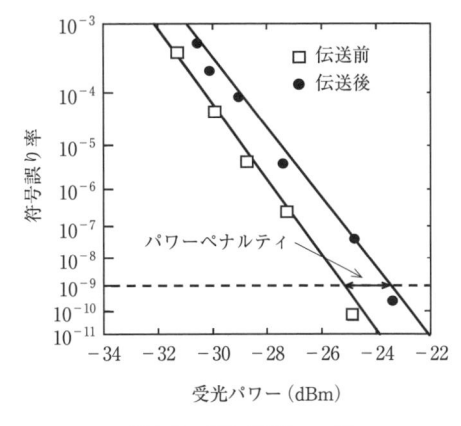

図 6.21 誤り率特性の一例

要がある（図の●印）．この余分に必要なパワーを**パワーペナルティ**と呼び，これが伝送に伴う S/N や波形の劣化を表す指標となる．

b. 光変調方式

6.9節a項で取り扱った光信号は，光パルスのある・なしで"1"，"0"の情報を送る OOK と呼ばれる最も簡単な変調方式であった．最近では伝送速度の高速化とともにシステムの伝送距離を延ばしたり，マージンを稼ぐために多種多様な変調方式が提案されている．その各種変調方式のつながりを図6.22に示す．まず第1に高速システムでは長距離伝送の性能の良さから NRZ より RZ 信号を使うようになり，さらには個々のパルスの位相をチャープさせたり（chirped-RZ：C-RZ）[29]，反転させる（carrier suppressed RZ：CS-RZ）[30] 技術が生まれた．これらは位相の正負を利用して波形歪みをキャンセルしたり，周波数利用効率を向上させようとするもので，高速・長距離伝送に向いている．周波数利用効率の向上を目指した変調フォーマットとしては，他にも VSB（vestigial side band）[31] や**デュオバイナリ**（duobinary：DB）方式[32] が提案されている．VSB は変調信号の側波帯の一部を削除し帯域の狭窄化を図るものであり，DB は光の強度変調と位相変調を併用し 1，0，−1 の3値に符号化するものである．CS-RZ や DB はビットごとに位相を反転させる変調（phase-alternating binary）であるが，位相は帯域の狭窄化に利用され情報伝送には用いていない．それに対し最近では RZ 信号に**差動位相変調**を施した RZ-DPSK（differential phase shift keying）や RZ-DQPSK（differential quadrature phase shift keying）方式が注目を集めている[33]．

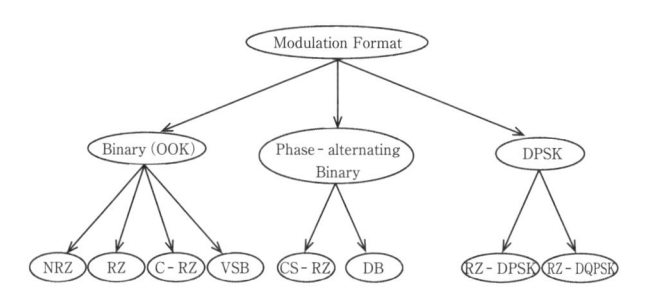

図 6.22　光通信に用いられる変調方式

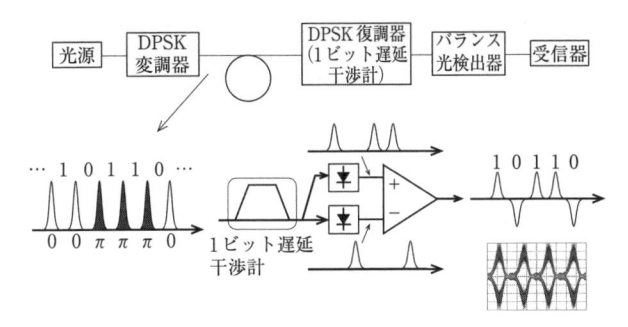

図 6.23 DPSK 送受信部の構成

　DPSK 送受信部の構成を図 6.23 に示す．DPSK の送信部では光パルス列を強度変調する代わりに，パルスの振幅はすべて 1 のままかつ隣り合う 2 つのパルスの位相差を 0 と π の 2 値で位相変調し，情報をのせる．このように変調したパルス列をファイバ中を伝搬させた後，図に示した DPSK 受光回路で遅延検波により位相変調信号を強度変調信号に変換してデータを受信する．すなわち，復調部では 1 ビット遅延（1 bit delay）をしたマッハツェンダ干渉計を通過させることにより，位相変調信号を強度変調信号に変換している．図にあるように，00ππ π0 の信号を 1 ビット遅延して受光すると，マッハツェンダ干渉計の両アームからは 10110 とその逆の 01001 の信号が出力される．そこで，バランス光検出器（balanced detector）を用いて正の側のアイパターンと負の側のアイパターンを同時に表示すると，図 6.23 の写真に示すようにアイ開口が倍の大きさを持って開くことになる．これにより従来法に比べて 3dB の S/N 改善が図られ，大きなマージンが確保される．このため従来の伝送方式に比べて安定でかつ長距離の伝送が実現できるといわれている．またその分低い光パワーでの伝送が可能となり，非線形光学効果の低減も可能である．

c． 光多重化方式

　伝送容量を増大させるためには一般に光信号の多重化が行われる．光通信における多重化方式には，図 6.24 に示すように，**波長分割多重**（WDM）と**時分割多重**（time division multiplexing：TDM）の 2 種類がある．TDM は，光領域で多重化する場合には特に**光時分割多重**（OTDM）と呼ばれている．

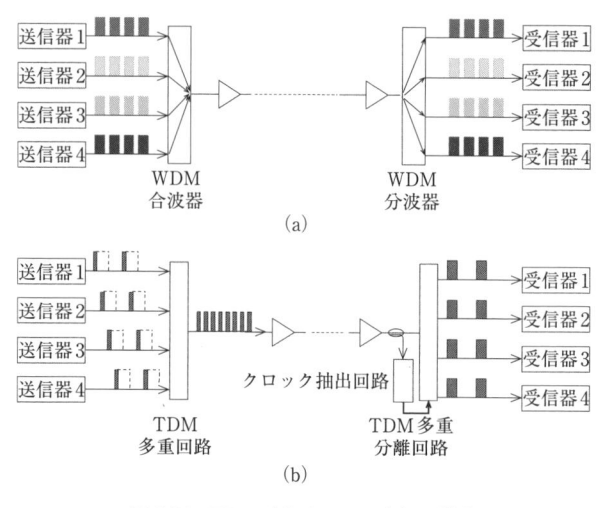

図 6.24 WDM (a) と TDM (b) の構成

(1) 波長分割多重

WDM の場合には，図 6.24(a) に示すように，送信側で波長の異なるレーザ光源を N 個用意し，それぞれを独立にデータ変調したのち合波して，1 本のファイバに N 個の異なる波長の光を同時に伝送させる．受信側では分波器（光フィルタ）により波長の異なる信号を分離したのち受信する．WDM では 1 波長あたりの伝送速度が低速でも多重度 N を大きくすることにより大容量化が可能であり，最近では 100 Gbit/s の信号を数十波多重化することにより 20 Tbit/s 以上の大容量通信が報告されている[34,35]．ただし WDM は各波長チャネル間に同期が取れておらず，特にネットワークを構成した場合には波長多重数の増加に伴い各ノードにおける波長制御が複雑になる．WDM においてもできるだけ 1 波長あたりの伝送速度を高速化し波長多重数をできるだけ低減することが重要である．

(2) 光時分割多重

一方 OTDM は，図 6.24(b) に示すように，複数の光信号を時間軸上でそれぞれ異なるビットスロットに割り当てる方法である．この方法では電子回路の動作限界を超えた速度でも伝送が可能である．OTDM により 1 波長で 1 Tbit/s を超える超高速伝送が報告されている[36,37]．また TDM はシステムの同期が容易であり，従来の伝送方式との親和性も高い．その反面，超短光パル

6.9 光伝送方式

ス発生や光多重分離(DEMUX)などの先端技術が必要となる．

ここで超高速パルス伝送の送信部，伝搬，受信部における技術的な重要項目をそれぞれ(1)，(2)，(3)として図6.25に示す．まず(1)送信部としては，高速RZ伝送を行うためにピコ～フェムト秒領域でのジッターの少ない光パルス光源が重要である．このためには，6.3節b項で述べた**モード同期レーザ**あるいは6.4節b項で述べた**EA変調器**を用いるのが一般的である．

OTDM伝送は，フェムト～サブピコ秒パルスを1ビットとする10～40 Gbit/sの信号を時間領域で時分割多重化するのが主流であり，光源としては10～40 GHzのフェムト秒パルス光源が必要となる．しかし現状ではレーザから直接500フェムト秒以下の10～40 GHzのパルスを発生させることは難しい．そこで光パルスの圧縮と波形整形が重要な技術となる．通常，数ピコのパルスをフェムト秒に圧縮するには，**分散減少ファイバ**(dispersion decreasing fiber：DDF)中での光ソリトンの断熱圧縮効果が用いられる[38]．このとき，分散減少が一様でない場合，あるいは入射するパルスがソリトンパルスからずれている場合には，非断熱的な圧縮が起こり，パルスの裾野に波形歪みを生じてしまう．これを除去するために，波形整形用の**DI-NOLM**(dispersion-imbalanced nonlinear optical loop mirror)が開発されている[39]．

次に(2)伝送路として重要なのは，6.2節c項(2)で述べた**分散マネージ光ファイバ伝送路**(dispersion-managed optical fiber transmission line)であ

フェムト秒パルスを用いた超高速OTDM伝送のためのキーテクノロジー
(1) フェムト秒パルス発生
● モード同期半導体レーザ・ファイバレーザを用いたパルス発生
● 分散フラット-分散減少ファイバ(DF-DDF)を用いたパルス圧縮
● 分散非対称非線形ファイバループミラー(DI-NOLM)を用いた圧縮後のパルスのペデスタル成分の除去
(2) 分散マネージ光ファイバ伝送路
● 高次分散補償
● 位相変調器を用いた3次・4次分散同時補償
● 広帯域・分散フラットEDFA
(3) 超高速光多重分離
● 信号光と制御光のウォークオフを抑制した超高速NOLM
● 4光波混合
● 対称マッハ・ツェンダー干渉計(SMZ)

図6.25 超高速パルス伝送の送信部，伝搬，受信部のキーテクノロジー
(1)送信部，(2)ファイバ伝送部，(3)受信部

る．例えば，400 fs のガウスパルスのスペクトル幅はおおよそ 9 nm と広いため，従来無視できていたファイバの**高次分散**（(6.4)式の β_3 以上の項）が問題となってくる．この問題を抑制できるフェムト秒パルス伝送用零分散-分散フラットファイバ伝送路は，SMF，DSF と RDF（reverse-dispersion fiber）の組み合わせにより実現している．RDF は 2 次分散と 3 次分散を同時に補償することのできるファイバである．さらに，ファイバのわずかな複屈折に基づく**偏波分散**には伝送路全体を通して特に注意を払う必要がある[40]．さらにこのような超短パルスを伝送するには広帯域で分散の少ない EDFA が必要となる．

最後に（3）受信部として重要なのは，6.6 節で紹介した伝送後のデータの**超高速光多重分離**（ultrafast optical demultiplexing）である．数百 Gbit/s の光伝送信号を直接受信できる光デバイスや電子デバイスは現状では存在しないので，光領域で多重分離を行うわけであるが，それには 6.6 節で紹介した光 AND 回路を用いて高速データから所望の信号を打ち抜く方法がよく使われる．

6.10 まとめ

光通信システムを構成する主要な要素部品技術として，光ファイバ，レーザ，光変調器，光増幅器，光 DEMUX ならびに光検出器を取り上げ，その動作原理と基本特性を概説した．また光伝送の基礎として，光ファイバ中の信号伝搬について線形伝搬，非線形伝搬として光ソリトンを解析し，さらに光変調方式，光多重化方式について紹介した．本章で紹介した要素技術を基盤として多数の光システムが構築され，光通信システムは現在も日進月歩の発展を続けている．

演習問題

1. LN 強度変調器に関する以下の設問に答えよ．
 (1) 図 6.7(a) に示す Mach-Zehnder 干渉計において，入力光の電界を A_0 とすると，Y 分岐された 2 つの電界 A_1，B_1 はそれぞれ $A_1 = A_0/\sqrt{2}$，$B_1 = iA_0/\sqrt{2}$ で与えられる．このうち電界 A_1 が電極を有する片側光路に入射し位相変調 $\delta\phi(t)$ を受けるとする．このとき Mach-Zehnder 干渉計の出力における電界 A_2 を求め

よ．また，この結果から強度変調に伴い周波数チャープが生ずることを示せ．さらにこの結果より (6.14)式を導出せよ．ここで Mach-Zehnder 干渉計から出力される電界は，2つの電界 A_1', B_1' の干渉により $A_2 = A_1'/\sqrt{2} + iB_1'/\sqrt{2}$ で与えられることを用いよ．

(2) 次に，Mach-Zehnder 干渉計の両側の光路に電極を設け，それぞれに $\delta\phi(t)$, $-\delta\phi(t)$ の位相変調を与えたとする．このとき Mach-Zehnder 干渉計から出力される電界を求め，このようなプッシュプル動作により強度変調に伴うチャープをゼロにすることができることを示せ．

2. チャープを持つガウス型の光パルス

$$A(0, t) = A_0 \exp\left(-\frac{1}{2T_0^2}(1+iC)t^2\right)$$

を分散 β_2 を有する光ファイバに入射したとき，距離 z 伝搬後のパルス幅を求めよ．また $\beta_2 C < 0$ のときはある距離まではパルス幅が圧縮され，その後パルス幅が広がることを示せ．このときパルス幅が最小となる伝搬距離とその最小パルス幅を求めよ．

3. 光ファイバ中の SPM によりピークパワー P_0 の光パルスに 1 rad の位相シフトが生じるまでの伝搬距離は非線形距離 z_{NL} と定義され，(6.47)式より $z_{NL} = 1/\gamma P_0$ で与えられる．非線形距離 z_{NL} が分散距離 z_D と等しくなるときの光パワー P_0 を求めよ．このパワーは $N=1$ の光ソリトンの生成に必要なパワー $P_{N=1}$ であることが知られている．そこで，$\text{sech}(t/T_0)$ の半値全幅が $\tau_{\text{FWHM}} = 1.763 T_0$ であること，および (6.53)式ならびに $\gamma = k_0 n_2 / A_{\text{eff}}$ を用いて (6.55)式を導出せよ．

参考文献

1) D. Gloge and E. A. J. Marcatili : "Multimode theory of graded-core fibers," *Bell Syst. Tech. J.*, vol. **52**, 1563 (1973).
2) S. Watanabe and F. Futami : "All-optical signal processing using highly-nonlinear optical fibers," *IEICE Trans. Electron.*, vol. **E84-C**, 553 (2001).
3) R. H. Stolen, E. P. Ippen, and A. R. Tynes : "Raman oscillation in glass optical waveguide," *Appl. Phys. Lett.*, vol. **20**, 62 (1972).
4) E. P. Ippen and R. H. Stolen : "Stimulated Brillouin scattering in optical fibers," *Appl. Phys. Lett.*, vol. **21**, 539 (1972).
5) Y. Emori and S. Namiki : "Broadband Raman amplifier for WDM," *IEICE Trans. Electron.*, vol. **E84-C**, 593 (2001).
6) D. W. Peckham, A. F. Judy, and R. B. Kummer : "Reduced dispersion slope, non-zero dispersion fiber," *ECOC98*, TuA06 (1998).
7) Y. Suzuki, K. Mukasa, R. Sugizaki, and K. Kokura : "Dispersion managed optical transmission lines and fibers," *IEICE Trans. Electron.*, vol. **E83-C**, 789 (2000).

8) 中沢正隆:"フォトニック結晶ファイバーの特性とその応用,"応用物理, vol. 73, 1409 (2004).
9) 中沢正隆:"光増幅とファイバーレーザー", 光学, vol. 32, 119 (2003).
10) H. A. Haus: "Waves and Fields in Optoelectronics", Prentice Hall (1984).
11) M. Nakazawa, M. Yoshida, and T. Hirooka: "Ultra-stable regeneratively mode-locked laser as an opto-electronic microwave oscillator and its application to optical metrology," *IEICE Trans. Electron.*, vol. **E90-C**, 443 (2007).
12) R. Paschotta, R. Haring, E. Gini, H. Melchior, and U. Keller: "Passively Q-switched 0.1-mJ fiber laser system at 1.53 μm," *Opt. Lett.*, vol. **24**, 388 (1999).
13) M. Nakazawa, E. Yoshida, T. Sugawa, and Y. Kimura: "Continuum suppressed, uniformly repetitive 136 fs pulse generation from an erbium-doped fiber laser with nonlinear polarization rotation," *Electron. Lett.*, vol. **29**, 1327 (1993).
14) M. Nakazawa, S. Nakahara, T. Hirooka, M. Yoshida, T. Kaino, and K. Komatsu: "Polymer saturable absorber materials in the 1.5 μm band using poly-methyl-methacrylate and polystyrene with single-wall carbon nanotubes and their application to a femtosecond laser," *Opt. Lett.*, vol. **31**, no. 7, pp. 915-917, April (2006).
15) S. Shimotsu, T. Oikawa, T. Taitoh, N. Mitsuki, K. Kubodera, T. Kawanishi, and M. Izutsu: "Single side-band modulation performance of a $LiNbO_3$ integrated modulator consisting of four-phase modulator waveguides," *IEEE Photon. Technol. Lett.*, vol. **13**, 364 (2001).
16) M. Nakazawa, M. Yoshida, K. Kasai, and J. Hongou: "20 Msymbol/s, 64 and 128 QAM coherent optical transmission over 525 km using heterodyne detection with frequency-stabilised laser," *Electron. Lett.*, vol. **42**, 710 (2006).
17) M. Suzuki, H. Tanaka, K. Utaka, N. Edagawa, and Y. Matsushima: "Transform-limited 14 ps optical pulse generation with 15 GHz repetition rate by InGaAsP electroabsorption modulator," *Electron. Lett.*, vol. **28**, 1007 (1992).
18) M. Nakazawa, Y. Kimura, and K. Suzuki: "Efficient Er^{3+}-doped optical fiber amplifier pumped by 1.48 μm InGaAsP laser diode," *Appl. Phys. Lett.*, vol. **54**, 295 (1989).
19) 石尾秀樹(監修):「光増幅器とその応用」, オーム社, 1992.
20) 中沢正隆:"Erドープ光ファイバによる光増幅,"応用物理, vol. 59, 1175 (1990).
21) K. E. Stubkjaer: "Semiconductor optical amplifier-based all-optical gates for high-speed optical processing," *IEEE J. Sel. Top. Quantum Electron.*, vol. **6**, 1428 (2000).
22) K. Murai, M. Kagawa, H. Tsuji, and K. Fujii: "EA modulator-based optical

multiplexing/demultiplexing techniques for 160 Gbit/s OTDM signal transmission," *IEICE Trans. Electron.*, vol. E88-C, 309 (2005).

23) 田島一人,中村　滋,上野芳康："対称マッハツェンダー型全光スイッチと超高速全光信号処理,"電子情報通信学会論文誌, vol. J84-C, 435 (2001).

24) T. Yamamoto, E. Yoshida, and M. Nakazawa："Ultrafast nonlinear optical loop mirror for demultiplexing 640 Gbit/s TDM signals," *Electron. Lett.*, vol. 34, 1013 (1998).

25) N. J. Zabusky and M. D. Kruskal："Interaction of "solitons" in a collisionless plasma and the recurrence of initial states," *Phys. Rev. Lett.*, vol. 15, no. 6, 240 (1965).

26) V. E. Zakharov and A. B. Shabat："Exact theory of two-dimensional self-focusing and one-dimensional self-modulation of waves in nonlinear media," *Sov. Phys. JETP*, vol. 34, no. 1, 62 (1972).

27) A. Hasegawa and F. Tappert："Transmission of stationary nonlinear optical pulses in dispersive dielectric fibers I. Anomalous dispersion," *Appl. Phys. Lett.*, vol. 23, no. 3, 142 (1973).

28) J. Satsuma and N. Yajima："Initial value problems of one-dimensional self-modulation of nonlinear waves in dispersive media," *Suppl. Prog. Theor. Phys.*, vol. 55, no. 1, 284 (1975).

29) N. S. Bergano, C. R. Davidson, M. Ma, A. Pillipetskii, S. G. Evangelides, H. D. Kidorf, J. M. Darcie, E. Golovchenko, K. Rottwitt, P. C. Corbett, R. Menges, M. A. Mills, B. Pedersen, D. Peckham, A. A. Abramov, and A. M. Vengsarkar："320 Gb/s WDM transmission (64x5 Gb/s) over 7200 km using large mode fiber spans and chirped return-to-zero signals," OFC'98, Postdeadline paper PD12, San Jose, CA, February 1998.

30) Y. Miyamoto, A. Hirano, K. Yonenaga, A. Sano, H. Toba, K. Murata, and O. Mitomi："320-Gbit/s (8x40-Gbit/s) WDM transmission over 367-km zero-dispersion-flattened line with 120-km repeater spacing using carrier-suppressed return-to-zero pulse format," OAA'99, Postdeadline paper PDP4, Nara, Japan, June 1999.

31) T. Tsuritani, A. Agata, K. Imai, I. Morita, K. Tanaka, T. Miyakawa, N. Edagawa, and M. Suzuki："35 GHz-spaced-20 Gbps x 100 WDM RZ transmission over 2700 km using SMF-based dispersion flattened fiber span," ECOC'00, Paper 1.5, Munich, Germany, September 2000.

32) K. Yonenaga and S. Kuwano："Dispersion-tolerant optical transmission system using duobinary transmitter and binary receiver," *J. Lightwave Technol.*, vol. 15, pp. 1530-1537, August 1997.

33) A. H. Gnauck and P. J. Winzer："Optical phase-shift-keyed transmission," *J.*

Lightwave Technol., vol. 23, pp. 115-130, Jan. (2005).
34) A. H. Gnauck, G. Charlet, P. Tran, P. Winzer, C. Doerr, J. Centanni, E. Burrows, T. Kawanishi, T. Sakamoto, and K. Higuma : "25.6-Tb/s C + Lband transmission of polarization-multiplexed RZ-DQPSK signals," in Proc. OFC/NFOEC2007, paper PDP19, 2007.
35) H. Masuda, A. Sano, T. Kobayashi, E. Yoshida, Y. Miyamoto, Y. Hibino, K. Hagimoto, T. Yamada, T. Furuta, and H. Fukuyama : "20.4-Tb/s (204 x 111 Gb/s) transmission over 240 km using bandwidth-maximized hybrid Raman/EDFAs," in Proc. OFC/NFOEC2007, paper PDP20, 2007.
36) M. Nakazawa, T. Yamamoto, K. R. Tamura : "1.28 Tbit/s-70 km OTDM transmission using third- and fourth-order simultaneous dispersion compensation with a phase modulator," *Electron. Lett.*, vol. 36, No. 24, pp. 2027-2029 (2000).
37) H. G. Weber, S. Ferber, M. Kroh, C. Schmidt-Langhorst, R. Ludwig, V. Marembert, C. Boemer, F. Futami, S. Watanabe, and C. Schubert : "Single-channel 1.28 Tbit/s and 2.56 Tbit/s DQPSK Transmission," *Electron. Lett.*, vol. 42, 178 (2006).
38) K. R. Tamura and M. Nakazawa : "Femtosecond soliton generation over 32-nm wavelength range using a dispersion-flattened dispersion-decreasing fiber," *IEEE Photon. Tech. Lett.*, vol. 11, pp. 319-321 (1999).
39) K. R. Tamura and M. Nakazawa : "Spectral-smoothing and pedestal reduction of wavelength tunable quasi-adiabatically compressed femtosecond solitons using a dispersion-flattened dispersion-imbalanced loop mirror," *IEEE Photon. Technol. Lett.*, vol. 11, pp. 230-232 (1999).
40) H. Kogelnik, R. Jopson, and L. E. Nelson : "Polarization-mode dispersion" ch. 15 in Optical Fiber Telecommunications IV B edited by I. Kaminow and T. Li, Systems and Impairments, Academic Press (2002).

7 高機能光計測

7.1 はじめに

　最先端のフォトニクスに基づく光通信技術が，高度情報化社会の主要な基盤技術であると同時に，生命現象を中心とするライフサイエンスが大きな研究テーマであることは周知のとおりである．

　レーザの生体への応用は歴史が古く，1960年Maimanがルビーレーザの発振に成功した翌年，すでにレーザ光凝固やレーザメスの研究がなされている．その後，レーザ技術やエレクトロニクスを含むフォトニクス全体の目ざましい進歩により，光の波長，出力，パルス幅などの発生・制御技術や光の検出技術が飛躍的に高まった．このような中で，光と生体に関する基礎と応用の研究が進められ，数多くの有益な知見が得られてきた．

　光照射された生体構成分子の応答や状態変化に主眼をおいた場合，生体への光作用には，光の散乱・吸収などの低出力光による作用，分子内でのエネルギー移行や多光子吸収などの光化学反応による作用，生体への熱や圧力を伴う高出力光による作用がある[1,2]．これらの作用は幅広い研究分野で用いられている．

　この章では，先の2つの相互作用と深い関係を持つ比較的新たらしい高機能光計測技術として，生体の光波断層画像計測（optical coherence tomography：OCT）と顕微鏡光計測技術を取り上げる．OCTは，微弱な近外光を用いて数十μmの空間分解能で，生きたままの生体の3次元断層画像が測定できる特徴があり，すでに実用化された技術である．顕微鏡光計測技術（ここでは主に生体観察に用いられる顕微鏡を取り上げる）では，主に近赤外領域のレーザ光を測定対象に照射して，散乱光や蛍光，高調波などを観察することにより，サブμmにも及ぶ空間分解能で生体細胞の内部構造（2次元画像）や構成

物質（分子）に関する情報が得られる特徴を有しており，種々のタイプの顕微鏡が開発・実用化されている．いずれも，医学・生物学・工学の学問の壁を超えた重要な学際領域であり，今後の発展と幅広い波及効果が多いに期待される分野である．

7.2 光波断層画像計測

生体は，光学的に吸収が大きい多重散乱体であるといえる．詳細については次節で述べるが，光が生体組織に入射されると，前方散乱光と後方散乱光が発生し，その後，多くの光は多数回の散乱（多重散乱）を繰り返して組織に吸収される．このような多重散乱光を積極的に用いて断層画像を得る研究も幅広くなされた[3]．この方法では，直径10cm程度の組織までは断層画像の測定が可能であるが，高い空間分解能を得るのは困難である．最近，頭部に半導体発光素子と検出器を格子状に配して，脳の活動状態を測定する装置が活用されている．これは光トポグラフィー（optical topography）[4]と呼ばれており，2次元の光吸収スペクトルなどの情報は得られるが，深さ方向の分解能を得るのは難しい．

一方，前方散乱光と後方散乱光に着目した断層画像測定としては，透過型と反射型がある．透過型では1990年頃東北大学の稲場らにより先駆的な研究がなされた．これは，単一波長のレーザ光を生体組織に照射し，組織からの微弱な前方散乱光をヘテロダイン検波法を用いて高感度に検出する方法で，X線CTと同様なビームスキャンと画像演算により断層画像を測定する．この方法は，光CT（optical computed tomography）と呼ばれており，指などの直径約10 mmの組織でも数百μmの空間分解能で測定が可能である[5]．

これに対して反射型では測定深さは数mmであるが，高い空間分解能が特徴である光コヒーレンストモグラフィー（optical coherence tomography：OCT）[6]が注目され，すでに眼科をはじめ臨床で実用化されている．OCTは，近赤外領域のスペクトル幅の広い低コヒーレンス光を生体試料に照射して，その内部で発生する後方散乱光を高感度に検出することにより生体の断層画像を測定する方法で，"超音波エコー装置の光版"とも理解される．

一般の医用画像測定での空間分解能が0.1～1 mm程度で，さらに高い空間分解能が求められている．これに対してOCTは，空間分解能が数μm～約10

μm と約1桁高いこと，生体に対して無侵襲性であること，不透明な組織にも測定可能なことなどの長所を有する．ただし，深さ測定領域が数 mm なので内視鏡や血管に挿入するカテーテルなどとの融合により応用領域を広げる研究も活発になされている．

OCT は，低コヒーレンス干渉計を基礎としており，低コヒーレンス干渉計は 1987 年に光導波路などの評価用にその感度などが NTT で詳細に検討され[7]，翌年には眼軸長や角膜厚の測定に応用された[8]．これらを背景に 1990 年頃 OCT が考案され[9]，1995 年には早くも眼科臨床用に実用化された．

ここでは，フォトニクスの応用として OCT の原理を中心に述べる．まず，生体の光学特性では光の散乱特性や吸収特性を述べ，次に生体からの微弱な散乱光の高感度検出法として重要なヘテロダイン検波法について述べる．OCT の原理では，測定原理，測定システムを述べ，最後に，進展している各種 OCT とその応用展開について概略を述べる．光の干渉についての基礎事項は第1章で述べられているので参照されたい．

a. 生体の光学特性

単一の散乱粒子（細胞）にレーザ光が入射するとする．図 7.1 (a) のように散乱光はあらゆる方向に散乱され，散乱角が 90° より小さい散乱光は前方散乱光，90° より大きい散乱光は後方散乱光と呼ばれる．一般に生体組織は直径数十 μm の細胞の集合体であり，レーザ光が入射された際，図 (b) のように

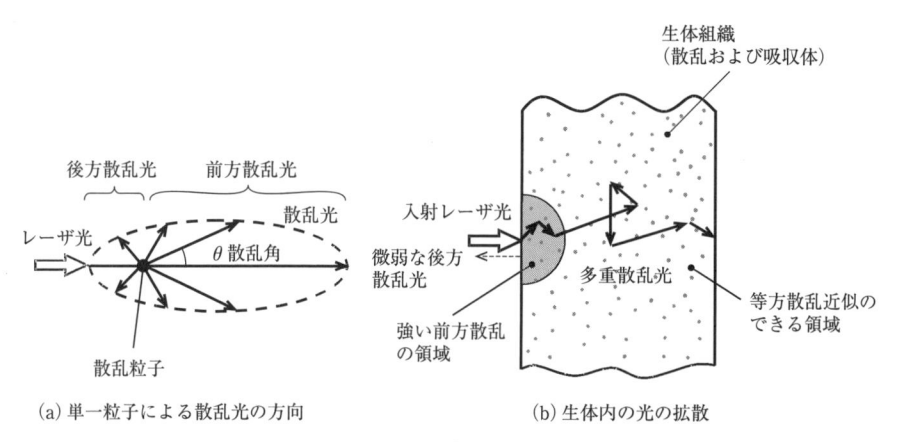

(a) 単一粒子による散乱光の方向　　(b) 生体内の光の拡散

図 7.1　光入射時の光散乱

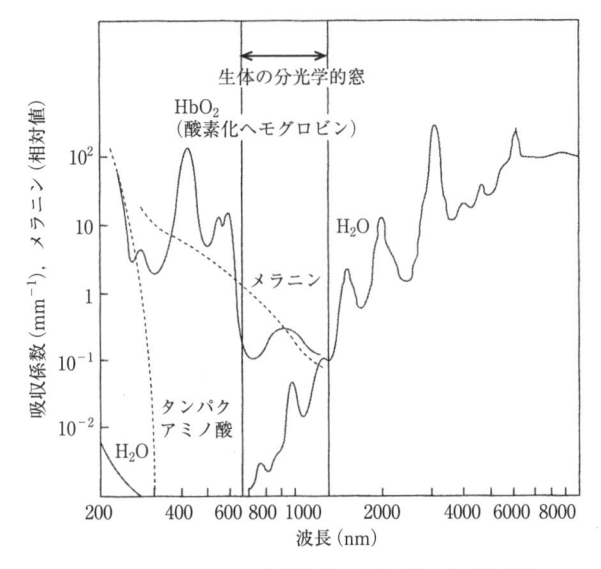

図7.2 軟組織における各種物質の吸収係数の波長依存性

入射光に対して微弱な後方散乱光と強い前方散乱光を生じる[10]．OCTではこの後方散乱光を用いて画像測定を行う．入射後，散乱を多数回繰り返した多重散乱光は，生体内を拡散し，一部は組織外に出射する．このような多重散乱した出射光の検出は可能であるが，多重散乱により光の経路が不明確なので，一般にこの出射光から特定の生体情報を得ることは容易ではない．光はこの拡散した領域内で生体と相互作用を行い，吸収されて熱に変換されたり，また生体分子を励起して蛍光やリン光などを誘起したりする．

生体は主成分が水で，その他，タンパク質，脂質，無機質などの成分で構成される．皮膚，筋肉，内臓などの軟組織 (soft tissue) は，水分が約70％に達し，水は赤外域に強い吸収帯を有することから，これらの軟組織に赤外光を照射すると効率よく熱に変換される．水以外の代表的な光吸収体に，血液の赤血球中に存在するヘモグロビンがある．ヘモグロビンは，酸素化されている状態とそうでない状態とで吸収スペクトルが変化するが，いずれの場合も$0.6\,\mu m$以下の波長帯で吸収が増大する．また，タンパク質は紫外域で大きな吸収を示す．これらの様子をまとめて図7.2に示した[11]．図より$0.7\sim 1.5\,\mu m$付近の近赤外スペクトル領域では吸収が比較的小さく，このスペクトル領域は，"生体の分光学的窓"と呼ばれる．この波長領域では，光は散乱を受けながらも組織

の比較的深いところまで到達するので，生体の光計測には広く用いられている．

　生体組織は，さまざまな組織，器官で構成される不均質な多成分系であるが，生体が均一な吸収体と近似できる場合，生体に強度 I_0 の単色平行光が入射されたとすると，入射点からの深さ x における光の強度 I と x の関係は，次式で与えられる．これはランベルト-ベール（Lambert-Beer）の法則として知られている．

$$I = I_0 \exp(-\mu_a x) \tag{7.1}$$

ここで，μ_a は吸収係数である．生体は強い散乱体であることから，生体内の光の減衰は吸収のみならず散乱の影響も大きく受ける．したがって散乱が無視できない条件下では，上式は減衰係数を μ_t，散乱係数を μ_s として，次式のように表される．

$$I = I_0 \exp(-\mu_t x) \tag{7.2}$$

$$\mu_t = \mu_a + \mu_s \tag{7.3}$$

　また，組織において光が到達する深さを光侵達長（optical penetration depth）といい，光の強度 I が入射光強度 I_0 の $1/e$ に減衰する深さとして定義すると，$1/\mu_t$ となる．一例として，波長 $1\,\mu m$ では光侵達長が $1 \sim 5\,mm$ であるが，波長 $3\,\mu m$ 以上の赤外域，または波長 $0.3\,\mu m$ 以下の紫外域においては数 μm と短くなる．

b. 散乱光の高感度検出法[12]

　生体組織からの散乱光には前方散乱光と後方散乱光があり，いづれも散乱により入射光の波面は大きく歪みを受けるが，わずかながら入射光の波面は保たれる．散乱光から入射光の波面を保った成分を高感度に検出するのに，ヘテロダイン検波法（heterodyne detection）が用いられる．ヘテロダイン検波法では，2つのビームの波面の重なりが重要なのでビームの方向選別性が高く，高感度が得られる特徴がある．

　ヘテロダイン検波法では，図 7.3 に示すように検出したい微弱な信号光に，光の周波数が信号光とわずかに異なる十分な強度の参照光をビームスプリッターなどで重ね合わせて光検出器に入射させる．このとき2つの光の波面が平行で電界が同じ向きとすると，光検出器に入射する光 $E_d(t)$ は，次式となる[12]．

$$E_d(t) = E_R \cos(\omega + \omega_D)t + E_S \cos \omega t \tag{7.4}$$

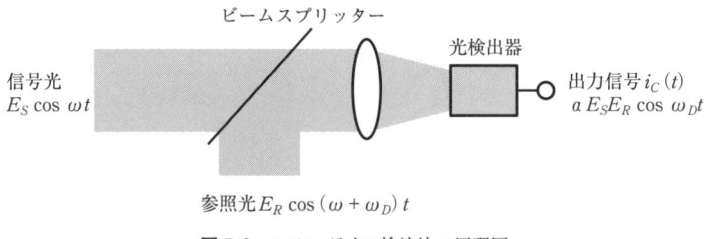

図7.3 ヘテロダイン検波法の原理図

ここで，ω は光源の角周波数，E_R は参照光の振幅，E_S は信号光の振幅であり，参照光は ω_D の周波数シフトを受けているとする．このように2つの光の周波数が異なる場合がヘテロダイン検波法，同じ場合はホモダイン検波法（homodyne detection）と呼ばれる．

光検出器の信号電流 $i_C(t)$ は入射光強度に比例するので，

$$i_C(t) \propto E_R^2 + E_S^2 + 2E_R E_S \cos \omega_D t \tag{7.5}$$

となる．最初の2つの項が参照光と信号光の強度を表す直流成分であり，第3項が2つの光の干渉を表す交流成分である．波面が乱れると参照光と信号光が干渉せず，この項はゼロになる．

光検出器において，一般に信号電流 $\langle i \rangle$ と光パワー P には次の関係

$$\langle i \rangle = P e \eta / h\nu \tag{7.6}$$

が成り立つ．ここで，P は入射光パワー，e は電子電荷量，η は量子効率，h はプランクの定数，ν は光の周波数である．光パワー P は単位時間あたりの光エネルギーであり，周波数 ν の光子1個のエネルギーが $h\nu$ であるので，$P/h\nu$ は，光検出器に入射する単位時間あたりの光子数となる．量子効率 η は光検出器の受光面で，光子1個が電子1個に変換される割合を意味しているので，(7.6)式は，入射光によって生じる単位時間あたりの電荷量，つまり電流を表している．これより角周波数 ω_D の交流電気信号のパワー（信号電流の2乗時間平均）は，

$$\langle i_C^2 \rangle = 2 P_S P_L \left(\frac{e\eta}{h\nu} \right)^2 \tag{7.7}$$

となる．ここで P_S は信号光パワー，P_L は参照光パワーである．

検出器の出力電流に含まれる雑音には，出力電流自身が原因となるショット雑音（shot noise）と負荷抵抗で発生するジョンソン雑音（Johnson noise）が

ある.ショット雑音のパワーは,電流振幅の2乗時間平均値となり,

$$\langle i_S^2 \rangle = 2e \frac{P_L e \eta}{h\nu} \Delta\nu \tag{7.8}$$

となる.ここで,$\Delta\nu$ は測定系の周波数帯域で,時間応答性を表す.また,ジョンソン雑音は,

$$\langle i_J^2 \rangle = \frac{4kT}{R} \Delta\nu \tag{7.9}$$

となる.ここで,k はボルツマン定数,T は絶対温度,R は負荷抵抗値である.このとき,信号対雑音電力比(signal noise ratio:SNR)は次のようになる.

$$\frac{S}{N} = \frac{\langle i_C^2 \rangle}{\langle i_S^2 \rangle + \langle i_J^2 \rangle} = \frac{2(P_S P_L)(e\eta/h\nu)^2}{[2e(P_L e\eta/h\nu) + 4kT_e/R]\Delta\nu} \tag{7.10}$$

これより,参照光パワーを増大すると,電気信号のパワー,ショット雑音のパワーがともに増大し,参照光パワーがある値以上になるとショット雑音がジョンソン雑音より支配的になり,SNR で見るとジョンソン雑音がショット雑音に隠れて見えなくなる.この状態を量子的検出限界といい,SNR が最も大きく検出感度が最も高い状態である.このとき SNR は次式となる.

$$\frac{S}{N} \cong \frac{\eta P_S}{h\nu\Delta\nu} \tag{7.11}$$

実際には,参照光が大きすぎると他の雑音が生じるため,測定システムにおいて最適な光パワーが存在する.

次に,量子的検出限界における信号光の最小検出パワーを求める.この限界での条件は SNR=1 であるので,このとき信号光における最小検出パワーは

$$P_{S,\text{min}} \cong \frac{h\nu\Delta\nu}{\eta} \tag{7.12}$$

となる.これは,量子効率 $\eta=1$ で測定系の帯域が 1 Hz とすると,1 秒あたり光子 1 個が検出可能であることを意味している.このように,ヘテロダイン検波法では,微弱な信号光が検出可能な交流電気信号に変換され,その検出限界は光子オーダーと非常に高感度であるのがわかる.

c.光コヒーレンストモグラフィー

(1) OCT の原理[13,14]

光は電磁波であり"波"であるので,連続した光の長さをコヒーレンス長と

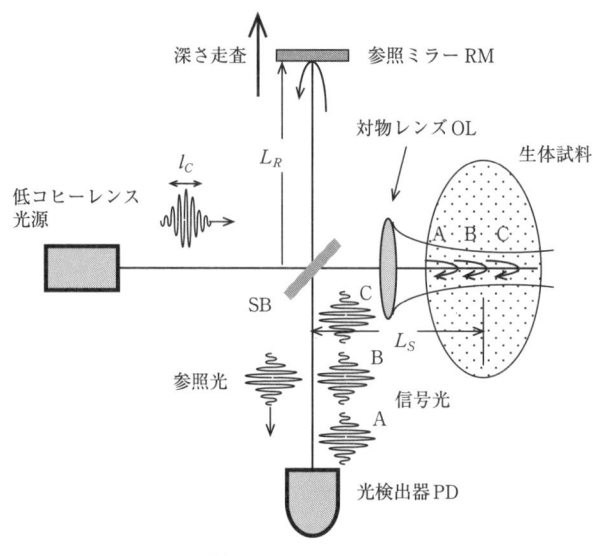

図7.4 OCTの原理図

呼び，コヒーレンス長の比較的短い光を低コヒーレンス光と呼ぶ．低コヒーレンス干渉計とは，低コヒーレンス光を用いた干渉計であり，OCTでは低コヒーレンス干渉計をベースにしている．

測定原理を，図7.4を用いて説明する．光源は近赤外領域で広いスペクトル幅を有する低コヒーレンス光源とする．光源のパワースペクトル密度の逆フーリエ変換が自己相関関数（コヒーレンス関数）で，その幅がコヒーレンス長 l_c である．この関係は，ウィーナー-ヒンチンの定理として知られている．

光源からの光は，ビームスプリッターBSで2等分され，一方は参照光ミラーRMに向かい反射されて，BSを透り参照光として光検出器PDに入射する．他方は対物レンズOLに向かいビーム状に集光されて，生体試料に入射される．近赤外域の光は比較的吸収が少ないので試料内部にある程度侵入する．生体試料の3次元構造に対応して試料内部では屈折率が3次元的に変化しているので，光の伝搬路においてわずかに屈折率が変化するところで前方散乱光，後方散乱光などが生じる．

OCTでは，後方散乱光，つまり反射光に着目するので，近似的に生体試料は強度反射率 R_s の3次元分布とみなされる．生体試料のある深さからの反射光（信号光）の場合，最もシンプルなモデルでは，光軸上に強度反射率が分布

しているが往復の伝搬におけるこれらの影響を無視して，その深さでの1回の反射で干渉光学系に信号光が戻ると考えることができる．このとき入射波面をわずかながら保存している微弱な後方散乱光は，OLで集光されてBSで反射され，信号光としてPDの受光面に向かう．信号光は，反射位置に対応する時間遅延を伴うので，図中のようにA，B，Cの順序で受光面に達する．一方，参照光はRMの位置に応じた遅延を伴うので図中に示すようになる．

試料内のさまざまな反射位置から光がPDに達するが，"短い"コヒーレンス長のために，図においては参照光との遅延が等しい反射光Bのみが信号光として干渉信号に寄与する．つまり，参照ミラーの位置により，試料内における光軸上で特定の反射光（後方散乱光）のみをl_cの精度で干渉信号として検出できる．よって，光軸方向の空間分解能がl_cとなり，光源がガウス型スペクトルの場合，

$$\varDelta z = \frac{2\ln 2}{\pi} \frac{\lambda^2}{\varDelta \lambda} \quad (7.13)$$

で与えられる．ここで，λは光源の中心波長，$\varDelta \lambda$は光源のスペクトル幅である．式から中心波長が短く，スペクトル幅が広いほうがl_cは短く，光軸方向分解能が高いことがわかる．

OCTの横方向空間分解能と測定深さ領域は，対物レンズを含む照射光学系で決定される．入射ビームに垂直方向の空間分解能$\varDelta x$はビームウェストでのビーム直径で与えられ，対物レンズへの入射ビーム直径d，焦点距離f，波長λを用いて近似的に，

$$\varDelta x = \frac{4\lambda f}{\pi d} \quad (7.14)$$

で与えられる．さらに，参照ミラーを走査する光軸方向の深さ領域は，

$$2z_0 = \frac{\pi \varDelta x^2}{2\lambda} \quad (7.15)$$

で示されるコンフォーカル長$2z_0$が目安となる．散乱光の対物レンズの集光効率は，散乱位置が焦点位置のときに最も高くなる．

参照ミラーを光軸方向に一定速度Vで走査すると，PDからは，ドップラーシフト周波数$f(=2V/\lambda)$を有する交流信号が得られる．よって，このドップラーシフト周波数をキャリヤとする振幅復調信号を測定すると，l_cの精度で後

方散乱光強度の光軸方向分布が得られる．この光軸方向分布は，生体試料の反射率分布と光源の自己相関関数の畳み込み積分となる．l_c が試料の構造より十分短い場合，自己相関関数がデルタ関数に近いとみなされるので，高い光軸方向分解能となり試料の反射率分布の再現性は向上する．他方，コヒーレンス長が長いと反射率分布の再現性は低下する．

この測定を試料上で順次入射ビームに対して垂直方向に繰り返すことにより R_S の 2 次元分布が OCT 画像として得られる．このように OCT は，干渉計に低コヒーレンス光源と対物レンズを用いることにより，"高い 3 次元空間分解能を有した高感度な低コヒーレンス干渉計"であると考えることができる．

(2) 測定システム

測定システムは，主に光源・干渉光学系・信号処理系・制御系で構成されている．光源では，"生体の分光学的窓"と呼ばれている $0.7 \sim 1.5 \mu m$ の近赤外領域の波長を持つ光源が一般に使用される．スペクトル幅が広く低い時間コヒーレンスのほうが，高い光軸方向分解能が得られ，一方，空間コヒーレンスは高いほうが高い集光性が得られる．このように OCT では中心波長が近赤外領域で，アンバランスなコヒーレンス性を有する光源が望まれる．

比較的安価な光源としては半導体素子の，スーパールミネッセントダイオード（super luminescent diode：SLD）が使用され，中心波長 $0.8 \mu m$，スペクトル幅 17 nm，コヒーレンス長 $33 \mu m$，出力 2 mW 程度のものが用いられている．また，高空間分解能用としては，モードロック動作チタンサファイヤーレーザが光源に用いられており，中心波長 $0.8 \mu m$，コヒーレンス長 $1.5 \mu m$ を用いた OCT 画像測定[15]も報告されているが，サイズ・価格などから汎用性に問題がある．

干渉光学系は，シングルモードファイバを用いたマイケルソン干渉計が一般的であるが，光学系の自由度からバルク型光学素子を用いた OCT も報告されている．いずれにしても不要な反射光の低減は，ノイズを低減することから大切であり，ファイバ光学系の場合，ファイバ端面の斜め研磨などは反射光の低減から実用上重要である．

信号処理系は，図 7.5 に示すようにフォトダイオードなどの光検出器，電流増幅器，バンドパスフィルター（BPF），復調器，ローパスフィルター（LPF）で構成される．電流増幅器は，フォトダイオードからの光電流信号を電圧信号に変換し増幅する．BPF は，画像信号であるドップラーシフト周波数付近の

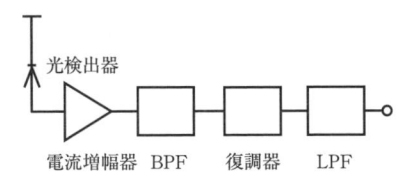

図7.5 OCTの信号処理系

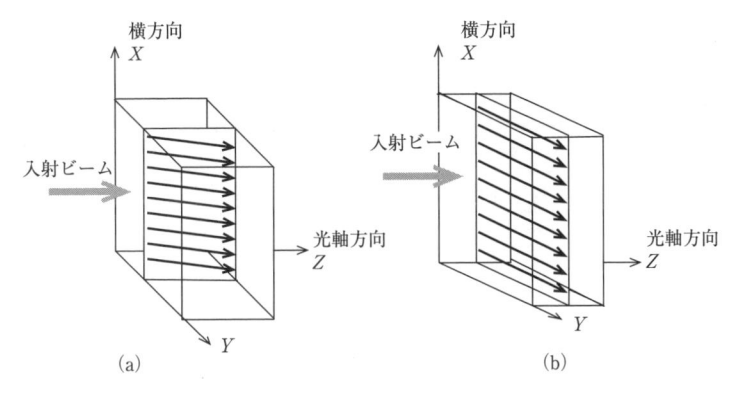

図7.6 OCTの走査方法と断層画像の種類

成分のみを通過させ不要なノイズを遮断する．復調器は，振幅変調された変調信号から振幅信号を分離し，LPFはその出力信号に含まれる不要な高調波信号成分を除去する．測定時は，参照光強度を調整して量子的検出限界の条件を確認することが重要である．生体試料では，照射パワーに対して試料内の光反射率が$10^{-9} \sim 10^{-10}$と小さいので，必要とされるSNRは90～100 dBである．

断層画像は図7.6に示すように2つに大別される．図(a)は，入射ビームの光軸方向（深さ方向）の測定を高速で行い，光軸に対して垂直方向に入射ビームを低速に走査する方法で，この場合光軸に平行な断層画像が測定される．また，図(b)では，参照ミラーを固定し，入射ビームをビームに垂直面内で高速に走査して，試料表面から一定の深さで表面に平行な平面（鉛直平面）を測定する．この断層画像は鉛直断層画像と呼ばれる．

d．各種OCTと応用展開

現在，さまざまなタイプのOCTが報告されているが，ここでは図7.7のように分類した[16]．まず，時系列の干渉信号から画像信号を取り出すタイムドメ

```
OCT ─┬─→ タイムドメイン OCT ─┬─→ フルフィールド OCT
     │                      └─→ 点計測型 OCT
     └─→ フリードメイン OCT ─┬─→ 波長走査型 OCT
                            └─→ スペクトラルドメイン OCT
```

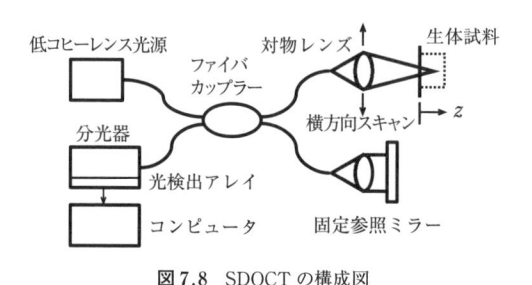

図 7.7 OCT の分類

図 7.8 SDOCT の構成図

イン (time domain：TD) OCT と，フーリエ変換 (Fourier transform：FT) を用いて光軸上の断層画像プロファイルを求めるフーリエドメイン (Fourier domain：FD) OCT に分けられる．

TDOCT は，点計測型 OCT とフルフィールド (full-field：FF) OCT とに分けられる．点計測型 OCT は，先の原理で説明したように単一光検出器で試料内を 1 点ごとに測定するタイプで，最初に研究開発され 1995 年眼科用に市販された．FFOCT[17] とは，2 次元干渉光学系とカメラを用いて，鉛直断層画像を測定する OCT である．原理的には時系列で得られる位相の異なる複数の干渉画像から，画像処理により干渉振幅成分を OCT 画像として測定するので，TDOCT に分類した．FFOCT は横方向の走査が不要で深さ方向の走査のみで 3 次元断層画像が得られるのが特徴である．

FDOCT は，スペクトラルドメイン (spectral domain：SD) OCT[18] と波長走査型 (swept source：SS) OCT[19] に分かれる．SDOCT では，光軸方向プロファイルが FT により Z 方向のスキャンなしで得られる特徴がある．この場合，X (Y) 方向のスキャンだけで XZ (YZ) 平面の断層画像が得られ，Y (X) 方向に測定を繰り返すことで，3 次元断層画像が測定される．SSOCT のスキャンと断層画像の関係は，SSOCT の原理が SDOCT にほぼ等しいので上

述と同じである.

次に,SDOCTの測定原理を図7.8を用いて説明する.SLDなどの低コヒーレンス光源からの光はファイバ型干渉計に入射される.参照アームでは固定された参照ミラーで光が反射され,サンプルアームでは対物レンズで光は試料に照射される.試料内部からの反射光である信号光は,参照光とともにファイバーカップラーを介して分光器に入射される.分光器では光検出器アレイによって,スペクトル干渉縞がコンピュータに取り込まれ,逆フーリエ変換を行うと光軸方向プロファイルが得られる.これより横方向にスキャンを繰り返すことにより断層画像が得られる.

FDOCTは高感度・高速性の点から注目され,眼科応用を中心に活発に研究されている.2006年には$1.3\,\mu m$帯の眼科用高速SSOCTが国内で市販され,20,000回/秒の高速光軸スキャンで,前眼部の3次元断層画像が約2秒で測定されている[20].また,波長走査型光源を用いたFFOCT[21]やヒト指の鉛直断層画像をカメラで,1,500 frames/secかつ6 volume/secと高速に測定できるOCT[22]など新しいタイプのOCTが報告された.

OCTの展開には,空間・時間分解能などの基本性能の向上と多機能化がある.光軸方向分解能の向上では,広帯域の光源や試料の分散補償などが研究されている.横方向の分解能向上では,角膜や水晶体の収差を補償して分解能を向上させる補償光学を取り入れたOCTが報告されている.波長$0.8\,\mu m$帯のSLDを用いて,光軸方向分解能$3.6\,\mu m$,横方向分解能$4\,\mu m$を実現し,図7.9に示すように黄斑付近における網膜の多層構造が詳細に測定されている[23].

機能化では,組織構造と血流分布も測定できるドップラー(Doppler)OCTや,試料の偏光特性が測定できる偏光感受型OCTなども研究されている[24].また,OCTでは測定深さ領域が数ミリ程度と狭いのが問題であるので,臨床応用の拡大のために消化器・気管支用内視鏡や動脈用カテーテルとの融合化も研究されている[25].カテーテル型光プローブの一例では,図7.10のようにサンプルアームからのファイバ,屈折率分布型レンズ,マイクロ直角プリズムが一体化され,透明なシース(鞘)に収納されている[26].光プローブの外径は0.36 mmでサンプルアームに接続されている.サンプルアームでファイバの接続点は光学的に結合しているが,機械的には分離されており,外部からファイバを回転させて光プローブの内部光学系を回転走査する.集光された照射ビ

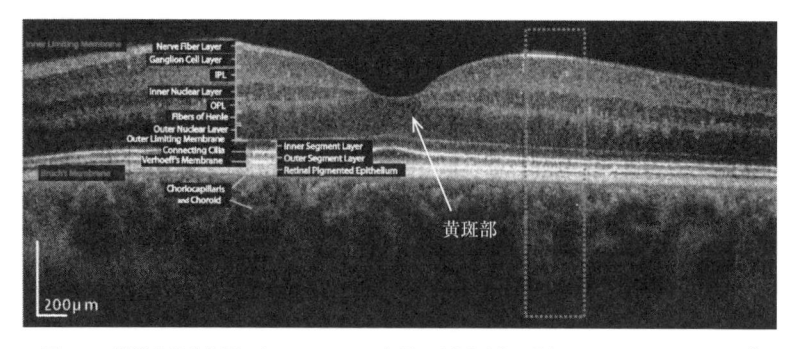

図7.9 補償光学系を用いた OCT による網膜の断層画像，横幅×深さ：5.0×0.8 mm^2

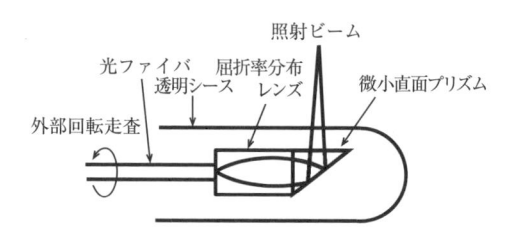

図7.10 カテーテル型光プローブの原理図

ームはファイバの光軸に垂直方向に出射される．外部からの回転により光プローブ部が回転し，ファイバの光軸を中心に照射ビームが回転走査する．干渉光学系での深さ走査と回転走査との同期を取ることにより回転方向と径方向の2次元走査が可能である．冠状動脈の断層画像が測定されており，実用化が近い状況にある．さらなる小型化・高性能化に向けては，MEMS（microelectromechanical systems）を用いた光プローブが研究開発されている[27]．

OCT は，医学・工学の学際領域に位置しており，光通信分野のフォトニクスを基盤技術として，ファイバセンシング技術，情報・信号処理，制御システム，半導体微細加工技術，ナノテクノロジーなどと広い領域に関係している．今後，より広い臨床からのニーズに対応し，一般産業分野も含めて，大きな展開が期待される．

7.3 顕微鏡光計測技術

フォトニクスの生体応用として，前節では，生体組織〜細胞レベル（数〜数

十μm)の空間分解能を持つ光断層画像計測技術(OCT)について述べられたが,ここでは,さらに高い空間分解能を持ち,細胞の内部構造の観察や微量の分子計測などが可能な新しい顕微鏡光計測技術について述べる.

光学顕微鏡の発端は16世紀後半から17世紀にかけてのヤンセン親子(Hans and Zacharias Jansen)の設計・製作まで遡るといわれているが[7],近年の著しい顕微鏡技術の発展は,超高速レーザ技術と顕微鏡技術とを融合したフォトニクスに関連しており,特に1990年に開発され,すでに実用化されている多光子蛍光顕微鏡は,非常に高い空間分解能(面内方向で1μm以下,深さ方向で1μm程度)で精細な細胞観察を可能にし,バイオ研究に革命をもたらした.これを発端に非線形光学効果を利用した新たな顕微鏡技術も進展しており,前節のOCTも含め,生体画像計測は**バイオフォトニクス**(biophotonics;生命科学とフォトニクスの新しい融合領域)の中心的な研究分野となっている.

ここではまず,新たな顕微鏡装置の基礎となる走査型共焦点レーザ顕微鏡の原理を,通常の光学顕微鏡と比較しながら説明する.次に,ブレークスルーの発端となった2光子(多光子)蛍光顕微鏡について述べる.また,生体に有害な色素による蛍光発光を用いず,レーザによる励起のみで細胞構造の観察が可能な,非線形光学効果(第2高調波発生,第3高調波発生)を利用した顕微鏡,さらに物質(分子の種類)を識別可能なラマン効果を利用した顕微鏡について述べる.なお,生体の中で複雑に起こる分子間相互作用を見るのに有用なFRET(fluorescence resonance energy transfer)顕微鏡やその他の顕微鏡については文献[1~3,8]などを参照されたい.

a. 通常の光学顕微鏡と共焦点レーザ顕微鏡

共焦点レーザ顕微鏡に先立って,まず幾何光学に基づいて通常の光学顕微鏡の原理について述べる.図7.11 (a)は焦点距離fのレンズの機能を示しており,レンズに平行光線を入射すると,レンズから距離fだけ離れた面で焦点を結ぶ.これを**焦点面**(focal plane)と呼ぶ.レンズの中心軸に対して斜めに平行光線を入射した場合,レンズの中心を通る光線については光路は直線のままであるが,中心から離れた位置に入射した光線は,中心を通る光線と焦点面との交点に集光される.次に,図(b)のように,レンズの中心軸から距離$L_1(>f)$だけ離れた位置にある物体(高さh)を考え,ここから出発してレン

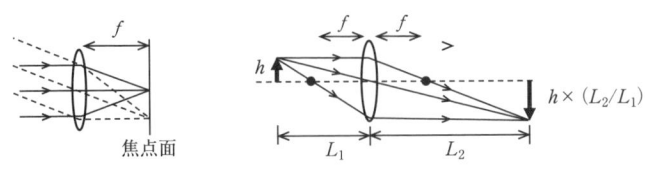

図 7.11 の (a) 焦点距離 f のレンズ／(b) レンズによる像の拡大／(c) 光学顕微鏡の基本構成

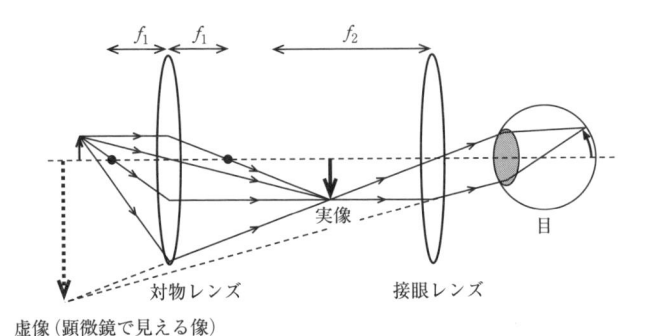

図 7.11 光学顕微鏡の原理

ズを通過した光の経路を辿ると，レンズから距離 L_2 だけ離れた位置で焦点（像）を結ぶ．このとき，像はレンズの中心軸について反対向きになっており，高さは L_2/L_1 倍に拡大されている．これが，**対物レンズ**（objective lens）により像が拡大される原理である．図 (c) は通常の光学顕微鏡の基本構成を示しており，対物レンズによる実像をさらに**接眼レンズ**（eyepiece）によって拡大して観測する．

顕微鏡は倍率を上げて大きく拡大すれば，どこまでも小さい構造を見分けることができるかというとそうではない．回折と結像に関する考察より，隣接した2つの物体を見分ける性能，すなわち空間分解能 Δ は，光の波長 λ と対物レンズの構造により決定され，$\Delta \approx \lambda/(2\,NA)$ で与えられる[7]．ここで**開口数**（NA）は，図 7.12 のような配置を考えた際，

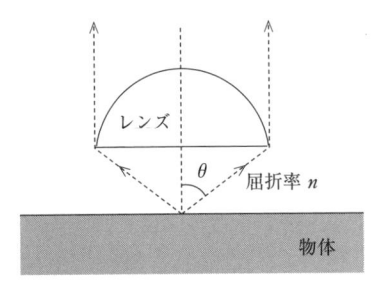

図 7.12 対物レンズの開口数（NA）

$NA = n\sin\theta$ で与えられる．例えば，波長 $\lambda = 0.5\,\mu\mathrm{m}$ とすると，$NA = 0.65$ の対物レンズ（40倍程度）を用いて空気中（$n=1$）で観察した場合には，空間分解能 $\Delta = 0.38\,\mu\mathrm{m}$ 程度になる．また物体とレンズの間を油（$n \approx 1.5$）で満たした油浸レンズを用いた場合には $\Delta = 0.26\,\mu\mathrm{m}$ 程度になる．

通常の光学顕微鏡（広視野光学顕微鏡）によって試料を観察する際，広い視野において物体から出射された光を対物レンズによって結像させており（図7.13 (a)），物体の各点から出た光（光束）を1回絞っている．その際，試料にピントが合っている位置から試料面と対物レンズとの距離を変化させても，像がぼけない距離が存在する．これを**焦点深度**（depth of focus）という．この焦点深度は開口数に反比例する特性を持つため，低倍率（10倍程度以下）の場合は焦点深度が大きく，焦点の周辺から混入してくる散乱光の影響は小さい．しかし，高倍率（高い開口数）になると焦点深度が小さくなるため，周辺からの不要な散乱光の影響が大きくなり，これが像のコントラストを低下させる原因になる．最も高い開口数を持つレンズを使用すると，焦点深度は $1\,\mu\mathrm{m}$ 程度以下になり，数 $\mu\mathrm{m}$ 程度以上の厚さを持つ試料を観察する場合には，この問題が顕著になる．

これに対して，共焦点顕微鏡（図7.13 (b)）では点光源から出た光によって物体の1点を照明し，ここから出た光を対物レンズによってピンホール上に集光して光検出器によって検出する．**共焦点**（confocal）という言葉は，光源

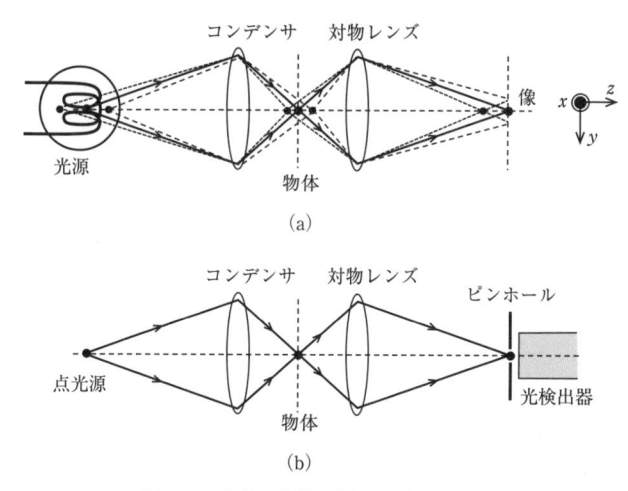

図7.13 通常の光学顕微鏡と共焦点顕微鏡

から出た光の焦点と物体から出てくる光の焦点を共有していることに由来している．共焦点配置では，焦点周辺からの不要な散乱光は検出器前のピンホールによって大部分が除去され，コントラストが著しく向上する．この場合，試料から出る光を2回絞ることに相当し，試料面内（xy）方向で$\sqrt{2}$倍，光軸（z）方向では数十倍にも及ぶ空間分解能の向上を実現できる[7]．その際，試料面内方向の空間分解能は回折限界程度（光の波長程度）であり，光軸方向の空間分解能は面内方向に比べてやや低く，$0.4 \sim 0.8\,\mu m$程度になる．照明光に単色性・直進性に優れたレーザ光を用いることにより，輝度が高く，理想に近い点光源を実現することができる．

図7.14はこのレーザ光源および走査機構を含めた共焦点顕微鏡のシステム（**走査型共焦点レーザ顕微鏡**（confocal scanning laser microscope））の基本構成を示しており，反射（後方散乱）型の配置によって，1つのレンズでコンデンサと対物レンズの双方の役割を持たせることにより，図7.13 (b) に示した共焦点光学系が実現されている．観察像（2次元）を得るためには，試料もしくはビームを，面内または深さ方向に走査して，光検出器で得られる光の強度を画像化すればよい．その際，生体などのソフトな試料を観察する場合には，試料を高速に走査すると試料の振動や変形によって空間分解能が低下するた

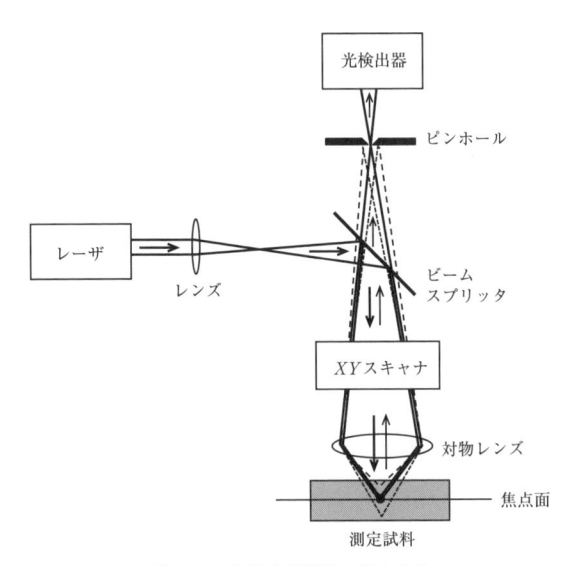

図7.14 共焦点顕微鏡の基本構成

め，ビーム走査方式がよく用いられる．高速なビームの走査には，ガルバノ光学スキャナ（Galvano optical scanner；反射鏡の角度を高速かつ高精度に制御して光を走査する装置）やニポウディスクスキャナ（Nipkow disk scanner；円盤の端に一列ないしは多数列の孔を螺旋状にあけたディスクを回転させてビームを走査する装置）などが用いられ，リアルタイムあるいはビデオレートでの観察が可能になっている[1,7]．

b．多光子蛍光顕微鏡
(1) 蛍光物質

共焦点レーザ顕微鏡で用いられるレーザ光は，輝度の高い照明だけでなく，物質を励起するためにも使用でき，生体物質から出る蛍光などの発光を用いて細胞などの構造を画像化する手法（**バイオイメージング**（bioimaging））は，生命科学において不可欠になってきている．生体から出る蛍光には，生体中に最初から含まれる蛍光体からの発光（**自家蛍光**（autofluorescence））と，外部から蛍光色素を加えて，これを励起することにより得られる蛍光とがある．前者としては，リボフラビンやビタミンB_6などのビタミン類，セロトニンやカテコールアミンなどの神経伝達物質，トリプトファンやチロシンなどのアミノ酸類，NADHやFADなどの補酵素類，ポルフィリン，コラーゲン，フィブロネクチンなどがある．多くの場合，蛍光分子は紫外域から可視域にかけて吸収スペクトルのピークを持っており，その励起により，可視域から近赤外域においてブロードなスペクトルを持った蛍光発光が得られる．

その際，あらゆる蛍光物質における問題点として，長時間にわたって励起し続けると蛍光分子が劣化（酸化反応や熱分解に起因）して蛍光が出なくなる現象（**光退色**（photobleaching））がある．1962年にプリンストン大の下村により，オワンクラゲの発光器官において発見された**緑色蛍光タンパク質**（green fluorescent protein：GFP）は蛍光顕微鏡に大きな進展を与えている（2008年ノーベル化学賞）．この物質は238個のアミノ酸がコンパクトに折り畳まれた分子構造をしており，劣化に対して強い耐性を持つ[1,6]．また，GFPの遺伝子コードは，細胞内にタンパク質を作り出す任意の遺伝子に結合させることができ，この遺伝子操作によって細胞内の所望の箇所に発現させることができる．自然発生のGFPは発光効率が低いが，その変異体は発光効率が高く，その派生物としてシアン蛍光タンパク質（cyan fluorescent protein：CFP）や黄色蛍

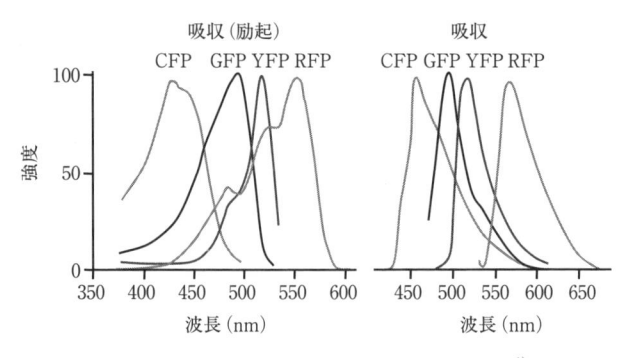

図 7.15 使用される色素の吸収・蛍光スペクトル[1]

光タンパク質（yellow fluorescent protein：YFP）があり，最近サンゴから，赤色蛍光タンパク質（red fluorescent protein：RFP）も発見されている．図7.15 はこれらの蛍光タンパク質の吸収スペクトルと蛍光スペクトルを示しており[1]，これらの発光色の異なる蛍光物質を細胞内の器官によって使い分けることにより，色分けされた鮮やかな蛍光顕微鏡像を得ることができる．

(2) 多光子蛍光顕微鏡の利点

これらの蛍光物質を使用してバイオイメージングを行う際，図7.16 (a) に示すように紫外域〜青色の高い光子エネルギーを持つレーザ光によって蛍光物質を励起（単光子励起）して可視域の蛍光を得る方法と，図 (b) に示すように赤色〜近赤外域のレーザ光を用いて2光子吸収あるいは3光子吸収（多光子吸収）により蛍光物質を励起し，可視域の蛍光を得る方法（これを用いた顕微鏡を**多光子蛍光顕微鏡**（multiphoton fluorescence microscope）[9]という）とがある．単光子励起の場合には，短波長の光源を利用するため回折限界でのスポットサイズを小さくすることができ，面内方向では高い空間分解能が得られる．しかし，このとき線形吸収（効率は光強度に比例）を利用するために，光軸方向に沿って広い領域から蛍光が出る．また，これに伴って光退色の影響も大きくなる．さらに，短波長の光を用いると物質中での光散乱（レイリー散乱）や吸収（7.2節）が大きくなるため，像が得られる深さに制約がある．

これに対して多光子蛍光の場合には，2光子（3光子）吸収が起こる非線形光学過程は，吸収効率が光強度の2乗（3乗）に比例するために光強度の高い領域に限定され，特に光軸方向の空間分解は著しく向上する．ここで，3光子蛍光が起こる確率は2光子蛍光に比べて低いため，通常，2光子蛍光が支配的

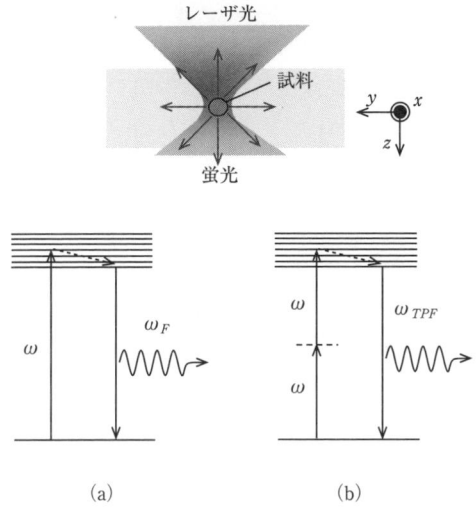

図 7.16 1 光子蛍光と 2 光子蛍光

になる．その際，光軸方向で 1 μm 程度以下の空間分解能が得られる．このように多光子蛍光を用いると，発光領域を微小領域に限定することができるために光退色の領域も小さくできる．また，長波長の光を用いているために色素の劣化が遅くなり，光退色が起こるまでの寿命を伸ばすことができるほか，フリーラジカルの発生による毒性も低くなる．さらには光散乱が小さくなるために深い領域の観察も可能になり，生体観察には有利になる．

(3) 多光子蛍光顕微鏡システム

共焦点レーザ顕微鏡から多光子蛍光顕微鏡へ移行するのは比較的容易であり，ビームスプリッタ（レーザ光の波長で 50 % 程度の反射率を持つミラー）の代わりに，ダイクロイックミラー（近赤外光に対して反射率が高く，可視光に対して透過率の高いミラー）を用いればよく，高感度な検出のためには光電子増倍管（PMT）や CCD（charge-coupled device）などの高感度検出器と光学フィルタ（ダイクロイックミラー）を併用する（図 7.17）．光源としては，非線形光学効果を起こすと同時に生体へのダメージを軽減するために，高いピーク出力（kW オーダ）を持つ超短光パルス（ピコ秒～フェムト秒オーダのパルス幅を持つ近赤外光）が必要であり，高速な積算によって鮮明なイメージを高速に得るため，高い繰返し周波数（kHz～MHz オーダ）も必要である．こ

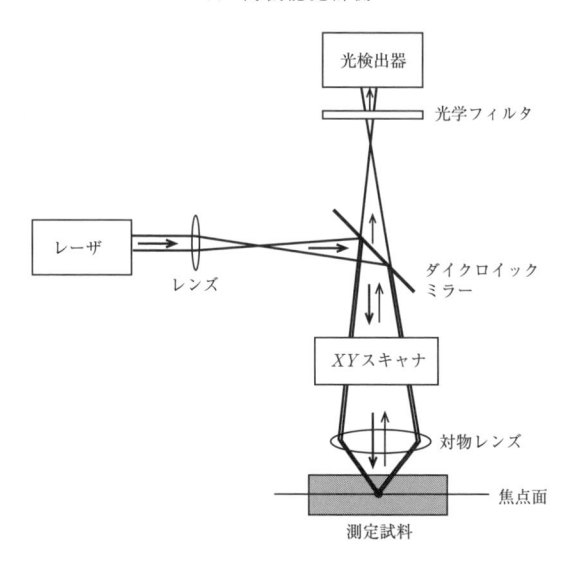

図 7.17 多光子蛍光顕微鏡（SHG/THG 顕微鏡）の基本構成

の条件を満たす光源として，モードロック動作のチタンサファイアレーザ（波長 800～1000 nm 程度の近赤外域）がよく用いられており[1~6]，最近はファイバーレーザ[10]や，半導体レーザ[11]を用いた光源システムなども進展が著しい．

(4) 多光子蛍光顕微鏡の問題点

多光子蛍光顕微鏡の問題は，主に導入する蛍光分子に関連する．まず，通常の単光子蛍光に比べると多光子蛍光では光退色する領域が小さくなり，毒性を持つフリーラジカル発生の抑制にも有効であるが，依然としてその影響は存在し，細胞分裂など長時間にわたる観察において問題となる可能性がある．また，蛍光物質（蛍光ラベル）の導入によって分子構造が変化した生細胞の生命活動は，果たして蛍光物質を導入しない場合と同じであるか，といった疑問点も残されている．前者の問題点については，新しい蛍光物質の開発について取り組みがなされており[6,12]，これによってある程度の問題解決が期待される．一方，後者の問題解決を図るには，蛍光物質を必要としない新しい顕微鏡光計測技術の開発が必要になる．

c. SHG/THG 顕微鏡

多光子蛍光顕微鏡は生細胞の観察において非常に強力な手段であるが，上記のように種々の問題点も内在するため，蛍光ラベルを用いない（ラベルフリー）観察法の開発が望まれている．その代表例として，第2高調波発生（SHG）や第3高調波発生（THG）など，非線形光学効果を用いた顕微鏡[1~5]が研究されており，数時間以上に及ぶ長時間の生体観察も可能になってきている．

SHGは周波数ωのレーザ光により誘起される非線形分極によって，周波数2ωの第2高調波が発生する2次の非線形光学効果である（第3章）．2次（偶数次）の非線形効果は中心対称な構造を持つ物質中には現われないが，特定方向にそろった異方性を持つ構造や境界面など，中心対称でない物質において発生する．このため，SHGを用いた生体観察においては，細胞壁や細胞膜，筋繊維，コラーゲンなどの微細構造（サブμmオーダ）を観察でき，偏光子を用いて特定の偏光を持つ第2高調波を検出すれば，特定方向にそろった構造を持つ生体物質を選択的に見ることもできる[4]．

一方，THGは，周波数3ωの第3高調波が発生する3次の非線形光学効果である．THGは奇数次の非線形光学効果であるので，通常は一様な媒質からも第3高調波は発生するはずである．しかし，実際の顕微鏡観察では対物レンズによってレーザ光を波長程度のビーム径（回折限界）まで絞って生体物質に照射しており，このような状況下では光波の位相が通常の平面波に比べてπだけずれる（Gouy位相シフトと呼ばれ，奇数次の非線形光学効果に共通して起こる）ために，一様な場所では光波の打ち消し合いによって第3高調波は発生せず，境界面付近から第3高調波がよく発生する[13]．

図7.17に示すように，SHGおよびTHG顕微鏡の構成は多光子蛍光顕微鏡と基本的に同じであるが，相違点としてはSHG／THG顕微鏡では，光検出器の前に設置した光学フィルタの透過特性が第2高調波または第3高調波に対して高い透過率を持ち，レーザ光に対しては低い透過率になっている．なお，生細胞内の微細な構造の観察においては，SHG，THGともに細胞膜の付近がよく見え，類似の情報を与える（図7.18，7.19）．一方，組織レベルの観察においては，SHGでは均一な細胞組織全体が見えるのに対し，THGでは境界面のみがシャープに見え，皮膚組織などの観察では相補的な情報を与える．また，SHGやTHGなど非線形光学効果を利用した顕微鏡において，第2高調波や第

194   7. 高機能光計測

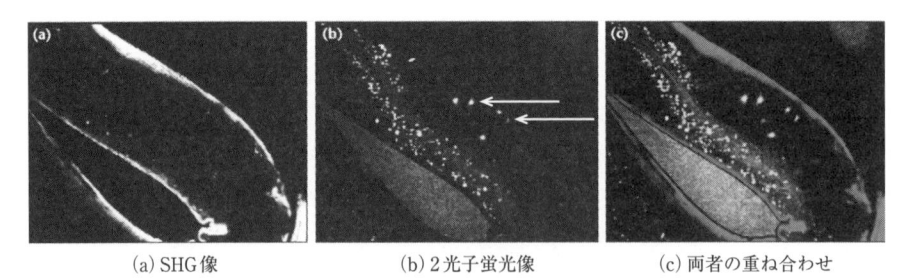

(a) SHG像　　　　(b) 2光子蛍光像　　　　(c) 両者の重ね合わせ

図7.18 SHG／2光子蛍光による土壌線虫（*C. elegans*）の観察例[4]

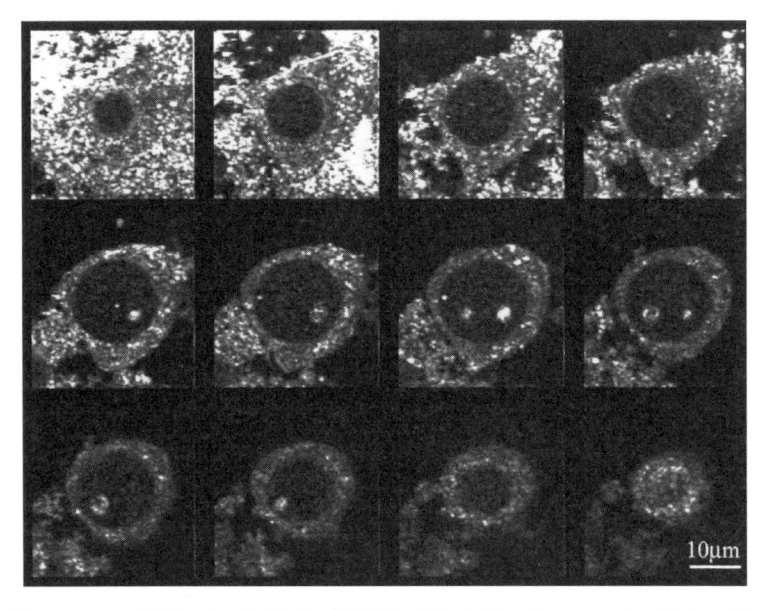

図7.19 THG顕微鏡による神経細胞の観察例[5]．各図は光軸方向に2μmずつずらして得た断面図を表す．

3高調波の発生効率は励起光強度の3乗または2乗に比例するため，主に励起光強度の高い焦点付近で第2高調波や第3高調波が発生する．このため，図7.19に示すように，多光子蛍光顕微鏡と同様に面内方向・光軸方向ともに高い空間分解能が得られている．

d. ラマン顕微鏡

上で述べた多光子顕微鏡やSHG，THG顕微鏡は，蛍光分子からの発光や非対称な構造を持つ物質内に誘起される非線形分極による高調波発生を利用しているため，生体組織や細胞内に存在する物質の形状や位置を観察するのに適しており，基本的に物質（分子）の種類を特定することはできない．これに対してラマン効果では，3.5節で述べたように生体物質の分子振動（周波数ω_v）によってレーザ光（周波数ω）が散乱され，波長がシフトしたストークス光（周波数$\omega-\omega_v$）や反ストークス光（周波数$\omega+\omega_v$）が発生する．このため，これらの波長（シフト量）を調べることによって分子の種類を知ることができる．また，このラマン効果を用いる方法もSHG，THG顕微鏡と同様に蛍光物質を必要としない（ラベルフリー）観察ができる利点を有する．

図7.20に示すように**ラマン顕微鏡**（Raman microscope）も共焦点型顕微鏡の構成を基本としており[2)]，光学フィルタ（ホログラッフィック回折格子を用いたノッチフィルタや，レーザ波長付近の狭い帯域で高い反射率を持つ誘電体多層膜ミラー）によってレーザ光成分を除去した後，分光器を通して光検出を行うことにより，ラマン散乱光のスペクトルを得ることができる．試料台もし

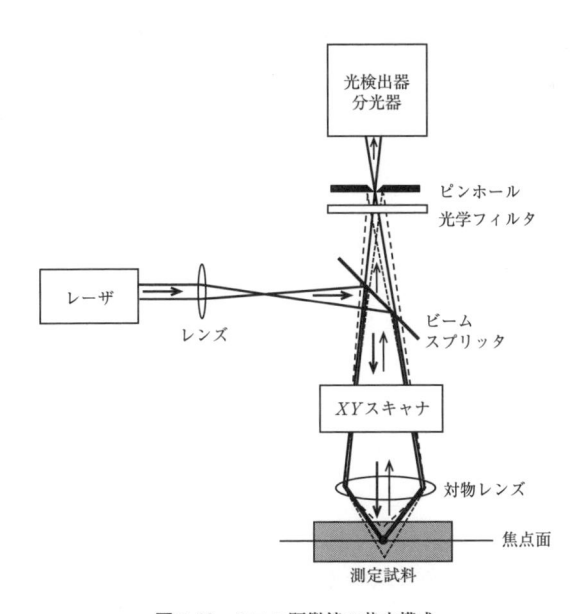

図7.20 ラマン顕微鏡の基本構成

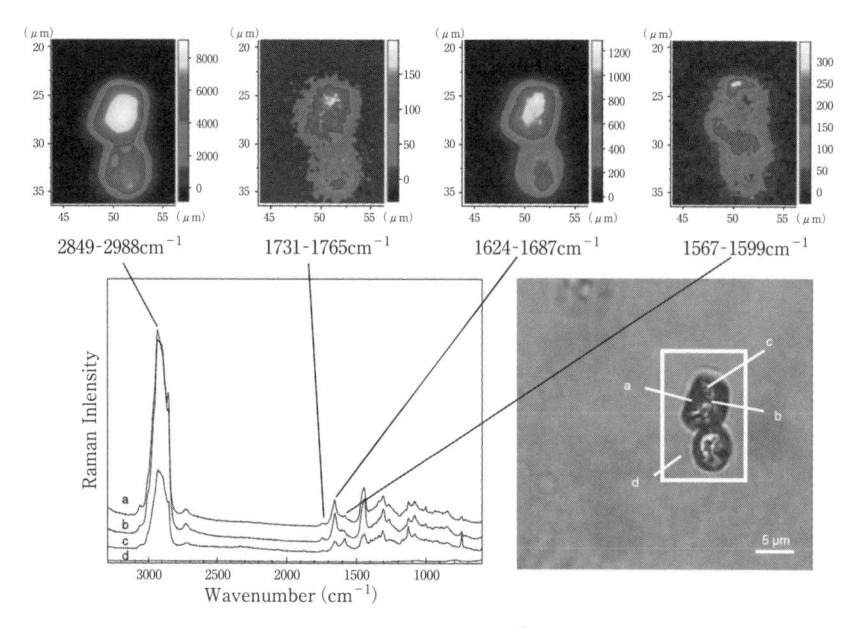

図7.21 ラマン顕微鏡によるイースト菌細胞の観察例[14]. 右下はイースト菌細胞の写真, 上の各図は各波数領域のラマンピークを用いて得られた画像を表す.

くはレーザ光の照射位置を変化させて, ある振動周波数に対応した特定波長のラマン散乱光 (通常は強度の高いストークス光成分) の強度分布を観測することにより, 特定物質 (例えばDNAや脂質, 特定のタンパク質などの生体分子, 半導体表面に吸着した分子など) の空間分布を表す顕微鏡画像が得られる.

図7.21は2個のイースト菌細胞をラマン顕微鏡にて観察した例[14]である. 上の各図はC-H伸縮振動 ($2849 \sim 2988\ cm^{-1}$), C=O伸縮振動 ($1731 \sim 1765\ cm^{-1}$), アミドI (C=O伸縮振動) と脂質C=C伸縮振動 ($1624\text{-}1687\ cm^{-1}$), フェニルC=C伸縮振動 ($1567 \sim 1607\ cm^{-1}$) に対応する各波数領域のラマンスペクトルのピーク強度の分布を画像化したものである. これらの画像からイースト菌細胞のサイズ ($5\ \mu m$程度) より高い空間分解能 ($1\ \mu m$以下程度) が得られており, 細胞内にこれらの分子結合を含む化学物質 (生体分子) がどのように分布しているかがわかる. このように, 分子の情報を持つラマン顕微鏡画像を用いると, 例えば細胞分裂の過程でどのような化学物質が関与しているか, あるいはDNAや特定のタンパク質, 脂質がどのように分布しているかな

ど，生命現象についてより詳しい情報を得ることができる．ただし，ラマン散乱光は上で述べた2光子蛍光やSHG，THGなどより微弱であるために十分なSN比を得るには長い積算時間が必要であり，リアルタイムの測定は困難である．このため，レーザ光を1点1点照射する代わりに線状のビーム照射を行って走査する方法（ラインスキャン）や，高輝度のパルス光を用いてより高速に，ラマン顕微鏡と同様な情報を得るコヒーレント反ストークスラマン（coherent anti-Stokes Raman：CARS）顕微鏡[15]など，新しい手法も研究が進展している．

演 習 問 題

7.2節の演習問題

1. 屈折率 n の媒質中で伝搬方向に運ばれる単位断面積あたりのパワーが強度 [W/m^2] であり，光が横電界磁界波とすると

$$I = \overline{E \times H} = \frac{1}{2}\mathrm{Re}\,[EH^*] = \frac{c\varepsilon}{2n}|E|^2$$

より，光強度は電界の2乗に比例するのがわかる．これを用いて，(7.4)式から干渉信号を表す (7.5)式を導出せよ．

2. ヘテロダインビート信号の (7.5)式，光パワーと光検出器の出力電流の関係 (7.6)式，および

$$\frac{E_S}{E_L} = \sqrt{\frac{P_S}{P_L}}$$

の関係を用いて，ヘテロダインビート信号の交流信号パワー (7.7)式を導出せよ．

3. ウィーナー-ヒンチンの定理では，光源の自己相関関数（コヒーレンス関数）$G(\tau)$は，光源のパワースペクトル密度 $S(\nu)$ の逆フーリエ変換で与えられ，次のように表される．

$$G(\tau) = \int_{-\infty}^{+\infty} S(\nu) e^{i2\pi\nu\tau} d\nu$$

(1) 光源のスペクトル $S_G(\nu)$ が次のガウス型スペクトル関数のときの自己相関関数を求めよ．

$$S_G(\nu) = S_0 \exp\left\{-\left(\frac{2\sqrt{\ln 2}(\nu - \nu_0)}{\Delta\nu}\right)^2\right\}$$

ここで，S_0 は規格化定数，ν は光の周波数，ν_0 は光源の中心周波数，$\Delta\nu$ は，半値全幅（full width at half maximum：FWHM）で定義した光源の周波数幅である．

(2) 上で求めた自己相関関数において，最大値が 1/2 になる時間を求めよ．さらに光の速さ c を用いて距離に換算し，それが (7.13)式の OCT の光軸方向分解能に等しくなることを示せ．

7.3 節の演習問題

4. 7.3 節で述べた各顕微鏡の特徴（原理と得られる情報，長所と短所）についてまとめてみよ．

参考文献

7.1, 7.2 節の文献
1) レーザ医学の進歩特集，日本臨床，**45**, 第 4 号（1987）．
2) 灘波 進，稲場文男，霜田光一，矢島達夫：「レーザハンドブック」，朝倉書店，1997.
3) 山田幸生，田村 守，綱沢義夫，土屋 裕：計測と制御，**39**, 239（2000）．
4) 牧，山下，小泉：精密工学会誌，67, 558（2001）．
5) H. Inaba, M. Toida, and T. Ichimura：*Proc. SPIE*, **1399**, 108（1990）．
6) D. Huang, E. A. Swanson, C. P. Lin, J. S. Schuman, W. G. Stinson, W. Chang, M. R. Hee, T. Flotte, K. Gregory, C. A. Puliafito, and J. G. Fujimoto：*Science*, **254**, 1178（1991）．
7) K. Takada, I. Yokohama, K. Chida, and J. Noda：*Appl. Opt.*, **26**, 1603（1987）．
8) A. F. Fercher, K. Mengedoht, and W. Werner：*Opt. Lett.*, **13** 186（1988）．
9) 丹野直弘，市村 勉，佐伯昭雄：日本特許第 2010042 号（出願 1990）．
10) 小原 實，神成文彦，佐藤俊一：「レーザ応用光学」，共立出版，1998.
11) R. W. Waynant and M. N. Ediger：Electro-Optics Handbook, 24-22, McGraw-Hill（1993）．
12) A. Yariv：Optical Electronics in Modern Co mmunications 5th edition, Oxford University Press, Inc.(1997)．
13) B. Bouma et al.：Handbook of Optical Coherence Tomography, Marcel Dekker, Inc.(2002)．
14) 佐藤 学，渡部裕輝：日本レーザ医学会誌，**26**, 229（2005）．
15) W. Drexler, U. Morgner, F. X. Kartner, G. Pitris, S. A. Boppart, X. D. Li, E. P. Ippen, and J. G. Fujimoto：*Opt. Lett.*, **24**, 1221（1999）．
16) M. V. Sarunic, M. A. Choma, C. Yang, and J. Izatt：*Opt. Exp.*, **13**, 957（2005）．
17) 佐藤 学，渡部裕輝：レーザー研究，**34**, 488（2006）．
18) G. Hausler and M. W. Lindner：*J. Biomed. Opt.*, **3**, 21（1998）．
19) R. Huber, M. Wojtkowski, and J. G. Fujimoto：*Opt. Exp.*, **14**, 3225（2006）．
20) 伊藤雅英，安野嘉晃，谷田貝豊彦：レーザー研究，**34**, 476（2006）．
21) M. V. Sarunic, S. Weinberg, and J. Izatt：*Opt. Lett.*, **31**, 1462（2006）．

22) Y. Watanabe, K. Yamada, and M. Sato: *Opt. Exp.*, **14**, 5201 (2006).
23) R. J. Zawadzki, S. M. Jones, S. S. Olivier, M. Zhao, B. A. Bower, J. Izatt, S. Choi, S. Laut, and J. S. Werner: *Opt. Exp.*, **13**, 8532 (2005).
24) 春名正光: レーザー研究, **34**, 468 (2006).
25) 佐藤 学: 光学, **35**, 514 (2006).
26) J. Schmit, D. Kolstad, and C. Petersen: *Optics & Photonics News*, **21**, February (2004).
27) J. Zhang, S. Guo, W. Jung, and Z. Chen: *Biophotonics International*, **42**, June (2005).

7.3 節の文献
1) P. N. Prasad: "Introduction to Biophotonics", Wiley, Hoboken, 2003.
2) J. Popp and M. Strehle ed.: "Biophotonics", Wiley-VCH, Wienheim, 2006.
3) L. Pvesi and P. M. Fauchet ed.: "Biophotonics", Springer, Berlin, 2008.
4) P. Campagnola and W. A. Mohler: "Nonlinear Optical Spectroscopy-And Imaging of Structural Proteins in Living Tissues," OSA Optics & Photonics News, June 2003, pp. 40-45.
5) J. Squire: "Ultrafast Optics-Opening New Windows in Biology", OSA Optics & Photonics News, April 2002, pp. 42-46.
6) 船津高志編: シリーズ・光が拓く生命科学 (第7巻) 「生命科学を拓く新しい光技術」, 共立出版, 2000.
7) 曽我部正博, 臼倉治郎編: シリーズ・ニューバイオフィジックス⑦「バイオイメージング」, 共立出版, 1998.
8) 楠見明弘, 小林剛, 吉村昭彦, 徳永万喜洋編: 「バイオイメージングでここまで理解る」, 羊土社, 2003.
9) W. Denk, J. H. Strickler, and W. W. Webb: "Two-photon laser scanning fluorescence microscopy", Science, Vol. 248, pp. 73-76, 1990.
10) D.-H. Kim, I. K. Ilev, and J. U. Kang: "Fiberoptic Confocal Microscopy Using a 1.55-μm Fiber Laser for Multimodal Biophotonics Applications", IEEE J. Sel. Top. Qunat. Electron., Vol. 14, pp. 82-87 (2008).
11) H. Yokoyama, H. Guo, T. Yoda, K. Takashima, K. Sato, H. Taniguchi, and H. Ito: "Two-photon bioimaging with picosecond optical pulses from a semiconductor laser," Opt. Expr., Vol. 14, pp. 3467-3471 (2006).
12) 菊地和也, 「細胞を覗く分子デザイン」, 第51回応用物理学関係連合講演会シンポジウム, 28p-K-5 (2004); 古田寿昭, 「ケージド化合物による生体機能の光制御」, 同 28p-K-6 (2004).
13) Y. Barad, H. Eisenberg, M. Horowiz, and Y. Silberberg: "Nonlinear scanning laser microscopy by third harmonic generation", *Appl. Phys. Lett.*, Vol. **70**, pp. 922-924 (1997).

14) P. Rosch, M. Harz, M. Scmitt, and J. Popp : "Raman spectroscopic identification of single yeast cells", *J. Raman Spectrosc.*, Vol. **36**, pp. 377-379 (2005).
15) A. Zumbusch, G. R. Holton, and X. S. Xie : "Three-Dimensional Vibration Imaging by Coherent Anti-Stokes Raman Scattering", *Phys. Rev. Lett.*, Vol. **82**, pp. 4142-4145 (1999).

演習問題の解答

2章の演習問題の解答

1. 共振器の共振条件は，$m\lambda_m = 2\eta_0 L$ である．ここに m は共振の次数を表す整数である．これより $\lambda_m = 2\eta_0 L/m$ を得る．したがって，波長 λ_m に対応する縦モードの（角）周波数は，$\omega_m = \pi c\, m/\eta_0 L$ となる．ゆえに，隣合う縦モードの（角）周波数間隔は $\Delta\omega = \pi c/\eta_0 L$ であることがわかる．

2. この場合もレート方程式を定常状態で解く．(2.2)式の反転分布密度方程式で，左辺をゼロとして，右辺では誘導放出の項を無視すると，$P = \gamma_N N$ の関係が得られる．これより，$N = P/\gamma_N$ となり，反転分布密度は励起入力に比例して増加することがわかる．また，(2.3)式の光子密度方程式で左辺をゼロとし，さらに右辺でやはり誘導放出の項を無視すれば $C\gamma_N N = \gamma_S S$ の関係を得る．これより $S = \gamma_N PN/\gamma_S$ となるから，自然放出光成分が励起入力に比例して増大することが示される．

3. 光子密度のレート方程式は，共振器内の単位体積あたりの光子数 S に比例して光子が単位時間あたり γ_S のレートで共振器から消え去ることを示している．もし，光子の消失がすべて共振器の反射鏡からの透過によるものであれば，単位体積あたりのレーザ光出力は $\hbar\omega\gamma_S S$ となる．一般には共振器内の光吸収や散乱に基づく損失も光子の消失に関与するが，その場合は反射鏡からの透過による損失の割合を T（<1）として，T を乗じて補正した値がレーザ光出力となる．

3章の演習問題の略解

1. 中心対称で一様な構造を持つ物質中では，空間座標の取り方は任意である．いま，時間を固定して電場 E の $+$ 方向を x 軸にとり，非線形分極が
$$P_{NL} = \varepsilon_0\{\chi^{(2)}E^2 + \chi^{(3)}E^3 + \cdots\}$$
で表されるとする．このとき，x 軸と逆方向に x' 軸をとると，電場 $E' = -E$，非線形分極 $P'_{NL} = -P_{NL}$ と表せるはずである．ここで，
$$P'_{NL} = \varepsilon_0\{\chi^{(2)}(-E)^2 + \chi^{(3)}(-E)^3 + \cdots\}$$
であるので，$P'_{NL} = -P_{NL}$ となるためには，$\chi^{(2)} = \chi^{(4)} = \cdots = 0$ でなければならず，偶数次の非線形光学効果は現われない．

2. 電圧印加の有無による時間差は
$$\Delta t = L|(c/n)^{-1} - [c/(n+\Delta n_{NL})]^{-1}| = |\Delta n_{NL}|L/c$$
であるので，位相差
$$\phi = \omega|\Delta t| = \pi n^3 rVL/(\lambda d) \quad [\text{rad}]$$
となる．

3. 光強度は
$$I(t) = I_0 \exp\left[-4\ln 2\cdot (t/\tau)^2\right]$$

と表せるので，$\omega/c=2\pi/\lambda$ の関係を用いてパルスの継続時間 τ における周波数の変化量を (3.37)式より求めると，

$$\Delta\omega = (\pi \ln 2) \cdot n_2 L I_0/(\lambda\tau)$$

となる．

4. 光学フォノンと音響フォノンの分散特性（文献[8]などを参照）を調べ，波数ベクトルが正および負となる場合について，位相整合との関連を図解してまとめればよい．

4章の演習問題の解答

① $\Delta=(n_1-n_2)/n_1$ より $n_1=1.449$, $n_2=1.445$
② $\sin\theta_c=n_2/n_1$ より $\theta_c=85.7°$ NA は 0.11
③ (4.3)式に $v=2.405$ を代入して T を求めると $T=5.28\,\mu m$. つまりコア径が $10.56\,\mu m$ より小さければシングルモードとなる．

5章の演習問題の解答

1. 順バイアスされた pn 接合の伝導帯および価電子帯の擬フェルミ準位をおのおのの E_{Fc}, E_{Fv} とすると，伝導帯におけるエネルギー E_2 での電子の占有確率 f_2 は，

$$f_2 = \frac{1}{1+\exp\left(\dfrac{E_2-E_{Fc}}{kT}\right)}$$

で与えられる．一方，価電子帯におけるエネルギー E_1 での電子の占有確率 f_1 は，

$$f_1 = \frac{1}{1+\exp\left(\dfrac{E_1-E_{Fv}}{kT}\right)}$$

で与えられる．いま，エネルギー $E_{21}=E_2-E_1 \geq E_g$（E_g はバンドギャップ エネルギー）の光が光子密度 $n_{ph}(E_{21})$ で pn 接合領域に入射した場合，光が吸収されて価電子帯から伝導帯に電子が遷移する割合 $r_{12}(abs)$ は，価電子帯におけるエネルギー E_1 での電子密度 $\rho_v(E_v-E_1)f_1$ と，伝導帯においてエネルギー E_2 での電子に占有されていない状態の密度 $\rho_c(E_2-E_c)(1-f_2)$ の積と，光子密度 $n_{ph}(E_{21})$ に比例するので，

$$r_{12}(abs) = B_{12} n_{ph}(E_{21}) \rho_c(E_2-E_c) \rho_v(E_v-E_1) f_1(1-f_2)$$

で表される．ここで，E_c および E_v はおのおの伝導帯および価電子帯のバンド端エネルギーである．

一方，エネルギー E_{21} の光の入射によって誘導放出が起こる割合 $r_{21}(stim)$ は，伝導帯においてエネルギー E_2 での電子密度 $\rho_c(E_2-E_c)f_2$ と，価電子帯におけるエネルギー E_1 での電子に占有されていない状態（すなわち正孔）の密度 $\rho_v(E_v-E_1)(1-f_1)$ との積と，光子密度 $n_{ph}(E_{21})$ に比例するので，

$$r_{21}(stim) = B_{21} n_{ph}(E_{21}) \rho_c(E_2-E_c) \rho_v(E_v-E_1)(1-f_1)f_2$$

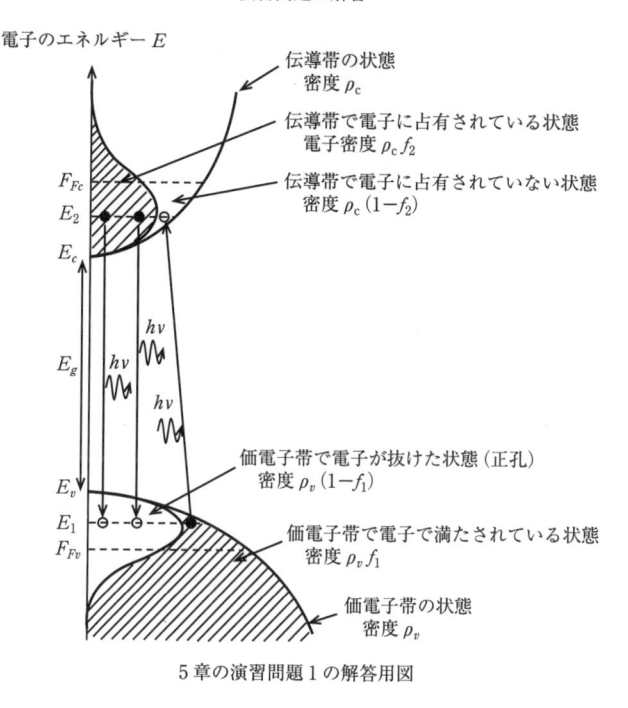

図中のラベル:

電子のエネルギー E
伝導帯の状態密度 ρ_c
伝導帯で電子に占有されている状態 電子密度 $\rho_c f_2$
伝導帯で電子に占有されていない状態 密度 $\rho_c(1-f_2)$
F_{Fc}
E_2
E_c
$h\nu$
E_g
E_v
E_1
F_{Fv}
価電子帯で電子が抜けた状態(正孔) 密度 $\rho_v(1-f_1)$
価電子帯で電子で満たされている状態 密度 $\rho_v f_1$
価電子帯の状態密度 ρ_v

5章の演習問題1の解答用図

で表される.上の2つの式における係数 B_{12} と B_{21} は,それぞれ光の吸収と誘導放出の遷移確率で,これらはともに等しいことが知られており,$B_{12}=B_{21}=B_0$ とおくと,

$$r_{21}(\text{stim})-r_{12}(\text{abs})=B_0 n_{\text{ph}}(E_{21})\rho_c(E_2-E_c)\rho_v(E_v-E_1)(f_2-f_1)$$

となる.これは,誘導放出が起こる割合から光の吸収が起こる割合を引いたもので,この値が正であれば光の増幅が起こり,負であれば光は減衰する.したがって,光の増幅が起こるすなわち反転分布(光学利得)が生じるためには,$f_2-f_1>0$ であればよい.したがって,f_1 および f_2 の式から,$E_2-E_{Fc}<E_1-E_{Fv}$,すなわち $E_2-E_1<E_{Fc}-E_{Fv}$ の関係が求まる.光の吸収や誘導放出が起きるのは,バンドギャップエネルギー以上の光子エネルギーの光に対してであるから,その関係を加えて Bernard-Duraffourg の条件式が次のように導かれる.

$$E_g \leq h\nu = E_{21} \equiv E_2-E_1 < E_{Fc}-E_{Fv}$$

2. 光が真空中を単位時間(1 sec)に進む距離は,光速度 c で与えられる.これが屈折率 n の媒質中であれば,c/n となる.したがって,共振器長(ミラーの間隔)が L の FP 共振器を単位時間に光が往復する回数 N は,

$$N=\frac{c}{n}\frac{1}{2L}$$

で与えられる.ただし,光共振器内の媒質の屈折を n と考えている.

一方，光がFP共振器を1往復する間に，反射率R_1およびR_2の鏡でおのおの1回ずつ反射されるから，光の強さは1往復する間に$R_1 \cdot R_2$となる．これがN往復する間だと，$(R_1 R_2)^N$である．したがって，光共振器内で光は時間に対して指数関数的に減衰し，その減衰定数をα_mとすると，

$$e^{-\alpha_m} = (R_1 R_2)^N$$

の関係が成り立つ．したがって，

$$-\alpha_m = \ln(R_1 R_2)^N$$

となり，さらに，

$$\alpha_m = N \ln \frac{1}{R_1 R_2} = \frac{c}{n} \frac{1}{2L} \ln \frac{1}{R_1 R_2}$$

となり，(5.5)式が導かれる．

3. FP-LDの共振器長をLとすると，共振器内での波長λ/n_{eff}の整数倍が，ちょうど共振器を往復する長さ$2L$に等しくなるときに定在波条件を満足するので，定在波条件は

$$2L = q \frac{\lambda}{n_{\text{eff}}}$$

で与えられる．ここでqは自然数であり，共振器内の定在波の数を表しており，モード番号とも呼ばれている．したがって，FP共振器の共振波長λは，定在波条件から

$$\lambda = \frac{2n_{\text{eff}} L}{q}$$

で与えられる．モード番号（定在波の数）によって共振波長は異なることがわかる．発振縦モード間隔$\Delta\lambda$は，この隣り合うモード番号（例えば，モード番号qと$q+1$）による共振波長の差であるから，

$$\Delta\lambda = \lambda_q - \lambda_{q+1} = \frac{2n_{\text{eff}} L}{q} - \frac{2n_{\text{eff}} L}{q+1} = \frac{2n_{\text{eff}} L}{q(q+1)}$$

となる．発振波長$1.55\,\mu m$のFP-LDの場合，共振器長Lは約$300\,\mu m$であり，n_{eff}の値は3程度であるから，モード番号q（共振器内の定在波の数）としては，1000以上となる．したがって$q \gg 1$となり，$\Delta\lambda$は，

$$\Delta\lambda = \lambda_q - \lambda_{q+1} = \frac{2n_{\text{eff}} L}{q(q+1)} \approx \frac{2n_{\text{eff}} L}{q^2}$$

と近似できる．したがって，この式にqを代入すると，発振縦モード間隔$\Delta\lambda$は，

$$\Delta\lambda \approx \frac{\lambda^2}{2n_{\text{eff}} L}$$

となる．

6章の演習問題の解答

1. (1) マッハツェンダ干渉計の各光路の長さをLとする．各光路を伝搬後の電界は

$$A_1' = A_1 \exp(i\beta L + i\delta\phi(t)) = \frac{A_0}{\sqrt{2}} \exp(i\beta L + i\delta\phi(t))$$

$$B_1' = B_1 \exp(i\beta L) = \frac{iA_0}{\sqrt{2}} \exp(i\beta L)$$

と表されるので，両者の干渉によりマッハツェンダ干渉計から出力される電界は

$$A_2 = \frac{A_1'}{\sqrt{2}} + i\frac{B_1'}{\sqrt{2}} = \frac{A_0}{2} \exp(i\beta L + i\delta\phi(t)) - \frac{A_0}{2} \exp(i\beta L)$$

$$= \frac{A_0}{2} \exp(i\beta L) \exp\left(i\frac{\delta\phi(t)}{2}\right) \left(\exp\left(i\frac{\delta\phi(t)}{2}\right) - \exp\left(-i\frac{\delta\phi(t)}{2}\right)\right)$$

$$= iA_0 \exp(i\beta L) \exp\left(i\frac{\delta\phi(t)}{2}\right) \sin\frac{\delta\phi(t)}{2}$$

と求められる．この式に含まれる位相項 $\exp(i\delta\phi(t)/2)$ が強度変調に伴う周波数チャープである．この式よりパワーを計算すると

$$P(t) = P_{\max} \sin^2 \frac{\delta\phi(t)}{2}, \quad P_{\max} = |A_0|^2$$

を得る．

(2) 各光路を伝搬後の電界は

$$A_1' = A_1 \exp(i\beta L + i\delta\phi(t)) = \frac{A_0}{\sqrt{2}} \exp(i\beta L + i\delta\phi(t))$$

$$B_1' = B_1 \exp(i\beta L - i\delta\phi(t)) = \frac{iA_0}{\sqrt{2}} \exp(i\beta L - i\delta\phi(t))$$

で与えられるので，Mach-Zehnder 干渉計の出力は

$$A_2 = \frac{A_1'}{\sqrt{2}} + i\frac{B_1'}{\sqrt{2}} = \frac{A_0}{2} \exp(i\beta L + i\delta\phi(t)) - \frac{A_0}{2} \exp(i\beta L - i\delta\phi(t))$$

$$= \frac{A_0}{2} \exp(i\beta L)(\exp(i\delta\phi(t)) - \exp(-i\delta\phi(t)))$$

$$= iA_0 \exp(i\beta L) \sin \delta\phi(t)$$

となる．したがって出力電界 A_2 には周波数チャープが含まれない．

2. $A(0, t)$ のフーリエ変換は

$$\tilde{A}(0, \omega) = A_0 \frac{T_0}{1+iC} \sqrt{2\pi} \exp\left(-\frac{T_0^2}{2(1+iC)} \omega^2\right)$$

で与えられる．これを初期条件として（6.34）式を解くと

$$\tilde{A}(z, \omega) = \tilde{A}(0, \omega) \exp\left(i\frac{\beta_2 z}{2} \omega^2\right)$$

$$= \frac{A_0 T_0 \sqrt{2\pi}}{1+iC} \exp\left(-\frac{\omega^2}{2}\left(\frac{T_0^2}{1+iC} - i\beta_2 z\right)\right)$$

となる．これを逆フーリエ変換すると，距離 z 伝搬後のパルス波形 $A(z, t)$ が以下のようにして得られる．

$$A(z, t) = \frac{1}{2\pi} \int_{-\infty}^{\infty} \tilde{A}(z, \omega) \exp(-i\omega t) d\omega$$

$$= \frac{A_0 T_0}{1+iC\sqrt{\dfrac{T_0^2}{1+iC}-i\beta_2 z}} \exp\left(-\frac{t^2}{2\left(\dfrac{T_0^2}{1+iC}-i\beta_2 z\right)}\right)$$

$$= \frac{A_0 T_0}{\sqrt{T_0^2(1+iC)-i\beta_2 z(1+iC)^2}} \exp\left(-\frac{1+iC}{2(T_0^2-i\beta_2 z(1+iC))}t^2\right)$$

$$= \frac{A_0 T_0}{\sqrt{T_0^2(1+iC)-i\beta_2 z(1+iC)^2}} \exp\left(-\frac{(1+iC)(T_0^2+C\beta_2 z+i\beta_2 z)}{2((T_0^2+C\beta_2 z)^2+(\beta_2 z)^2)}t^2\right)$$

$$\propto \exp\left(-\frac{T_0^2}{2((T_0^2+C\beta_2 z)^2+(\beta_2 z)^2)}t^2\right)$$

このガウス波形を $\exp(-t^2/2T_1^2)$ とみなすと，

$$T_1^2 = \frac{1}{T_0^2}((T_0^2+C\beta_2 z)^2+(\beta_2 z)^2)$$

$$= T_0^2 + 2C\beta_2 z + \left(\frac{1+C^2}{T_0^2}\right)(\beta_2 z)^2$$

$$= \frac{\beta_2^2}{T_0^2}(1+C^2)\left(z+\frac{T_0^2 C\beta_2}{\beta_2^2(1+C^2)}\right)^2 + T_0^2 - \frac{C^2 T_0^2}{1+C^2}$$

を得る．これは z に関する 2 次関数であり，T_1 は

$$z = -\frac{T_0^2 C\beta_2}{\beta_2^2(1+C^2)}$$

のとき最小値をとる．$\beta_2 C < 0$ のとき

$$z = \frac{T_0^2|C\beta_2|}{\beta_2^2(1+C^2)} = \frac{T_0^2|C|}{|\beta_2|(1+C^2)} = \frac{|C|}{1+C^2}z_D$$

でパルス幅は最小となる．ここで z_D は分散距離である．このときパルス幅の最小値は

$$T_{1,\min}^2 = T_0^2 - \frac{C^2 T_0^2}{1+C^2} = \frac{T_0^2}{1+C^2}$$

すなわち $T_{1,\min} = \dfrac{T_0}{\sqrt{1+C^2}}$ となる．これらの様子を図 1 に示す．

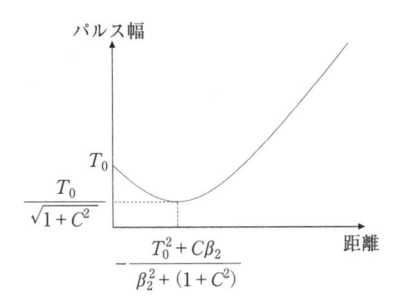

図 1 初期チャープを持つガウス型パルスの広がり

3. 非線形距離と分散距離が等しいことから

$$\frac{1}{\gamma P_0} = \frac{T_0^2}{|\beta_2|} \quad \text{すなわち} \quad P_0 = \frac{|\beta_2|}{\gamma T_0^2}$$

ここで $T_0 = \dfrac{\tau_{FWHM}}{1.763}$, $|\beta_2| = \dfrac{\lambda^2}{2\pi c}|D|$, $\gamma = \dfrac{k_0 n_2}{A_{eff}} = \dfrac{2\pi n_2}{\lambda A_{eff}}$ を代入すると

$$P_0 = \frac{(1.763)^2}{4} \frac{\lambda^3}{\pi^2 n_2 c} \frac{|D|}{\tau_{FWHM}^2} A_{eff} = 0.776 \frac{\lambda^3}{\pi^2 n_2 c} \frac{|D|}{\tau_{FWHM}^2} A_{eff} = P_{N=1}$$

すなわち (6.55)式が得られる．

7章の7.2～7.3節の演習問題の略解

1.

$E_d(t) = E_R \cos(\omega + \omega_D)t + E_S \cos \omega t$ から複素数表示にして
$E_d(t) \equiv E_R \exp i(\omega + \omega_D)t + E_S \exp i\omega t$

$$I = \frac{1}{2} c\varepsilon |E|^2$$

$$\therefore |E_d|^2 = E_d \cdot E_d^* = E_R^2 + E_S^2 + 2E_R E_S \cos \omega_D t$$

2.

$$i_C(t) = a(E_R^2 + E_S^2 + 2E_R E_S \cos \omega_D t) \approx a(E_R^2 + 2E_R E_S \cos \omega_D t)$$

$$= aE_R^2\left(1 + \frac{2E_S}{E_R}\cos \omega_D t\right) = \frac{P_L e\eta}{h\nu_L}\left(1 + 2\sqrt{\frac{P_s}{P_L}}\cos \omega t\right)$$

電流2乗の時間平均を求めるので，電流を $i(t) = A\cos \omega t$ とおくと

$$\langle i^2 \rangle = \frac{1}{T}\int_0^T (A\cos\omega t)^2 dt = \frac{A^2}{2} \text{である．}$$

$$\therefore \langle i_C^2 \rangle = \frac{1}{2}\frac{4P_s}{P_L}\left(\frac{P_L e\eta}{h\nu_L}\right)^2 = 2P_s P_L \left(\frac{e\eta}{h\nu_L}\right)^2$$

3. (1)

$$G(\tau) = \int_{-\infty}^{+\infty} S(\nu)e^{i2\pi\nu\tau}d\nu = S_0\int_{-\infty}^{+\infty}\exp\left\{-\left(\frac{2\sqrt{\ln 2}(\nu - \nu_0)}{\Delta\nu}\right)^2\right\}e^{i2\pi\nu\tau}d\nu$$

変換公式

$$2\sqrt{\pi a}\,e^{-at^2} \Leftrightarrow \int_{-\infty}^{+\infty} e^{-\frac{\omega^2}{4a}}e^{i\omega t}d\omega \text{ より}$$

$$\therefore G(\tau) = \frac{1}{2}\sqrt{\frac{\pi}{\ln 2}}S_0\Delta\nu\exp\left\{-\left(\frac{\Delta\nu\pi}{2\sqrt{\ln 2}}\tau\right)^2\right\}\exp(i2\pi\nu_0\tau)$$

(2)

$$\frac{1}{2} = \exp\left\{-\left(\frac{\Delta\nu\pi}{2\sqrt{\ln 2}}\tau\right)^2\right\} \qquad \ln 2 = \left(\frac{\Delta\nu\pi}{2\sqrt{\ln 2}}\tau\right)^2$$

$$\therefore \tau = \frac{2\ln 2}{\Delta\nu\pi}$$

$$\therefore z = c\tau = c\frac{2\ln 2}{\Delta\nu\pi} = \frac{2\ln 2}{\pi}\frac{\lambda^2}{\Delta\lambda}$$

4. 略解省略

索　引

APD　131,146,149,150,159,161,163,166
ASE　146

back-to-back　161
BER　160
Bernard-Duraffourg の条件　102

CFP　189
CS-RZ　141,162

DBR　107
DCF　137
DDF　165
DEMUX　130,148,149,165
DFB　107
DH　103
DPSK　141,163
DSF　87,134,137

EA　131,140
EA 変調器　142,148,165
EDF　138,139,144
EDFA　130,131,136,143,145,146,158,
　　161,166

FBG　139
FD　182
FF　182
FFP　113
FP　104
FSR　139
FT　182
FWM　136,137

GB 積　127
GFP　189

GVD　134,156,157

HPCF　83

I-L　110

LD　98,130,131,136,138,142,143,147,158
LN　131,140
LN 変調器　140
LP モード　95

MBE　117
MEMS　184
MMF　82,86,131
MOVPE　117
MQW　104

NA　80,186
NF　146
NFP　113
NLS　152,157
NOLM　139,149
NRZ　158,162

OCT　171,183
OKE　69
OOK　141,160,162
OPG　67
OTDM　147,149,163

PCF　137,138
pin-PD　131,149
PMT　120
pn 接合　41
POF　83

QW 104
Qスイッチング 53

RFP 190
RZ 158,162

S/N比 146,159,160
SBS 76,136
SD 182
SFG 66
SHG 64
SLD 180
SMF 82,137,166
SMSR 112
SMZ 148
SNR 177
SOA 143,147
SPM 70,136,155
SRS 75,136
SS 182

TD 182
TDM 130,131,163,164
TEM波 10
TEモード 90
THG 69
THz波 4
TMモード 90
TPA 71
TPF 71

VAD法 84
VCSEL 107,119

WDM 130,136,163

XPM 136,147,149

YFP 190

ZBLANファイバ 82

ア 行

アイ開口 160,163
アイパターン 159,163
アバランシェフォトダイオード（APD） 149
暗電流 124,159

イオン化率 127
異常分散 33,134,136,155
位相整合条件 65
位相速度 9
1次の規格化相関関数 24
1次のコヒーレンス 24
1次の電気光学効果 68
イメージバンドルファイバ 83
インコヒーレント 24

ウィーナー–ヒンチンの定理 25,178
宇宙レーザ 57
運動量保存則 65

エネルギーバンド 34
エネルギー保存則 65
エバネッセント波 20
エルビウム 138,143,147
遠視野像（FFP） 113
円柱座標系 93
鉛直断層画像 181
円偏光 12,13

黄色蛍光タンパク質（YFP） 190

カ 行

開口数（NA） 80,186
回折 20
回折格子 139
カオス光 26
カー効果 135,139,149,152,155
可視光 4
活性層 104

活性領域　102
カットオフ　81
カットオフ周波数　91
カテーテル型光プローブ　183
可飽和吸収効果　53
可飽和吸収光学効果　139
カルコゲナイドガラスファイバ　83
干渉分光器　25
緩和振動周波数　115
緩和定数　32
緩和レート　49

規格化周波数　81
気相成長　117
基底状態　42
擬フェルミ準位　100
キャリヤ走行時間　125
吸収　41
吸収損失　85
吸収飽和　53
球面波　10
共焦点　187
強度干渉　28
近視野像（NFP）　113

空間コヒーレンス　180
空間分解能　179
グースヘンシェンシフト　81, 87
屈折　14
屈折率　9
屈折率導波型　105
クラッド　79, 131, 137
グレーデッドインデックス型ファイバ　132
群速度分散（GVD）　134, 156, 157

コア　79, 131, 132, 137, 143
光学密度　32
光学利得係数　108
交互位相変調　73, 147
交差位相変調　73
光子　37
光子寿命　49
光子寿命時間　109

光子数状態　38
光子密度　37
高次モード　81
構造色　35
構造不整損失　133
構造分散　134
光電効果　37
光波断層画像計測（OCT）　171
降伏現象　124
後方散乱光　172
固体レーザ　48
コヒーレンス関数　178
コヒーレンス時間　25
コヒーレンス長　177
コヒーレント　24
固有方程式　95
コンプトン効果　38

サ　行

最低受光レベル　161
材料分散　87, 134
差周波発生　66
雑音　42
雑音指数（NF）　146
3次の非線形光学効果　68
3準位系　47
散乱　22
散乱損失　85

シアン蛍光タンパク質（CFP）　189
紫外吸収　85
自家蛍光　189
時間コヒーレンス　180
自己位相変調（SPM）　70, 136, 155
四光波混合　72
子午光線　95
自己相関関数　178
自然放出　42, 43, 146,
自然放出係数　109
自然放出光結合係数　49
自然放出光（ASE）雑音　146
自然ラマン散乱　74

時分割多重（TDM）　130, 131, 163, 164
遮断　81
周波数チャーピング　70
周波数変調　114
縮退　95
受動モード同期　139
小信号変調　114
焦点深度　187
焦点面　185
衝突電離　125
ショット雑音　159, 176
ジョーンズベクトル　12
ジョンソン雑音　176
シリカファイバ　131
シングルモードファイバ（SMF）　82
信号対雑音電力比（SNR）　177
信号対雑音比（S/N 比）　159

スス体　84
ステップインデックス型　79
ステップインデックス型光ファイバ　93
ステップインデックス型ファイバ　131, 138
ストーク光　74
スネルの法則　17
スーパールミネッセントダイオード（SLD）　180
スペクトラルドメイン（SD）　182
スラブ導波路　80, 88
スロープ効率　110

正規化周波数　91
正孔　44
正常分散　33, 134, 137, 155
石英ガラス　79, 82
石英ガラスファイバ　82
赤外吸収　85
赤色蛍光タンパク質（RFP）　190
接眼レンズ　186
接続損失　133
零分散波長　87, 137, 138
線形分極　60
全光スイッチ　136, 148
全反射　19, 131, 138

前方散乱光　172

相互位相変調（XPM）　136, 147, 149
走査型共焦点レーザ顕微鏡　188
増倍率　127
増幅器　40
増幅利得　41

タ　行

第3高調波発生（THG）　69
対称マッハツェンダ（SMZ）　148
大信号変調　115
第2高調波発生（SHG）　64
対物レンズ　186
タイムドメイン（TD）　181
楕円偏光　13
多光子蛍光顕微鏡　190
多重散乱体　172
多重分離（DEMUX）　130, 148, 149, 165
多重量子井戸（MQW）　104
縦モード　46, 112
縦モード間隔（FSR）　139
ダブルヘテロ（DH）　103
多モードファイバ（MMF）　82, 86, 131
単一光子状態　38
単一モードファイバ（SMF）　82, 137, 166
単色性　52
断層画像　181

チタンサファイヤーレーザ　180
チャーピング　114, 136, 155
チャープ　139, 141, 156, 162
超短光パルス　53
直接遷移型　41, 98
直接変調　114
直線偏光　12

低コヒーレンス干渉計　178
定在波　45
低次モード　81
定常波　45
テラヘルツ波（THz 波）　4

電気感受率　30
電気光学効果　140
電気光学効果素子　53
点計測型 OCT　182
電子　44
伝搬定数　89,92
伝搬モード　80
電流狭窄構造　105
電流-光出力（I-L）特性　110

透過率　17
動的単一モード　112,119
導波モード　92
導波路分散　87,134,137
特性温度　110
特性方程式　91
ドップラー OCT　183
ドップラーシフト周波数　179
ドーパント　79,82

ナ　行

雪崩降伏　125
軟組織　174

二光子吸収（TPA）　71
二光子蛍光（TPF）　71
2次の規格化相関関数　29
2次のコヒーレンス　29
2次の非線形光学効果　63

熱雑音　159
熱平衡状態　44

ノイズ　42
能動モード同期　139

ハ　行

バイオイメージング　189
バイオフォトニクス　185
波数ベクトル　9
波長走査型（SS）　182

波長版　14
波長分割多重（WDM）　130,163,163
波長分散　86,132,134,136,137,147,150,
　　　151,152
発光再結合　100
発生再結合電流　124
波動インピーダンス　10
波動方程式　8,90
ハードポリマークラッドファイバ（HPCF）
　　　83
パワースペクトル　25
パワーペナルティ　162
反射　14
反射率　17,18
反ストーク光　74
反転分布　100
反転分布係数　146
反転分布状態　41,44
反転分布密度　49
半導体　41
半導体光増幅器（SOA）　131,143,147
半導体レーザ（LD）　98,130,131,136,138,
　　　142,143,147,158
バンドギャップ　34
半波長電圧　140

光カー効果　69
光起電力　122
光共振器　41
光検出器（APD, pin-PD）　131,146,149,
　　　150,159,161,163,166
光散乱　22
光 CT　172
光時分割多重（OTDM）　163
光信号処理　136
光侵達長　175
光整流効果　64
光増幅器（EDFA）　130,131,136,143,145,
　　　146,158,161,166
光ソリトン　136,142,150,155,158,165,166
光退色　189
光多重化方式（WDM, TDM）　130
光多重分離　166

光電子　37
光電子増倍管（PMT）　120
光電流　123
光導波路　79
光トポグラフィー　172
光パラメトリック発生（OPG）　67
光パワー　176
光パワー利得　50
光ファイバ　79
光ファイバ増幅器（EDFA）　130
光変調器（LN, EA）　131, 140
比屈折率差　80, 91
歪量子井戸　105
非線形感受率　135, 136, 138, 150, 152
非線形光学過程　45
非線形光学係数　138, 152
非線形光学効果　49, 61, 132, 135, 136, 147, 150, 163
非線形光学効果素子　53
非線形シュレディンガー方程式（NLS）　152, 157
非線形ファイバループミラー（NOLM）　149
非線形分極　61, 136, 150
左回り円偏光　13
非発光過程　44
非発光再結合　44, 100

ファイバブラッググレーティング（FBG）　139
ファイバレーザ　131, 138
ファブリーペロー（FP）　104
ファブリーペロー（型）共振器　46
フェルミ準位　98
フォトキャリヤ　121
フォトニクス　40
フォトニック結晶　57
フォトニック結晶ファイバ（PCF）　137, 138
フォトニックネットワーク　131
負温度状態　44
副モード抑圧比（SMSR）　112
符号誤り率（BER）　160

フッ化物ガラスファイバ　82
フラウンホーファー回折　21
プラスチック光ファイバ（POF）　83
プランク定数　5
プランクの放射法則　36
フランツ−ケルディッシュ効果　142
フーリエドメイン（FD）　182
フーリエ変換（FT）　182
プリフォーム　84
ブリルアン散乱　23, 85
ブルースター角　19
フルフィールド（FF）　182
フレネル回折　22
フレネルの式　17
分極率　30
分光学的窓　174
分散距離　154
分散減少ファイバ（DDF）　165
分散シフトファイバ（DSF）　87, 134, 137
分散補償ファイバ（DCF）　137
分散マネージ光ファイバ伝送路　165
分散マネージメント　137
分子線エピタキシー（MBE）　117
分布帰還（DFB）　107
分布反射（DBR）　107

平面波　9
ベッセル関数　94
ヘテロダイン検波法　175
偏光　11
偏光感受型 OCT　183
偏光子　13
偏波分散　132, 166

放出　41
ポッケルス効果　68, 140
ホモダイン検波法　176
ポリマークラッドファイバ　83

マ　行

マイクロ・ナノ共振器　57
マクスウェルの方程式　7, 89, 150

曲げ損失　133,138
マッハツェンダ干渉計　141,142,148,163
マルチモードファイバ（MMF）　82

右回り円偏光　13
ミー散乱　23

無偏光　13

面発光レーザ（VCSEL）　107,119

モード　47
モード同期　53,139
モード同期レーザ　165
モード分散　86,131,132

ヤ 行

ヤングの干渉　23,38

有機金属気相成長（MOVPE）　117
誘電率　31
誘導吸収　43
誘導散乱現象　135,136
誘導ブリルアン散乱（SBS）　76,136
誘導放出　43,143,146,147
誘導放出係数　49
誘導ラマン散乱（SRS）　75,136

横波　10
横方向位相定数　91
横方向減衰定数　91
横モード　46
四光波混合（FWM）　136

ラ 行

ラマン顕微鏡　195

ラマン散乱　23,85
ラマン増幅　136
ランベルト–ベールの法則　175

利得スイッチ　117
利得スイッチング　55
利得帯域幅積（GB積）　127
利得導波型　105
利得飽和　145,147
利得飽和係数　108
量子井戸（QW）　104
量子化　37,43
量子効率　124
量子情報通信技術　39
量子性　36
量子的検出限界　177
量子もつれ状態　38
量子力学　39
緑色蛍光タンパク質（GFP）　189
臨界角　19,79

励起状態　42
励起入力の大きさを表す励起レート　49
レイリー散乱　22,85,133
レイリー–ジーンズの放射法則　36
レーザ　40
レーザ光　40
レーザ増幅　44
レーザ発振器　41
レーザ物質　46
レート方程式　47,108

ワ 行

和周波発生（SFG）　66

編著者略歴

伊藤弘昌（いとうひろまさ）
1943年　東京都に生まれる
1972年　東北大学大学院工学研究科博士課程修了
現　在　東北大学大学院工学研究科客員教授
　　　　東北大学名誉教授・工学博士

著者略歴

枝松圭一（えだまつけいいち）
1959年　宮城県に生まれる
1986年　東北大学大学院理学研究科博士課程修了
現　在　東北大学電気通信研究所教授
　　　　理学博士

四方潤一（しかたじゅんいち）
1969年　京都府に生まれる
1998年　東北大学大学院工学研究科博士後期課程修了
現　在　東北大学電気通信研究所准教授
　　　　博士（工学）

山田博仁（やまだひろひと）
1959年　岐阜県に生まれる
1987年　東北大学大学院工学研究科博士後期課程修了
現　在　東北大学大学院工学研究科教授
　　　　工学博士

廣岡俊彦（ひろおかとしひこ）
1974年　大阪府に生まれる
2000年　大阪大学大学院工学研究科博士後期課程修了
現　在　東北大学電気通信研究所准教授
　　　　博士（工学）

横山弘之（よこやまひろゆき）
1954年　山形県に生まれる
1982年　東北大学大学院工学研究科博士課程修了
現　在　東北大学未来科学技術共同研究センター教授・工学博士

松浦祐司（まつうらゆうじ）
1965年　東京都に生まれる
1992年　東北大学大学院工学研究科博士後期課程修了
現　在　東北大学大学院医工学研究科教授
　　　　博士（工学）

中沢正隆（なかざわまさたか）
1952年　山梨県に生まれる
1980年　東京工業大学大学院総合理工学研究科博士課程修了
現　在　東北大学電気通信研究所教授
　　　　工学博士

佐藤　学（さとうまなぶ）
1962年　福島県に生まれる
1986年　東北大学大学院工学研究科修士課程修了
現　在　山形大学大学院理工学研究科教授
　　　　博士（工学）

電気・電子工学基礎シリーズ 10

フォトニクス基礎

定価はカバーに表示

2009年11月25日　初版第1刷

編著者　伊　藤　弘　昌
発行者　朝　倉　邦　造
発行所　株式会社　朝　倉　書　店
　　　　東京都新宿区新小川町 6-29
　　　　郵便番号　　162-8707
　　　　電　話　　03 (3260) 0141
　　　　ＦＡＸ　　03 (3260) 0180
　　　　http://www.asakura.co.jp

〈検印省略〉

© 2009〈無断複写・転載を禁ず〉　　　　真興社・渡辺製本

ISBN 978-4-254-22880-9　C 3354　　Printed in Japan

東大 大津元一・テクノ・シナジー 田所利康著 先端光技術シリーズ1 **光　　学　　入　　門** 　　　―光の性質を知ろう― 21501-4 C3350　　　　　A5判 232頁 本体3900円	先端光技術を体系的に理解するために魅力的な写真・図を多用し、ていねいにわかりやすく解説。〔内容〕先端光技術を学ぶために／波としての光の性質／媒質中の光の伝搬／媒質界面での光の振る舞い（反射と屈折）／干渉／回折／付録
東大 大津元一編　慶大 斎木敏治・北大 戸田泰則著 先端光技術シリーズ2 **光　　物　　性　　入　　門** 　　　―物質の性質を知ろう― 21502-1 C3350　　　　　A5判 180頁 本体3000円	先端光技術を理解するため、その基礎の一翼を担う物質の性質、すなわち物質を構成する原子や電子のミクロな視点での光との相互作用をていねいに解説した。〔内容〕光の性質／物質の光学応答／ナノ粒子の光学応答／光学応答の量子論
東大 大津元一編著　東大 成瀬　誠・東大 八井　崇著 先端光技術シリーズ3 **先 端 光 技 術 入 門** 　　　―ナノフォトニクスに挑戦しよう― 21503-8 C3350　　　　　A5判 224頁 本体3900円	光技術の限界を超えるために提案された日本発の革新技術であるナノフォトニクスを豊富な図表で解説。〔内容〕原理／事例／材料と加工／システムへの展開／将来展望／付録（量子力学の基本事項／電気双極子の作る電場／湯川関数の導出）
応用物理学会日本光学会編 **オプトエレクトロニクス** 　　　―材料と加工技術― 22208-1 C3055　　　　　A5判 320頁 本体5600円	材料と加工技術を最新の知見をもとに詳しく解説〔内容〕光学結晶材料／光学ガラス材料／光電子有機材料／光デバイス用半導体材料／分布屈折率形成技術／レーザ光化学加工技術／電子ビーム加工と技術／光CVD技術／イオンビーム技術
沢新之輔・下代雅啓・里村　裕・岸岡　清著 **光　　工　　学　　概　　論** 22211-1 C3055　　　　　A5判 176頁 本体3600円	近年重要さを増しつつある"光技術"の基礎知識から応用分野に至るまで、コンパクトに解説。〔内容〕光波の基本的性質／レーザ光源／光の導波原理／光導波路の基本的性質／異方性結晶中の光波／光波の制御／光ファイバ通信／最新の光技術
東大 大津元一著 **現　　代　　光　　科　　学　　I** 　　　―光の物理的基礎― 21026-2 C3050　　　　　A5判 228頁 本体4900円	現在、レーザを始め多くの分野で"光"の量子的ふるまいが工学的に応用されている。本書は、光学と量子光学・光エレクトロニクスのギャップを埋めることを目的に執筆。また光学を通して現代科学の基礎となる一般的原理を学べるよう工夫した
東大 大津元一著 **現　　代　　光　　科　　学　　II** 　　　―光と量子― 21027-9 C3050　　　　　A5判 200頁 本体4900円	〔内容〕I巻：光の基本的性質／反射と屈折／干渉／回折／光学と力学との対応／付録：ベクトル解析・フーリエ変換。II巻：レーザ共振器／光導波路／結晶光学／非線形光学序論／結合波理論／光の量子論／付録：量子力学の基礎。演習問題・解答
光産業技術振興協会監修　島田潤一編 **光　L　A　N　**―基礎と応用― 22209-8 C3055　　　　　A5判 280頁 本体6500円	めざましい発展を遂げる光通信技術を駆使する光LANについて、豊富な図表を用い詳述。〔内容〕光LANの概念／ネットワーク構成技術の基礎／光ネットワーク構成要素の概要／光通信技術の基礎／光LANの構成と製品例／光LANの応用
東大 久我隆弘著 朝倉物性物理シリーズ3 **量　　子　　光　　学** 13723-1 C3342　　　　　A5判 192頁 本体4200円	基本概念を十分に説明し新しい展開を解説。〔内容〕電磁場の量子化／単一モード中の光の状態／原子と光の相互作用／レーザーによる原子運動の制御／レーザー冷却／原子の波動性／原子のボース・アインシュタイン凝縮／原子波光学／他
徳島文理大 小林洋志著 現代人の物理7 **発　　光　　の　　物　　理** 13627-2 C3342　　　　　A5判 216頁 本体4700円	光エレクトロニクスの分野に欠くことのできない発光デバイスの理解のために、その基礎としての発光現象と発光材料の物理から説き明かす入門書。〔内容〕序論／発光現象の物理／発光材料の物理／発光デバイスの物理／あとがき／付録

東大 大津元一・阪大 河田　聡・山梨大 堀　裕和編

ナノ光工学ハンドブック

21033-0　C3050　　　　A5判　604頁　本体22000円

ナノ寸法の超微小な光＝近接場光の実用化は，回折限界を超えた重大なブレークスルーであり，通信・デバイス・メモリ・微細加工などへの応用が急発展している．本書はこの近接場光を中心に，ナノ領域の光工学の理論と応用を網羅的に解説．〔内容〕理論（近接場，電磁気，電子工学，原子間力他）／要素の原理と方法（プローブ，発光，分光，計測他）／プローブ作製技術／生体／固体／有機材料／新材料と極限／微細加工技術／光メモリ／操作技術／ナノ光デバイス／数値計算ソフト／他

辻内順平・黒田和男・大木裕史・河田　聡・
小嶋　忠・武田光夫・南　節雄・谷田貝豊彦他編

最新 光学技術ハンドブック

21032-3　C3050　　　　B5判　944頁　本体45000円

基礎理論から応用技術まで最新の情報を網羅し，光学技術全般を解説する「現場で役立つ」ハンドブックの定本．〔内容〕[光学技術史][基礎]幾何光学／物理光学／量子光学[光学技術]光学材料／光学素子／光源と測光／結像光学／光学設計／非結像用光学系／フーリエ光学／ホログラフィー／スペックル／薄膜の光学／光学測定／近接場光学／補償光学／散乱媒質／生理光学／色彩工学[光学機器]結像光学機器／光計測機器／情報光学機器／医用機器／分光機器／レーザー加工機／他

池田正幸・藤岡知夫・堀池靖浩・丸尾　大・
吉川省吾編

レーザプロセス技術ハンドブック（普及版）

20136-9　C3050　　　　A5判　624頁　本体18000円

レーザプロセス技術は多種多様で，技術の進展も速く，いろいろな分野に展開している．本書はその基礎から実際の応用例まで幅広く，系統立てて詳細に解説した技術者・研究者の指針．〔内容〕発振器（レーザ光の統計的特性，レーザの原理，加工用レーザ，他）／加工技術（レーザ加工の基礎，レーザ溶接，レーザ切断，レーザ表面処理，微細加工，化学加工CVD，ドーピング，エッチング，パターン転写，リソグラフィ，他）／加工装置／パラメータの測定／他

前東工大 森泉豊栄・東工大 岩本光正・東工大 小田俊理・
日大 山本　寛・拓殖大 川名明夫編

電子物性・材料の事典

22150-3　C3555　　　　A5判　696頁　本体23000円

現代の情報化社会を支える電子機器は物性の基礎の上に材料やデバイスが発展している．本書は機械系・バイオ系にも視点を広げながら"材料の説明だけでなく，その機能をいかに引き出すか"という観点で記述する総合事典．〔内容〕基礎物性（電子輸送・光物性・磁性・熱物性・物質の性質）／評価・作製技術／電子デバイス／光デバイス／磁性・スピンデバイス／超伝導デバイス／有機・分子デバイス／バイオ・ケミカルデバイス／熱電デバイス／電気機械デバイス／電気化学デバイス

前電通大 木村忠正・東北大 八百隆文・首都大 奥村次徳・
電通大 豊田太郎編

電子材料ハンドブック

22151-0　C3055　　　　B5判　1012頁　本体39000円

材料全般にわたる知識を網羅するとともに，各領域における材料の基本から新しい材料への発展を明らかにし，基礎・応用の研究を行う学生から研究者・技術者にとって十分役立つよう詳説．また，専門外の技術者・開発者にとっても有用な情報源となることも意図する．〔内容〕材料基礎／金属材料／半導体材料／誘電体材料／磁性材料・スピンエレクトロニクス材料／超伝導材料／光機能材料／セラミックス材料／有機材料／カーボン系材料／材料プロセス／材料評価／種々の基本データ

電気・電子工学基礎シリーズ

シリーズ編集委員会 編集／委員長：宮城光信
編集幹事：濱島高太郎・安達文幸・吉澤　誠・佐橋政司・金井　浩・羽生貴弘

1.	電磁気学	澤谷邦男	
2.	電磁エネルギー変換工学	松木英敏・一ノ倉　理	
3.	電力システム工学	濱島高太郎・斎藤浩海	
4.	電力発生工学	斎藤浩海	
5.	高電圧工学	安藤　晃・犬竹正明	本体 2800 円
6.	システム制御工学	阿部健一・吉澤　誠	本体 2800 円
7.	電気回路	山田博仁	本体 2600 円
8.	通信システム工学	安達文幸	本体 2800 円
9.	電子デバイス基礎	佐橋政司	
10.	フォトニクス基礎	伊藤弘昌（編著）	
11.	プラズマ理工学	畠山力三	
12.	電気計測	櫛引淳一・曽根秀昭・金井　浩	
13.	知能集積システム学	亀山充隆・羽生貴弘	
14.	電子回路	小谷光司	
15.	量子力学基礎	末光眞希・枝松圭一	本体 2600 円
16.	量子力学　―概念とベクトル・マトリクス展開―	中島康治	本体 2800 円
17.	計算機学	丸岡　章	
18.	画像処理	川又政征・塩入　諭・大町真一郎	
19.	電子物性	高橋　研・角田匡清	
20.	電気・電子材料	高橋　研・庭野道夫	
21.	電子情報系の 応用数学	田中和之・林　正彦・海老澤丕道	本体 3400 円

上記価格（税抜）は 2009 年 11 月現在